Mosaik

NATUR ERKENNEN - NATUR VERSTEHEN

Steinbachs
großer Naturführer

Bäume und Sträucher

Über 400 Nadel- und Laubgehölze
Über 700 Farbfotos

zusammengestellt und bearbeitet
von Dr. Bruno P. Kremer

Mosaik Verlag

Dieser Band entstand unter Verwendung von Fotos und Texten folgender Bände der Reihe Steinbachs Naturführer:

Bruno P. Kremer: Bäume
Markus Bollinger/Matthias Erben/Jürke Grau/ Günter R. Heubl: Strauchgehölze
Jürke Grau/Reinhard Jung/Bertram Münker: Beeren, Wildgemüse, Heilkräuter
Ehrentraud Bayer/Karl Peter Buttler/Xaver Finkenzeller/ Jürke Grau: Pflanzen des Mittelmeerraumes

Umschlaggestaltung: Petra Dorkenwald
Umschlagfotos: Vorderseite: A. Bärtels, W. Layer, G. Lopez, Dr. E. Pott, H. Schrempp (4)
Rückseite: A. Bärtels, Prof. J. Grau, G. u. W. Klammet, F. Mader, M. Pforr
Layout: Paul Wollweber, München
Satzherstellung: Ina Hochbach, München
Redaktion: Michael Eppinger
Redaktionelle Mitarbeit: Dr. Nora Fischer

Der Mosaik Verlag ist ein Unternehmen der Verlagsgruppe Bertelsmann

Gesamtherstellung: Vincenzo Bona, Torino
Printed in Italy
ISBN 3-576-10015-6

BILDNACHWEIS

J. Apel: 11 o.r., 18 M.l., 67 o.M., 67 u., 70 u., 73 u., 85 o., 93 o.l., 94 o.l., 109 M.l., 133 M.l., 139 o.l., 156 M.o.;
A. Bärtels: 8 o.M., 9 o.M., 9 u.r., 10 o.l., 10 o.r., 11 u.r., 12 o.l., 12 u.r., 13 l., 13 r.M., 13 u., 14 o.r., 14 u.l., 14 u.M., 14 u.r., 15 o.r., 15 M.l., 15 2.v.u.l., 15 u.l., 15 u.r., 16 o.l., 16 u.l., 16 u.r., 19 o.l., 19 o.r., 19 u.l., 20 o.l., 20 o.r., 20 u.l., 21 r., 22 M.l., 22 M.r., 22 u.l., 23 o.l., 23 o.M., 25 o., 25 u., 26 o.l., 26 o.r., 26 M.r., 26 u.l., 27 M.r., 27 u., 28 M.r., 29 o., 30 M., 30 u., 32 u.l., 32 u.r., 33 u.l., 33 u.r., 36 o.l., 38 o., 38 l.M., 38 u.r., 40 M.r., 41 o.r., 42 u., 43 o.l., 44 u.r., 45 u.l., 46 u.l., 51 l.M., 60 o.r., 61 o.r., 62 o.l., 64 o.l., 64 o.M., 64 u., 65 o.l., 69 o.r., 71 u.l., 72 u.r., 74 u.r., 76 o.M., 77 o.l., 77 u.r., 79 M.l., 80 M.l., 82 M.l., 87 o.r., 88 u., 91 u.l., 91 u.M.,92 M.l., 92 M.r., 92 u.l., 92 u.r., 95 M.l., 95 u.l., 98 u., 99 o.r., 99 o.l., 99 M.r., 99 u.l., 101 o.l., 101 o.r., 101 M.r., 103 u.r., 104 o.r., 105 o.r., 105 u.l., 107 u.l., 110 o.l., 110 o.r., 111 M.l., 116 u.r., 120 M.l., 121 o.l., 121 o.r., 124 o.l., 124 o.M., 124 o.r., 124 M.l., 124 M.u., 124 u.l., 124 u.r., 125 o.l., 125 2.v.l.o., 128 2.v.u.r., 131 o.r., 132 o.r., 135 r.u., 135 u.l., 137 o.r., 141 o.l., 141 o.r., 142 u.r., 143 o.r., 143 M.r., 145 u.r., 146 o.l., 146 u.r., 147 o.r., 147 u.l., 151 u., 152 o.l., 152 M.l., 154 u.l., 157 l.u.;
K. Baumann: 47 2.v.u.M.;
Dr. H. Bellmann: 86 u.M., 136 o.r.;
Bio-Info: Großmann 104 o.l.; Hollweg 75 u.r.; Kratz 153 u.l.;
Dr. M. Bolliger: 39 o.M., 47 u.r.;
Dr. J. Chmelar: 126 o.r., 135 o.l.;
R. Cramm: 21 M.l., 22 o.l., 37 o.r., 41 o.l., 53 u.l., 55 u.l., 68 o.M., 78 u.M., 128 M.l., 134 u., 141 2.v.u.M.;
H. Eisenbeiß: 40 o., 42 o.l., 42 o.M., 44 u.l., 49 u.l., 54 o.r., 64 o.r., 65 o.r., 65 u., 67 o.l., 68 o.l., 82 r., 87 u., 122 o., 122 M., 135 o.M., 136 o.l., 137 u., 141 u.l., 154 o.M.;
X. Finkenzeller: 30 o.r., 86 u.l., 112 u.r., 133 o.r., 136 o.M.;
R. Gebhard: 37 o.l., 52 2.v.l.o., 154 r.o.;
Prof. J. Grau: 33 o., 71 u.M., 113 o.r., 113 u.l., 124 u.M., 137 o.l.;
R. Haslberger: 59 o.M., 81 M.l., 138 M.l.;
H. Heppner: 18 o.l., 49 u.r., 52 M.r., 66 o.r., 70 M., 81 u.l., 92 o.r., 103 u.M., 117 M.l.o., 121 u., 133 u.r., 155 u.l.;
G. van Hoorn: 23 o.r.;
JACANA: René Volot: 29 u.;
W. Klammet-Mochel: 6/7;
Helga Lade: E. Morell 27 o.;
E. Lautenschlager: 121 o.M., 123 u.r., 126 u.r., 129 o.r.;
W. Layer: 28 o.r., 74 u.M., 80 o.M., 90 u.r., 93 M.r.u., 96 o., 98 o., 108 M.r., 109 r.u., 116 o.l., 123 u.l.;
K. H. Löhr: 44 u.M.;
G. Lopez: 8 M.r., 8 u.r., 9 o.l., 10 u., 11 u.l., 23 u., 26 u.r., 28 o.l., 31 o., 32 r.o., 36 l.M., 38 r.M., 38 u.l., 39 o.r., 39 2.v.o.r., 39 u.l., 39 u.r., 40 u.l., 41 o.M., 45 o., 48 o., 51 r.M., 52 u.l., 53 u.M., 54 o.l., 54 2.v.o.l., 55 u.r., 57 o.l., 59 u.r., 60 2.v.ü.M., 60 u.M., 62 o.M., 61 M.l., 62 u.l., 63 2.v.o.r., 63 u.l., 63 u.M., 63 u.r., 66 o.l., 69 o.l., 69 2.v.l.o., 69 u.l., 69 u.r., 70 o., 71 u.r., 72 o.M., 73 o.M., 73 o.r., 74 u.l., 76 o.r., 77 u.l., 79 u.r., 82 o.l., 82 u.l., 83 u.l., 84 o.l., 88 o.l., 90 o.r., 93 u., 95 2.v.o.r., 97 2.v.u.l., 98 M., 102 M.r.o., 102 M.r.u., 102 M.l., 106 u.l., 108 u., 109 o., 109 u.l., 110 u.r., 111 u.l., 111 u.r., 112 u.l., 112 u.M., 113 o.M., 113 u.M., 114 u.l., 117 u.r., 117 M.l.u., 124 M.o., 127 r.u., 130 o.r., 130 u.l., 131 o.l., 131 u., 132 o.l., 132 u.l., 132 u.M., 133 u.l., 139 o.M., 142 o., 142 u.l., 144 u.l., 144 u.r., 145 u.l., 146 o.M., 146 2.v.l.o., 146 M.r., 146 u.l., 148 o., 148 u.l., 148 u.M., 148 u.r., 149 o., 150 o.r., 151 o.l., 153 u.M., 153 o., 154 r.u., 157 o.l., 157 M.r., 157 u.r.;
F. Mader: 34/35;
Bildagentur Mauritius: Kohlhaupt 81 M.r.; Thonig 2/3;
The Natural History Photographic Agency: Cambridge 118 u.l.; Campbell 136 u.; Hawkes 89 M.r., Savonius 63 o.r., 132 u.r., 135 o.r.;
OKAPIA: Reinhard 18 u.l., 31 l.;
H. Partsch: 78 u.l., 120 u.l., 128 u.r., 138 M.r., 152 u.l.;
M. Pforr: 11 o.l., 15 o.l., 17 o.l., 21 2.v.l.u., 24 u., 30 o.l., 42 o.r., 44 o.r., 45 u.r., 46 o.r., 47 2.v.o.M., 53 o., 56 u.M., 58 o.r., 58 M.l., 58 M., 59 u.l., 61 o.l., 71 o., 75 r., 75 u.l., 76 2.v.u.l., 77 o.r., 83 u.M., 83 o.r., 84 u.r., 94 u.l., 97 u.l., 99 M.l., 100 o., 101 l.u., 102 o.r., 102 M., 102 u.l., 104 u.r., 104 M.l., 107 u.r., 108 l.u., 111 o.r., 111 M.r., 115 u.l., 116 l.u., 118 o.l., 119 o.l., 120 u.r., 123 o.r., 123 u.M., 125 r.M., 125 u.l., 125 u.r., 126 o.l., 127 o.r., 140 o.r., 143 u.r., 147 o.l., 147 o.M.;
R. Podloucky: 106 o.l.;
Dr. E. Pott: 8 u.l., 33 o.l., 33 M.r., 36 o.M., 49 o.r., 75 2.v.u.r., 76 u.l., 76 u.r., 84 o.r., 84 l.u., 85 u.l., 90 u.l., 93 M.r.o., 94 o.r., 95 2.v.u.r., 102 u.M., 103 u.l., 104 u.l., 105 M.l., 106 r.u., 115 2.v.u.r., 115 u.r., 125 o.M., 149 u.l.;
R. Quedens: 58 u.r.;
H.Reinhard: 36 u.r., 54 o.M., 62 o.r., 80 o.l., 80 M.r., 80 u.l., 81 u.r., 83 o.l., 88 o.r., 88 M.l., 89 o., 134 r.o., 155 o.l., 155 u.M.;
A. Riedmiller: 12 o.r.;
W. Schacht: 31 u., 32 o., 79 M.r., 156 l.o.;
J. Schimmitat: 52 o.r., 65 o.M., 86 u.r., 126 u.l., 128 o.l., 128 o.r., 129 o.M., 129 u.l.;
F. Schmidle: 18 M.r.;
H. Schrempp: 8 2.v.o.r., 8 o.l., 8 M.l., 8 M., 9 o.r., 18 o.r., 21 u.l., 24 o., 27 l.o., 28 u.l., 28 u.r., 36 u.l., 37 u.M., 37 u.r., 39 o.l., 41 u.l., 41 u.r., 45 u.M., 46 M.l., 46 r.M., 47 o.r., 47 u.l., 48 2.v.o.l., 48 M.r., 48 u.l., 49 o.l., 49 M.r., 50 M., 50 u.l., 50 u.r., 51 o., 52 o.l., 52 u.r., 55 o.M., 55 o.r., 56 o., 56 u.r., 57 o.M., 57 o.r., 58 o.l., 58 u.l., 59 o.l., 60 o.l., 60 2.v.u.l., 60 u.l., 60 u.r., 61 u., 66 o.M., 66 u., 68 o.r., 69 M.r., 72 o.r., 72 u.l., 78 o., 78 u.r., 79 u.l., 80 o.r., 80 u.M., 80 u.r., 81 o.l., 81 o.r., 85 u.r., 92 o.l., 93 o.r., 94 u.r., 95 o., 95 u.r., 96 u.l., 96 u.r., 97 o., 97 u.r., 100 u.l., 100 u.r., 101 u., 102 o.M., 102 u.r., 103 o.M., 107 o.r., 107 M.r., 108 o., 114 o., 114 u.r., 115 o.l., 115 M.r., 116 M.r., 117 o.r., 117 2.v.r.o., 117 u.l., 119 o.r., 119 u.r., 120 o., 126 u.M., 127 o.l., 127 M.l., 127 u.l., 129 u.r., 129 o.l., 130 o.l., 134 M.l., 137 o.M., 139 o.r., 140 o.l., 140 u.r., 141 u.M., 142 u.M., 145 o.l., 146 o.r., 146 u.M., 147 M.r., 147 u.M., 147 u.r., 152 o.r., 153 M.r., 154 o.l., 155 o.r.;
T. Schuhmacher: 8 u.M., 9 u.l., 11 2.v.o.l., 16 o.r., 17 u.l., 36 o.r., 44 o.l., 57 u., 77 o.M., 89 u., 91 o., 91 u.r., 99 u.r., 111 o.l., 152 u.r.;
S. Seidl: 51 u., 58 M.r., 59 o.r., 74 o., 88 r.M.;
Silvestris-Fotoservice/Jacana: Carrara 37 o.M.; Champroux 79 o.; Frederic 62 2.v.u.l.; Nardin 89 l.M., 122 u.; Pillond 40 M.l.; Sommer 102 o.l.; Varanger 128 u.l.; Viard 43 u., 90 o.M., 156 o.r.; Volot 90 o.l., 126 2.v.r.o., 138 u.l., 139 u.r., 153 u.r.; Xavier 83 u.r.;
D. Smit: 72 o.l.;
G. Steinbach: 37 r.M., 46 o.l., 49 M.l., 50 o.l., 50 o.r., 53 u.r., 112 o.l., 112 o.r., 118 u.r., 149 u.r., 149 u.M., 151 o.r., 155 u.r.;
G. Synatzschke: 14 o.l., 20 2.v.r.o., 59 u.M., 103 o.l., 139 u.l., 141 u.r.;
K. Wagner: 113 o.l., 113 u.r.;
H. Wöhler: 54 u., 56 u.l., 86 o., 103 o.r., 138 o.r., 156 u.r.;
K. Wolfstetter: 37 u.l., 43 o.M., 43 o.r., 76 o.l., 87 o.l.;
K.Wothe: 8 o.r., 13 o.r., 17 o.r., 48 u.r., 55 o.l., 67 o.r., 68 u.l., 68 u.r., 87 o.M., 105 o.l., 125 o.r., 133 o.l., 134 o.l., 140 M.l., 141 2.v.u.l., 144 o., 150 u.l., 150.u.r., 151 o.M., 156 l.u.;
Xeniel-Dia: Götz 73 o.l.; Dr. Nittinger 12 u.l., 21 o., 47 o.l., 125 u.M., 145 o.r., 146 M.l., 150 o.l.; Dr. Smettan 26 M.l., 32 M.l., 46 u.r., 105 M.r., 150 o.M.;
H. Zettl: 47 l.M., 106 o.r., 110 u.l.

Lieber Leser,

der vorliegende Band beschreibt vorwiegend europäische Gehölzarten nach ihren botanischen Merkmalen und zeigt sie in jeweils einem Farbbild. Schwerpunkt des erfaßten Gebietes ist Mitteleuropa. Über die heimische Gehölzflora hinaus wurden auch zahlreiche, aus anderen Erdteilen stammende mehr oder weniger eingebürgerte Baumarten berücksichtigt, wie sie uns vor allem aus Grünanlagen und Parks vertraut sind. Zuchtformen und sogenannte Ziergehölze, die Baumschulen und der Gartenfachhandel für vielerlei Gebrauch zur Verfügung halten, sind nicht Thema dieses Buches. Ihre Aufnahme hätte seinen Umfang vervielfacht.
Die Grenze zwischen heimisch und fremd läßt sich gerade bei Gehölzen allerdings nach unterschiedlichen Maßstäben ziehen. So ist nur ein Bruchteil der Nadelgehölze, die heute unsere Gärten und Parks zieren, wirklich heimisch. Hier wurde für den höheren Gebrauchswert des Bandes der Rahmen bewußt weit gehalten, zumal viele, ursprünglich nur südalpin oder mediterran verbreitete Nadel- und Laubgehölze heute zu einem festen Bestand unseres Siedlungs- und Kulturlandes zählen. Diese traditionsreichen Eingriffe des Menschen in die Lebensgemeinschaften bedeuten nicht nur Florenverfälschung, wie sie von puristischen Naturschützern angeprangert wird, sondern auch Kulturarbeit des Menschen und Bereicherung der von ihm gestalteten Umwelt.
Die Einbindung ursprünglich standortfremder Gehölze in die Nahrungsketten der heimischen Lebensgemeinschaften ist zwar besonders bei den Nadelgehölzen oft unzureichend oder gar nicht gegeben. Mancher Gartenfreund mag gerade diesen Umstand als angenehm empfinden, weil solche Pflanzen kaum »Schädlingen« ausgesetzt sind. Der über den Vorgartenzaun hinausblickende Naturfreund schätzt dagegen besonders, daß ein Gehölz nicht nur Dekorationsdienste für den Menschen erfüllt, sondern Lebensraum und Nahrungsquelle für zahlreiche heimische Insekten, Vögel und Kleinsäuger sein kann. In der Regel nehmen wir nur einen geringen Teil dieser Verflechtungen wahr, denn viele Aktivitäten, etwa der Insekten und ihrer Larven, spielen sich im Verborgenen ab, sind aber für die teilnehmenden Lebensgemeinschaften von tragender Bedeutung. So hängen die Raupen einer ganzen Reihe von Schmetterlingsarten für ihr Fortkommen, also für den Weiterbestand der Art, von den Blättern einer einzigen Gehölzart ab. Jedes heimische Gehölz steht in einem unmittelbaren Zusammenhang mit der Tierwelt - aber auch mit uns Menschen. Für das Klein- und Großklima unserer Breiten, für den Wasser- und Sauerstoffhaushalt spielen die Gehölze und ihre Formationen eine kaum zu überschätzende Rolle.
Wohl jeder naturverbundene Mensch empfand schon einmal den schmerzenden Mangel, wenn ein Baum, an dem er täglich vorbeiging, den er vielleicht nie besonders beachtet hatte, plötzlich nicht mehr an seinem Platz steht. Gerade zu Bäumen können wir durchaus eine tief wurzelnde Zuneigung empfinden, vergleichbar mit der Freundschaft zu vertrauten Tieren. Die Vorstellung einer baumlosen mitteleuropäischen Landschaft kann nur erschrecken. Aber sie rückt mit dem Sterben der Wälder in unser Bewußtsein. Einige vorsichtige Kostenrechnungen für die Erhaltung der Siedlungen in Alpentälern, wenn der Bergwald seine lebenswichtigen Schutzfunktionen nicht mehr oder nur noch unzureichend wahrnehmen könnte, zeigen auch den mehr ökonomisch ausgerichteten Zeitgenossen, welche Bedeutung einem gesunden Gehölzmantel zukommt.
Dieser Band erlaubt es dem Leser nicht nur, unsere Gehölze zu bestimmen, er kann auch viel Wissenswertes über sie erfahren und ihre Vielfalt schätzen lernen. Die uns in mancher Hinsicht wohltätigen Sträuchern und Bäume verdienen unsere Aufmerksamkeit und unseren Schutz.

Gunter Steinbach

Nadelgehölze

Entwicklungsgeschichtlich sind die Nadelgehölze eine uralte Verwandtschaftsgruppe. Ihre große Zeit war das Erdmittelalter von der Trias bis zur Kreide, als die noch älteren Farnpflanzen bereits an Bedeutung verloren hatten und die modernen Landpflanzen vom Typ der Laubgehölze noch nicht entwickelt waren. Zusammen mit den Palmfarnen (Cycadeen), dem eigenartigen Ginkgo und einigen weiteren Gruppen, die jedoch in Europa nicht vorkommen, bilden die Nadelgehölze den Verwandtschaftskreis Nacktsamer. Gemeinsam ist ihnen, daß die Samenanlagen auf den Fruchtblättern frei zugänglich und nicht - wie bei den Bedecktsamern - in einem geschlossenen Fruchtknoten verborgen sind. Weltweit gibt es heute nur noch rund 600 Nadelholzarten. Sie verteilen sich auf insgesamt sieben Pflanzenfamilien. Nur ein paar Dutzend Arten davon sind in Europa heimisch. In Parkanlagen und Gärten kann man jedoch weitaus mehr Nadelbaumarten erleben, als es der natürlichen Verbreitung entspricht. Seit langem sind nämlich zahlreiche fremdländische Arten als Ziergehölze eingeführt. Etliche nordamerikanische Arten werden sogar forstlich angebaut und sind mittlerweile eingebürgert. Oftmals bezeichnet man die Nadelhölzer auch einfach nur als Koniferen (= Zapfenträger). Strenggenommen gilt dies natürlich nur für diejenigen, die ihre Samen auch tatsächlich in Zapfen entwickeln. Die Eiben und ihre Verwandten sind demnach zwar Nadelgehölze, aber keine Koniferen.
Eigenartigerweise gibt es bei den Nacktsamern keine Kräuter. Strauchförmiger Wuchs ist bei den Nadelhölzern nur wenig verbreitet. Die weitaus meisten Arten sind daher kräftige und zumeist auch sehr hochwüchsige Bäume.

Weiß-Tanne

Atlas-Zeder

Hemlock/Douglasie

Gemeine Fichte

Serbische Fichte

Japanische Lärche

Europäische Lärche

Zirbel-Kiefer

Wald-Kiefer

Seestrand-Kiefer

Tränen-Kiefer

Aleppo-Kiefer

Zapfen - die Zierde der Nadelhölzer

Die weitaus meisten Nacktsamer sind Nadelhölzer, und von ihnen gehören wiederum die meisten Arten zu den Koniferen oder Zapfenträgern. Diese Vermehrungsorgane sind tatsächlich so kennzeichnend, daß man sie geradezu als systematisches Merkmal der wichtigsten Nadelbäume verwenden kann. So sehr die Zapfen der Nadelhölzer den Vergleich mit den Beeren, Stein-, Kern- und Nußfrüchten der Laubgehölze herausfordern, so wenig darf man sie damit einfach gleichsetzen. Zapfen sind keine Früchte. Sie sind viel einfacher aufgebaut als die oft sehr komplizierten Fruchtgebilde der Bedecktsamer und gelten eher als deren entwicklungsgeschichtliche Vorstufe. Gemeinsam ist ihnen jedoch mit den häufig sehr wohlschmeckenden Früchten die Aufgabe, die Samen möglichst wirksam zu verbreiten und somit für die Erhaltung der Art zu sorgen. Ein Zapfen ist ein Blütenstand im Zustand der Samenreifung. Je eine Samenschuppe und ihr Tragblatt, die Deckschuppe, bilden eine Blüte. Bei den Fichten und Kiefern verwachsen die Deckschuppen mit den später massiv verholzten Samenschuppen und sind am reifen Zapfen nicht mehr getrennt erkennbar. Bei den Douglasien und Tannen bleiben sie dagegen immer getrennt: Die Zipfel der Deckschuppen ragen immer ein wenig über die breiteren und dickeren Samenschuppen hinaus. Naturgemäß sind die Zapfen ein Thema mit mancherlei Variationen - fast jede Art zeigt ihre Besonderheiten, und umgekehrt kann man anhand der Zapfenformen auch die einzelnen Arten recht zuverlässig bestimmen. Die kleinsten Zapfen finden wir bei der Hemlock, die größten und massigsten bei den Kiefern. Die meisten Zapfen hängen nach unten, so daß die geflügelten, sehr ölreichen Samen aus dem Schuppengehäuse herausrutschen und vom Winde verweht werden können. Tannen und Zedern entwickeln aufrecht stehende Zapfen - hier lösen sich die Schuppen einzeln ab und geben auf diese Weise den Weg für die Samen frei. Am Geäst bleibt dann nur noch eine dürre Zapfenspindel zurück. Alle Kiefern gewächse besitzen vielschuppige und überwiegend auch sehr große Zapfen. Bei den Zypressengewächsen sind sie dagegen immer sehr klein und nur aus ganz wenigen Zapfenschuppen zusammengesetzt. Sehr unterschiedlich sind die Zeiten von der Blüte bis zur Samenreife. Tannen, Fichten und Lärchen erreichen die Reifung bis zum Herbst des Blühjahres. Bei Zedern und Kiefern vergehen darüber zwei und drei Jahre. Bei allen zapfentragenden Nadelhölzern sind die Samen so geflügelt, daß sie als Schraubenflieger mit dem Wind verbreitet werden. Andererseits sind die im Überschuß produzierten Samenmengen auch eine wichtige Nahrungsquelle für Kleintiere. So ernähren sich Kreuzschnäbel fast ausschließlich von Fichtensamen.

Lawsons Scheinzypresse

Abendländischer Lebensbaum

Ginkgo, Ginkgobaum

Ginkgo biloba

MERKMALE: Sommergrüner, laubwerfender Baum mit meist schlanker, kegelförmiger, schmaler Krone, ein- oder mehrstämmig, bis etwa 30 m hoch. Zweige und Äste spitzwinkelig abgehend und gewöhnlich steil aufrecht. Verzweigungen sehr locker und besonders an jüngeren Exemplaren zum Teil recht spärlich. Dabei sind jedoch auch die jüngeren Zweige schon ziemlich steif und verdickt. Rinde braungrau bis dunkelbraun, tiefrissig oder netzartig gefurcht. Stamm mitunter mit mehreren Buckeln, nach oben jedoch gleichmäßig verjüngt. Blätter an Langtrieben (Jahreszuwachs) weit entfernt stehend, sonst zu mehreren in Büscheln an Kurztrieben, die den winterkahlen Ästen ein bizarres Aussehen verleihen. Blätter fächerförmig, etwa 10 cm lang, gabelnervig, zweilappig bis zweispaltig, am Langtrieb gewöhnlich tiefer geteilt als am Kurztrieb, auffallend weich, lang gestielt, hell- oder mittelgrün. Zweihäusige Art. Männliche Blüten in walzlichen, gelben Kätzchen, diese zu mehreren nur an den Kurztrieben. Weibliche Blüten zu je 2-3. Samenanlagen frei, ziemlich klein, hellgrün, eiförmig. Windbestäubung. Nach der Befruchtung entwickelt sich ein steinfruchtähnlicher Samen mit einem fleischigen Samenmantel, der zur Reifezeit graugrün oder gelblich gefärbt ist und beim Zerquetschen sehr unangenehm riecht. Da Geschlechtsbestimmung an jungen Pflanzen nicht möglich, werden beide Geschlechter gepflanzt. VERBREITUNG: Kommt natürlicherweise nur an wenigen Stellen im Südosten Chinas vor. In Europa vielerorts angepflanzt. STANDORT: Wächst überall als dekorativer Park- oder Straßenbaum. Keine besonderen Standortansprüche. BLÜTEZEIT: März bis April. ALLGEMEINES: Der Ginkgobaum ist der einzige heute noch lebende Vertreter einer Gruppe von Nacktsamern, die noch im Erdmittelalter mit zahlreichen Arten weltweit verbreitet war. Bei diesen früheren, durch Blattfossilien nachgewiesenen Formen fällt allerdings auf, daß die flächig entwickelten Nadelblätter zum Teil viel stärker geschlitzt waren als bei der heute noch vorkommenden Form. Im Lauf der Evolution sind demnach die Nadelblätter nicht in ihrem Bauplan, wohl aber in ihrer äußeren Formgebung mehrfach abgewandelt worden. Unter den Nacktsamern ist der Ginkgobaum der einzige Vertreter, bei dem die Nadelblätter flächig entwickelt sind.

Weiß-Tanne
Abies alba

MERKMALE: Immergrüner Nadelbaum mit meist kräftigem, geradem Stamm, kann etwa 50 m Höhe erreichen. Die Krone ist in der Jugend kegelförmig, im Alter jedoch abgeflacht. Ältere Äste fast waagrecht abstehend, Rinde glatt und dunkelgrau, im Alter zunehmend rissig oder gefeldert. Nadelblätter ziemlich kurz, höchstens bis 3 cm lang, vorne stumpf, biegsam, auf der Unterseite mit zwei helleren Streifen, locker gestellt. Männliche Blüten kugelig, gelblich, in den Nadelachseln an den Zweigenden. Weibliche Zapfen meist um 10 cm lang, aufrecht, walzenförmig. STANDORT: Wichtiger Waldbaum, zusammen mit Buche, Kiefer und Fichte oft bestandsbildend in Höhen zwischen 400-900 m auf frischen, kühlen, mittelgründigen Böden. VERBREITUNG: Typischer Waldbaum in Mitteleuropa, Korsika und in den Gebirgen des Balkans, durch Forstkultur weit verbreitet. BLÜTEZEIT: April bis Mai.

Nordmanns-Tanne
Abies nordmanniana

MERKMALE: Immergrüner, 25-30 m hoher Nadelbaum. Anfangs mit schmaler, kegelförmiger Krone, im Alter zunehmend säulig, mit ziemlich spitz zulaufendem Gipfel. Äste im Mittelteil der Krone waagrecht abstehend, ziemlich dicht stehend. Rinde anfangs glatt, stumpf grau, erst an alten Bäumen gefeldert oder plattenförmig zerrissen. Nadelblätter etwa 2-3 cm lang, vorne leicht ausgerandet, sehr dicht, linealisch, deutlich gefurcht, oberseits dunkelgrün glänzend, unterseits mit zwei weißen Stomabändern, zweizeilig angebracht, etwas nach vorne gerichtet, beim Zerreiben von fruchtigem Duft. Weibliche Zapfen nur in der Gipfelregion älterer Bäume, zur Reifezeit um 15 cm lang, zylindrisch, anfangs blaßgrün, zuletzt bräunlich. VERBREITUNG: Wichtiger Waldbaum in der nordöstlichen Türkei und im westlichen Kaukasus. Zunehmend auch in anderen Regionen Europas forstlich kultiviert oder als Parkbaum angepflanzt. BLÜTEZEIT: April bis Mai.

Edel-Tanne
Abies procera

MERKMALE: Immergrüner Nadelbaum mit anfangs schlank-kegelförmiger, später zunehmend säulenförmiger Krone, bei sehr alten Bäumen zuweilen recht breit. Im Ursprungsgebiet bis 80 m Höhe. Rinde bei jungen Bäumen glatt und silbrig-grau bis leicht rötlich, bei älteren Exemplaren rissig und graubraun. Nadelblätter unten kammförmig, oben dicht gestellt. Zweizeilig gescheitelt und deutlich aufwärts gebogen, vorne stumpf, ziemlich schlank, oberseits grüngrau, flach, gefurcht, derb, unterseits mit zwei grauen Längsbändern. Männliche Blüten sehr zahlreich auf der Unterseite jüngerer Zweige, vor allem im oberen Kronenbereich. Weibliche Zapfen senkrecht auf stärkeren Ästen im Innern der Krone. VERBREITUNG: Die Edel-Tanne ist ursprünglich im westlichen Nordamerika in den bodenständigen Gebirgswäldern der Küstengebirge beheimatet. BLÜTEZEIT: Mai, in südlicheren Gegenden einige Wochen früher.

Riesen-Tanne
Abies grandis

MERKMALE: Immergrüner Nadelbaum mit ziemlich regelmäßiger, kegeliger, im Alter auch etwas breiterer Krone. Äste zunächst waagrecht abstehend, später hängend oder an den Enden wiederum aufsteigend. Die Riesen-Tanne erreicht in ihrem Ursprungsgebiet 100 m Höhe und gehört damit zu den höchsten Nadelbäumen der Welt. Nadelblätter zwischen 2 und 6 cm lang, in 2-3 Reihen zweizeilig gescheitelt, mittel- oder dunkelgrün, am Rand nach unten eingerollt. Beim Zerreiben sehr aromatisch duftend. Weibliche Zapfen nur in der Gipfelregion, gemessen an der Baumhöhe ziemlich klein und etwa 6-8 cm lang, bräunlich. VERBREITUNG: Die Heimat der Riesen-Tanne sind die Gebirgsurwälder des westlichen Nordamerika, dort besonders auf Vancouver Island und in British Columbia verbreitet. In Mittel- und Nordeuropa wird die Art neuerdings forstlich angepflanzt. Auch als Zierbaum in großen Parks. BLÜTEZEIT: April bis Mai.

Korea-Tanne
Abies koreana

MERKMALE: Meist kleinwüchsiger, bis etwa 10 m hoher Nadelbaum mit ebenmäßiger, kegelförmiger Krone und völlig waagrecht abstehenden Ästen. Rinde glänzend olivbraun bis schwärzlich, immer deutlich mit Rindenporen (Lentizellen) übersät. Nadelblätter 1-2 cm lang, in der oberen Hälfte meistens etwas breiter als in der unteren, vorne abgerundet oder leicht eingebuchtet, nur an sehr jungen Pflanzen auch zugespitzt, auf der Oberseite glänzend grün, am Grunde auffällig gelblichgrün, auf der Unterseite mit zwei sehr hellen und auffälligen Längsstreifen. Zapfen vor der Reifezeit violettpurpurn, bei der Vollreife braun, faßförmig, bis 3 cm dick und 7 cm lang, aufrecht, sehr harzig. Deckschuppen ragen deutlich vor und sind zurückgeschlagen. VERBREITUNG: Südliches Korea. ALLGEMEINES: Schon 1 m hohe Exemplare bringen Zapfen hervor und werden daher fälschlich als Zwergkoniferen angesehen.

Griechische Tanne
Abies cephalonica

MERKMALE: Immergrüner Nadelbaum bis zu 30 m Höhe mit breit kegelförmiger Krone. Stamm im Freistand mit zahlreichen schweren, breit ausladenden Ästen an der Basis. Glatte graubraune Rinde, später zunehmend rissig und in eckigen Platten ablösend. Die Nadelblätter sind bis 3 cm lang und 2 mm breit, starr, lederartig, scharf zugespitzt, oberseits glänzend grün, auf der Unterseite mit zwei hellen, schmalen Bändern. Die Nadelblätter stehen rund um den Trieb verteilt, an der Trieboberseite etwas dichter, nicht zweizeilig gescheitelt. Zapfen braun, mit etwas zurückgeschlagenen Deckschuppen, zylindrisch, sie stehen zahlreich auf den oberen waagrechten Ästen. VERBREITUNG: In höheren Lagen Griechenlands von 750 - 1700 m tritt diese Art bestandsbildend auf. ALLGEMEINES: Eine ähnliche Art mit ebenfalls rund um den Trieb verteilten Nadelblättern ist die Spanische Tanne (*Abies pinsapo*).

Colorado-Tanne
Abies concolor

MERKMALE: Immergrüner Nadelbaum mit kegelförmiger aufgelockerter Krone, 25 - 40 m Höhe erreichend. Die Rinde ist glatt, dunkelgrau und weist zahlreiche Harzdrüsen auf. Die dicken Triebe sind anfangs gelbgrün, im zweiten Jahr graubraun gefärbt; Knospen kugelig und sehr harzreich. Die Nadelblätter sind mit 4 - 6 cm vergleichsweise sehr lang, beiderseits gleichmäßig blau-graugrün gefärbt, dick, lederartig, locker am Trieb stehend und alle sichelförmig aufwärts gekrümmt. Triebe und Nadelblätter duften beim Zerreiben aromatisch nach Zitrone. Reife Zapfen oben rund, sonst zylindrisch, 8 - 14 cm lang und 4 - 5 cm dick, glatt, in der Spitze der Bäume stehend. VORKOMMEN: Ursprünglich nur im südwestlichen Nordamerika, von Südkalifornien, Utah und Colorado bis Mexiko, dort in weiten Gebieten waldbildend. In Europa in Parks und Gärten gepflanzt. Benötigt nährstoffreiche, tiefgründige Böden. BLÜTEZEIT: Mai, Juni.

Atlas-Zeder
Cedrus atlantica

MERKMALE: Immergrüner Nadelbaum bis etwa 40 m Höhe, mit breiter, im Umriß aber immer kegelförmiger Krone, die in einer stumpfen Spitze endet. Größere Äste schräg aufrecht und dann ausgebreitet, jedoch nicht in flachen, etagenförmig gestaffelten Partien angebracht. Rinde dunkelbraungrau, plattig zerrissen und gefurcht. Nadelblätter etwa 1-3 cm lang, dunkel- oder blaugrün, kaum gekantet, vorne scharf zugespitzt, zahlreich (bis etwa 40) in Büscheln an Kurztrieben, an Langtrieben spiralig und auf Abstand stehend. Männliche Blüten braungelblich, etwa 3-5 cm lang, zylindrisch, nach vorne verschmälert, leicht gekrümmt. Weibliche Zapfen zylindrisch, zur Reifezeit etwa 6 x 4 cm groß, mit sehr breiten Schuppen, vorne oft leicht eingedrückt. VERBREITUNG: Ursprünglich nur in den Waldanteilen des Atlas-Gebirges in Marokko und Algerien. BLÜTEZEIT: Im Herbst (Ausnahmeerscheinung).

Libanon-Zeder
Cedrus libani

MERKMALE: Immergrüner Nadelbaum bis etwa 40 m Höhe. Krone mächtig, flach, besonders im Alter mit charakteristisch tafelartig, etagenförmig gestellten Astenden und Zweigen auf sehr kräftigen, steil aufrechten Hauptästen. Stamm gewöhnlich sehr dick und schon in geringer Höhe unregelmäßig verzweigt. Nadelblätter zu 10 - 20 büschelig an den Kurztrieben, an Langtrieben spiralig stehend; 1 - 3,5 cm lang und ca. 1 mm breit, zugespitzt, stechend, hell- bis dunkelgrün, allseitig mit feinen Spaltöffnungsstreifen. Reife Zapfen faßförmig, 7 - 12 cm lang, aufrecht. STANDORT: Liebt nährstoffreiche, lockere, warme Böden. VORKOMMEN: Heimisch nur im Libanon, in Syrien und der östlichen Türkei. In Mitteleuropa auf Parks in wintermilden Lagen beschränkt. ALLGEMEINES: Das größte bisher gefundene Exemplar einer Libanon- Zeder hat einen Umfang von 15 m und ein geschätztes Alter von ca. 2500 Jahren. Im Altertum als Bauholz sehr geschätzt.

Zypern-Zeder
Cedrus brevifolia

MERKMALE: Immergrüner Nadelbaum mit gerade durchgehendem Stamm, erreicht Höhen von etwa 20 m. Die Krone ist schmal kegelförmig, die Äste waagrecht, an den Enden leicht hängend. Rinde dunkel rötlichgrau, mit tiefen schwärzlichen Rissen und Furchen. Die Nadelblätter sind sehr kurz, etwa 1 cm lang, grün oder blaugrün und mit feinen weißen Streifen auf der Oberseite, mitunter auch gelblich. Die glatten Zapfen sind eiförmig, 12 cm lang und 4 cm breit, besitzen oben eine kleine schnabelförmige Spitze. VERBREITUNG: Von allen Zedernarten hat diese Art das kleinste Verbreitungsgebiet. Sie ist auf das Troodos-Gebirge auf Zypern beschränkt. Wird nur selten angepflanzt. ALLGEMEINES: Seit dem Altertum wird Zedernholz wegen seiner Festigkeit, Farbe und seines Duftes in Haus-, Möbel- und Schiffbau verwendet. Bereits die Bibel berichtet im ersten Buch der Könige von umfangreichen Importen des leichten und gut zu bearbeitenden Holzes.

Himalaya-Zeder
Cedrus deodara

MERKMALE: Immergrüner Nadelbaum, der sich durch eine recht schlanke, fast ein wenig spindelförmig aussehende Krone auszeichnet, deren langer Leittrieb gewöhnlich überhängt. Die Kegelform bleibt auch bei älteren Bäumen erhalten. Rinde anfangs glatt und dunkelgrün-bräunlich, später schwarzbraun und rissig, Triebe blaßrötlich und dicht behaart, deutlich bogig, mit spiralig gestellten, sehr weichen Nadelblättern. Nadelblätter sonst büschelig an Kurztrieben, um 3 cm lang, grün oder blaugrün mit schwachen, grauen Linien beidseitig. Reife Zapfen 8 - 12 cm lang, faßförmig mit einer stumpf-eiförmigen Spitze. VERBREITUNG: In ihrem Ursprungsgebiet Himalaja in Höhen von 2000 - 3000 m waldbildend. Diese Art benötigt nährstoffreiche, etwas feuchte, tiefgründige Böden. In Mittel- und Südeuropa häufig als Zierbaum angepflanzt, gedeiht jedoch nur in relativ wintermilden Gegenden. BLÜTEZEIT: Wie alle Zedernarten blüht auch diese Art im Herbst.

Kanadische Hemlockstanne
Tsuga canadensis

MERKMALE: Immergrüner Nadelbaum mit meist sehr unregelmäßiger, ziemlich breiter aber dicht beasteter Krone. Der Baum erreicht etwa 30 m Wuchshöhe. Gipfeltriebe undeutlich entwickelt, Spitzen der Gipfel- und Seitentriebe überhängend. Rinde anfangs braun-orange, mit zunehmendem Alter des Baums dunkler und schließlich in ein Netzwerk aus flachen Furchen oder Leisten zerrissen. Nadelblätter abgeflacht, zur Spitze hin allmählich verschmälert, zweizeilig gescheitelt und an jeder Seite in 2-3 Reihen stehend. Die Nadeln der mittleren Reihe sind häufig umgedreht und weisen mit ihrer weiß längsgestreiften Unterseite nach oben. Einzelne Nadelblätter vorne rundlich, anfangs kräftig grün, später etwas dunkler, matt, etwa 8-18 mm lang. VERBREITUNG: Die Kanadische Hemlockstanne kommt ursprünglich nur im östlichen Nordamerika vor. Heute vielfach als Zierbaum in Parks oder auf Friedhöfen.

Westliche Hemlockstanne
Tsuga heterophylla

MERKMALE: Immergrüner Nadelbaum von schlankem, säulenförmigem Wuchs und Höhen bis zu über 50 m. Die Rinde ist anfangs glatt und dunkelgrau, später rissig gefeldert. Trieb hellbräunlich, auf der Unterseite heller, längs gefurcht und dicht behaart. Nadelblätter zweizeilig gescheitelt, auf jeder Seite in zwei übereinanderliegenden Reihen, in der oberen bis 7 mm lang, in der unteren bis 18 mm, jeweils um 2 mm breit (*heterophylla* bedeutet verschiedenblättrig, namengebendes Merkmal!). Nadeln sind linealisch, kräftig grün oder dunkelgrün und leicht glänzend, unterseits mit zwei weißlichen Längsstreifen. Weibliche Zapfen auffallend klein, nur aus wenigen Schuppen bestehend und etwa 2,5 cm lang. VERBREITUNG: Ursprünglich nur im westlichen Nordamerika von Alaska bis Kalifornien beheimatet. Bildet dort in den Gebirgswäldern große Bestände. Häufig in Gärten und Parks angepflanzt.

Küsten-Douglasie
Pseudotsuga menziesii

MERKMALE: Immergrüner Nadelbaum mit Wuchshöhen um 50 m. Krone schlank und gerade, regelmäßig kegelig aufgebaut. Äste quirlig und etagenartig gestellt. Rinde an jüngeren Bäumen ziemlich glatt, an älteren Bäumen gröber rissig und borkig gefurcht. Nadelblätter 2-3 cm lang, mitunter auch etwas länger, weich und biegsam, ziemlich schmal und schlank, oberseits gefurcht, mittel- bis dunkelgrün, matt, vorne kaum zugespitzt, Nadeln am Grund deutlich gestielt. Reifer Zapfen etwa 8 cm lang und bis 3 cm breit, länglich-walzlich, hängend, löst sich als Ganzes ab, hellbraun. An diesem Zapfen sind zweierlei Schuppentypen erkennbar: Zwischen den breiten Samenschuppen zeigen sich schmale, zungenförmige Deckschuppen. VERBREITUNG: Ursprünglich nur in den küstennahen Gebieten des westlichen Nordamerika. Seit langem aber häufig in Gärten und Parkanlagen gepflanzt sowie in großem Umfang forstlich kultiviert. BLÜTEZEIT: Mai.

Europäische Lärche
Larix decidua

MERKMALE: Sommergrüner, laubwerfender Nadelbaum, bis zu 40 m Höhe, mit recht schlanker, kegelförmiger Krone und regelmäßiger, ziemlich dichter Beastung. Ältere Äste hängend und an den Enden wieder aufsteigend, mittlere meist abstehend und nur im oberen Kronenbereich schräg aufrecht. Rinde anfangs glatt und graubraun-grünbraun, später eher rosabraun und tiefrissig geschuppt. Nadelblätter weich, 2-3 cm lang, in Büscheln zu 20-40 an Kurztrieben oder einzeln, aber ziemlich dicht an den Langtrieben, stumpf oder nur wenig zugespitzt, reingrün, auf der Unterseite mit zwei helleren Längsstreifen. VERBREITUNG: Ursprünglich in den Zentralalpen, den östlichen Sudeten, der Tatra und den polnischen Tieflagen. BLÜTEZEIT: März bis April. Häufig in Parks, Gärten und Forstkulturen. ALLGEMEINES: Einziger einheimischer Nadelbaum, der im Herbst seine Nadelblätter abwirft.

Japanische Lärche
Larix kaempferi

MERKMALE: Sommergrüner, laubwerfender Nadelbaum, erreicht etwa 40 m Höhe und besitzt eine breit-kegelförmige Krone. Untere Äste breit ausladend und an den Enden wieder aufsteigend. Mittlere Äste ausgebreitet. Rinde rötlich-braun, schuppig und mitunter in kleinen Längsschuppen ablösend. Nadelblätter verhältnismäßig weich, spitz oder wenig abgestumpft, oberseits blaugrün, niemals grasgrün, unten mit zwei weißen Stomabändern, etwa 2-3 cm lang, zu 30-40 in Kurztrieben gebüschelt. Weibliche Zapfen zahlreich in oberen Abschnitten stärkerer Zweige, anfangs hell rötlich oder gelblich, später grün oder dunkelgelb und zur Reifezeit braun, um 3 cm breit und hoch, rosettig. Zapfenschuppen am Rand deutlich nach außen gerollt. VERBREITUNG: Ursprünglich war diese Lärchen-Art nur in Japan vertreten. Seit geraumer Zeit wird sie in erheblichem Umfang forstlich angepflanzt. Kann sich mit Europäischer Lärche kreuzen. BLÜTEZEIT: März.

Gemeine Fichte, Rot-Fichte
Picea abies

MERKMALE: Immergrüner Nadelbaum mit Wuchshöhen bis 70 m (meist nur 30-50 m) und damit höchster in Europa heimischer Baum. Krone besonders im Freistand sehr regelmäßig kegelig. Wirtelig gestellte Äste, die im unteren Stammteil hängen, in der Stammitte jedoch meist ziemlich gerade abstehen oder leicht aufsteigen. Sehr alte, bodennahe Äste richten sich an den Enden sehr steil auf. Rinde kupferfarben bräunlich-rot, fein geschuppt, jedoch insgesamt wenig ablösend, nur bei sehr alten Bäumen in rundliche, abspringende Platten aufgelöst. Jungtriebe rötlich, etwas behaart oder kahl, matt, ziemlich dick. Knospen dunkel, oval, etwas zugespitzt. Nadelblätter 1-2,5 cm lang, ziemlich starr, spitz, dunkelgrün, im Querschnitt rautenförmig, vierkantig, wirtelig gestellt oder sehr undeutlich zweiseitig gescheitelt, weisen überwiegend nach vorne, seltener gerade abstehend. Auf der Unterseite und der Oberseite mit feiner, hellerer Linie. Männliche Blüten karminrot, beim Aufblühen ca. 1 cm lang. Weibliche Zapfen länglich, gewöhnlich zu mehreren im oberen Kronenbereich. Junge Zapfen grün, reife hellbraun, etwa 12-16 cm lang. Schuppen mit glatten Rändern. STANDORT: Flachwurzler in lockeren, humosen, winterkalten Böden. Rohhumusbilder, führt in Monokulturen daher zur Versauerung des Bodens, weshalb die Wiederbestockung mit Laubhölzern sehr erschwert ist. VERBREITUNG: Ursprünglich von Skandinavien bis zum Balkan in Höhen oberhalb 800 m, dort bestandsbildend. Durch forstliche Kultivierung heute überall eingebürgert. BLÜTEZEIT: April bis Mai. ALLGEMEINES: Als Zierbaum in Parks und Gärten ist die Gemeine Fichte weit verbreitet. Sie ist in mannigfaltigen Kultursorten zu haben, in aufrechten, hängenden, goldgelben, zwergwüchsigen, buschigen, kugelförmigen, kompakten oder lockeren Formen. Ihre eigentliche Bedeutung liegt in ihrer forstlichen Verwendung. Sie ist in Europa ein wichtiger Holzlieferant und nimmt in der Bundesrepublik allein etwa 40 Prozent der Waldfläche ein, wird aber in verschiedenen Gebieten immer häufiger von der raschwüchsigeren Sitka-Fichte *(Picea sitchensis)* ersetzt. Industrielle Schadstoffemission, besonders der saure Regen, machen in Mitteleuropa bodenständigen Gemeinen Fichten sehr zu schaffen. Wesentlich unempfindlicher erweist sich die Serbische Fichte *(Picea omorika)*, die bisher unter allen untersuchten Arten als eine der widerstandsfähigsten Formen gegenüber industriellen Schadstoffen gilt. Worin solche Unterschiede in der Schadstofftoleranz begründet sind, ist noch nicht gründlich erforscht. Wahrscheinlich muß mit feinen Unterschieden der Wachsbeschichtung der Nadeln gerechnet werden. Je dicker diese Wachsschicht ist, desto weniger können Schadstoffe (außer Bestandteilen des sauren Regens auch noch eine Vielzahl weiterer Verbindungen) in die Nadeln eindringen und dort Stoffwechselstörungen hervorrufen. Solche Stoffwechselstörungen sind aber wohl nicht die alleinige Ursache für das Waldsterben. Wahrscheinlich handelt es sich um ein Problem mit vielen Einzelfaktoren.

Serbische Fichte, Omorika-Fichte
Picea omorika

MERKMALE: Immergrüner Nadelbaum mit sehr schmaler, kegelförmiger Krone bis 30 m hoch. Beastung des schlanken Stammes gewöhnlich sehr dicht. Äste über den größten Teil der Krone hinweg waagrecht abstehend, nur im unteren Teil leicht hängend und an den Enden wiederum leicht aufsteigend. Rinde eher braun-orange, rötlich oder fuchsbraun, in dünne, sehr klein gefelderte Schuppen gegliedert. Nadelblätter etwa 1-2 cm lang, vorne etwas zugespitzt, biegsam, etwas abgeflacht, oberseits frisch grün bis bläulich-grün, unterseits gekielt und mit zwei breiteren, hellen Längsstreifen. STANDORT: Bergwälder auf flachgründigen, verhältnismäßig trockenen und sommerwarmen Böden, bis in Höhen um 1800 m. VERBREITUNG: Nur in einem kleinen Gebiet am Mittellauf der Drina im Umkreis von Sarajewo in Jugoslawien heimisch. Heute jedoch in großem Umfang als Zierbaum verwendet. BLÜTEZEIT: April bis Mai.

Stech-Fichte, Blau-Fichte
Picea pungens

MERKMALE: Immergrüner, sehr stattlicher Nadelbaum bis etwa 50 m Wuchshöhe. Krone recht dicht beastet und von regelmäßiger, kegelförmiger, recht schlanker Gestalt. Größere Äste waagrecht abstehend. Nur bei älteren Exemplaren richten sich die bodennahen Äste leicht abwärts. Rinde ziemlich grob geschuppt und braun-purpurn oder braun-grau. Junge Zweige gelblich-braun oder fast weißlich, nahezu unbehaart. Knospen schmal-oval, um 6 mm lang, mit zahlreichen lanzettlichen Knospenschuppen. Nadelblätter stehen rings um die Triebe, zur Oberseite hin jedoch gehäuft oder zumindest aufwärts gekrümmt. Einzelne Nadelblätter etwa 2-3 cm lang, ziemlich starr und vorne scharf zugespitzt, bei der Ursprungsform dunkelgrün, meist bläulich-grün, nur selten ganz grün. VERBREITUNG: Ursprünglich stammt die Stech-Fichte aus dem südwestlichen Nordamerika (Colorado). BLÜTEZEIT: Mai.

Sitka-Fichte
Picea sitchensis

MERKMALE: Immergrüner, stattlicher Nadelbaum, der nicht selten Höhen von über 50 m, in seinem Ursprungsgebiet bis 80 m erreicht. Seine Krone ist auch bei sehr hohen Bäumen schmal kegelförmig, mit einer langen, sich gleichmäßig nach oben verjüngenden Spitze; an den oberen ansteigenden Ästen sind die sehr dichten Triebe leicht hängend; die unteren Äste sind bei freistehenden Exemplaren ebenfalls aufsteigend, weit übergebogen, mit nach allen Richtungen abstehenden, kleinen Zweigen. Die Rinde junger Bäume ist dunkelgrau, gesprenkelt, mit groben abspringenden Schuppen, später von rötlichgrauer Farbe, in kleinen Stücken abblätternd. Die Nadelblätter stehen anfangs rund um den Trieb verteilt, später jedoch auf der Unterseite gescheitelt, die Nadeln auf der Trieboberseite liegen gerade auf und weisen nach vorn, die seitlichen sind abstehend, abgeflacht, deutlich gekielt, hart und steif, 2 - 3 cm lang, mit einer stechenden Spitze, frisch-grün, glänzend, auf der Unterseite mit zwei hellen Streifen. Weibliche Blüten in der Krone gehäuft, hellrot. Die Zapfen sind kurz zylindrisch, 6 - 10 cm lang, oben abgerundet, mit dünnen, papierartigen Schuppen, deren Ränder auffällig gewellt sind, anfangs hellgrün, bei der Reife fast weiß. VERBREITUNG: Heimisch ist sie in einem schmalen Küstengebiet vom mittleren Alaska bis Kalifornien. Häufig forstlich verwendet. ALLGEMEINES: Die Bedeutung der Sitka-Fichte als wichtiger Holzlieferant nimmt stark zu. Sie zeichnet sich durch außerordentliche Schnellwüchsigkeit aus, in Westeuropa erreicht sie Zuwachsraten von 1 - 2 m pro Jahr bei guten Wachstumsbedingungen. Da sie auch auf Sandböden recht gut gedeiht und sogar eine gewisse Windbelastung erträgt, erwies sie sich als sehr brauchbares Forstgehölz in Norddeutschland, Dänemark und Teilen der Britischen Inseln. Der Baum ist allerdings recht anfällig gegen die Sitka-Laus, die bei starkem Befall schon im zeitigen Frühjahr zu Nadelabwurf führt.

Latsche, Berg-Kiefer, Legföhre
Pinus mugo

MERKMALE: Immergrüner, nadeltragender, vom Boden an verzweigter, breitwachsender 1-5 m hoher Strauch mit mehreren dicken, niederliegenden bis aufsteigenden oder auch aufrechten Stämmchen und breit kegelförmiger Krone. Untere Äste häufig knieförmig gebogen. Rinde graubraun bis rötlich-grau, in kleine Schuppen zerreißend; Schuppen im Alter schwärzlich, an den Rändern leicht aufgebogen, aber nicht abblätternd. Junge Triebe hellgrün, im Laufe des Streckungswachstums braun werdend. Blätter nadelförmig und paarweise angeordnet. 30-80 mm lang und 2-3 mm breit, gerade oder sichelförmig zur Achse hin gekrümmt, im Querschnitt halb stielrund, beiderseits glänzend dunkelgrün, am Rand fein gesägt, am oberen Ende hornartig ausgezogen, an der Basis scheidenartig von mehreren, dicht anliegenden Schuppen umgeben. Männliche Blüten im Frühjahr erscheinend, achselständig, 10-15 mm lang, spindelförmig, goldgelb, aus zahlreichen, schraubig angeordneten Staubblättern bestehend, zu mehreren am Grunde um junge Langtriebe ährenförmig angeordnet (männlicher Zapfen). Weibliche Blüten ebenfalls im Frühjahr nach der Entfaltung der Nadelpaare entstehend; purpurrot, kurz gestielt, aus zahlreichen, in den Achseln von Deckschuppen entspringenden, schraubig angeordneten, fleischigen Fruchtschuppen bestehend, einzeln oder zu mehreren an der Spitze von Langtrieben sitzend. Zapfen nur sehr kurz gestielt, 2-5 cm lang und 1,5-2,5 cm im Durchmesser, symmetrisch, ei- bis kegelförmig, am oberen Ende stumpf, hellbraun, glänzend, zunächst aufrecht, später waagrecht bis schräg nach unten abstehend; Fruchtschuppen verholzt, sich dicht dachziegelartig überdeckend, an der Zapfenaußenseite mit einem stark verdickten, nach oben gerichteten Schuppenschild; Samen paarweise unter einer Fruchtschuppe hängend, 3-5 mm lang, von eiförmiger Gestalt, hellbraun, mit einem 15-20 mm langen, dünnen Flügel (Schraubflieger). STANDORT: In Hochmooren, auf steinigen Matten und an felsigen Hängen. Von der Talsohle bis in die alpine Region (2400 m) steigend. Sowohl auf Kalk- als auch auf Moorböden. VERBREITUNG: Gebirge Mitteleuropas und der Balkanhalbinsel. Von den Pyrenäen entlang des Alpenkammes bis zu den Karpaten, südlich bis zu den Abruzzen, nördlich bis zum Fichtelgebirge, Erz- und Riesengebirge beheimatet. BLÜTEZEIT: Mai bis Juni. ALLGEMEINES: Die Latschen sind sehr genügsam und widerstandsfähig, sie zählen daher zu den ersten Pionierpflanzen im Gebirge. Durch ihr ausgedehntes, reich verzweigtes Wurzelsystem halten sie lockeres Erdreich und Geröll fest. Im Gebirge wird die Legföhre daher vor allem an erosionsgefährdeten Stellen und in Lawinenzügen angepflanzt. In Norddeutschland und Dänemark verwendet man sie zur Befestigung von Dünen und zur Aufforstung magerer Heideböden. Die Latsche ist auch eine beliebte Gartenpflanze, da sie an Boden und Klima keinerlei Ansprüche stellt und als ziemlich industriefest gilt. In den Westalpen wachsen die Vertreter des Formenkreises Berg-Kiefer auch baumförmig. Man bezeichnet sie als Haken-Kiefern oder Spirken.

Gemeine Kiefer, Föhre
Pinus sylvestris

MERKMALE: Immergrüner Nadelbaum bis etwa 30 m Wuchshöhe, gelegentlich auch höher. Krone bei jungen Bäumen noch regelmäßig kegelig mit dreieckigem Umriß. Quirlständige Beastung, bei älteren Exemplaren eher unregelmäßig, kugelig bis schirmförmig und nach Abfall der unteren, bodennahen Äste aufgelockert. Stamm häufig gebogen. Stärkere Äste fast immer gekrümmt und verhältnismäßig kurz. Rinde anfangs grau oder braungrau, später graurosa und im Alter in große Platten gegliedert, die durch tiefe, schwärzliche Furchen getrennt werden. Triebe zunächst grünlich, glatt, wenig glänzend, später grüngrau, Knospen um 1 cm lang, mit zahlreichen Schuppen, länglich. Nadelblätter zu je zwei an einem Kurztrieb, zum Ende der Triebe büschelig gehäuft, etwa 3-8 cm lang, kurz zugespitzt, etwas abgeflacht und mit feinen Längsstreifen versehen, mitunter auch leicht gedreht, an jungen Bäumen immer etwas länger als bei ausgewachsenen Exemplaren, blau- oder graugrün. Weibliche Zapfen einzeln oder in Büscheln zu 2-3 auf kurzen, gedrungenen Stielen, spitz-oval, zur Reifezeit dunkelbraun oder fast schwärzlich und bis 8 cm lang. Zapfenschuppen länglich, mit leicht vorgewölbten Zapfenschilden. STANDORT: Bevorzugt mäßig trockene, basenarme Lockerböden, auf Lehm ebenso anzutreffen wie auf Sandböden, auch auf Kalkböden. VERBREITUNG: Die Föhre hat von allen europäischen Pinus-Arten die weiteste Verbreitung und wächst von Lappland bis Spanien, östlich bis nach Sibirien, von der Ebene bis in Höhen um 1300 m. Wichtiger Forstbaum. Sehr formenreich. BLÜTEZEIT: April bis Mai. ALLGEMEINES: In den Trockenwäldern Südosteuropas wird die Föhre häufig von der Schwarz-Kiefer (*Pinus nigra*) abgelöst, einer ebenfalls sehr formenreichen Art, die sich durch ihre kräftigen, dunkelgrünen Nadelblätter und die glänzend gelbbraunen Zapfen von ihr unterscheidet. Insgesamt stellen die Pinus-Arten unter den Nadelhölzern eine sehr bemerkenswerte Gruppe dar. Keine Gattung enthält mehr Arten - rund 80 sind weltweit bekannt - wovon die meisten nicht in Asien, sondern im subtropischen Amerika vorkommen. Die Kiefern stellen außerdem die ältesten Bäume der Welt dar. Rekordhalter ist die in hochalpinen Gebirgen Kaliforniens beheimatete Grannen-Kiefer *(Pinus aristata)*, bei der nach Jahresringmessungen ein Alter von bis zu 4700 Jahren festgestellt wurde und die damit ein höheres Alter erreicht als die Mammutbäume, die als Methusalems unter den Bäumen gelten. An den Zapfen der Nadelhölzer kann man gut beobachten, warum diese von den Botanikern zu den Nacktsamern gestellt werden. Sobald die Zapfenschuppen im trockenen Zustand auseinanderklaffen und dann sozusagen Einblick in den Zapfenbau gewähren, kann man erkennen, daß die geflügelten Samen auf den Zapfenschuppen-Oberseiten in kleinen Vertiefungen liegen. Sie befinden sich dort in gleicher Weise auch als Samenanlage. Weil sie nicht von zusätzlichen Hüllvorrichtungen eingeschlossen werden, sondern frei zugänglich auf den Schuppen untergebracht sind, wurden sie zur übergeordneten Gruppe der Nacktsamer geordnet.

Schwarz-Kiefer
Pinus nigra

MERKMALE: Immergrüner Nadelbaum von etwa 20-30 m Wuchshöhe. Krone bei älteren Exemplaren im unteren Teil sehr unregelmäßig und meist offen, im oberen Teil dagegen dichter beastet und von ovalem Umriß. Äste meist steiler ansteigend, kandelaberartig, seltener auch waagrecht abgehend und ausgebreitet. Rinde an jungen Bäumen noch glatt, später sehr grob gefurcht und schuppig gefeldert, dann auch braunschwarz oder schwarzgrau. Nadelblätter zu je zwei an Kurztrieben, sehr kräftig, im Querschnitt halbkreisförmig oder beidseits abgeflacht, etwa 10-15 cm lang. Männliche Blütenstände zu einer breiten Manschette gruppiert, hell bräunlichgelb. STANDORT: Wichtiger waldbildender Baum in trockenen Lagen der Kalkgebirge Mittel- und Südeuropas. VERBREITUNG: Im südlichen Mitteleuropa und auf dem Balkan sowie in Teilen des Mittelmeergebiets weit verbreitet. BLÜTEZEIT: Mai bis Juni.

Schlangenhaut-Kiefer
Pinus leucodermis

MERKMALE: Immergrüner Nadelbaum mit Wuchshöhen bis 20 m. Kronenaufbau ziemlich regelmäßig mit dichter Beastung, von kegelförmigem und stets geschlossenem Umriß. Äste waagrecht abstehend oder leicht hängend, nur im oberen Kronenbereich steiler aufgerichtet. Rinde anfangs glatt und grünlich-grau, später hellgrau oder aschgrau und in einzelne rechteckige Felder aufgelöst. Nadelblätter zu je zwei in Kurztrieben, diese an den Zweigenden gehäuft, stellenweise auch durch nahezu unbenadelte Abschnitte getrennt. Einzelne Nadelblätter etwa 7-9 cm lang. Männliche Blüten zahlreich im unteren Teil neuer Triebe. Weibliche Zapfen zur Reifezeit eiförmig, zu 2-3 an den Zweigenden, zunächst blaupurpurn, zuletzt purpurbraun bis dunkelbraun. VERBREITUNG: In den waldbestandenen Gebirgsregionen des Balkan von Istrien bis Bulgarien weit verbreitet und häufig. BLÜTEZEIT: Mai bis Juni.

Mädchen-Kiefer
Pinus parviflora

MERKMALE: Immergrüner Nadelbaum bis höchstens 20 m Wuchshöhe, meist deutlich darunter. Krone unregelmäßig, mit waagrecht abstehenden Ästen und leicht hängenden Zweigen. Die Nadeln stehen wie bei der Strobe oder Weymoths-Kiefer zu fünft auf einem Kurztrieb, sind außen kräftig bläulich-grün und auf der Innenseite deutlich heller, dabei sehr auffällig gedreht und verbogen. Zapfen auch an jungen Bäumen meist zu 2-4 im Wirtel an den Zweigenden, länglich-eiförmig, bei der Reife dagegen eher faßförmig, bis 5 cm lang und um 3 cm dick, öffnen sich sehr weit und bleiben auch nach der Reife noch jahrelang am Baum. VERBREITUNG: Ursprünglich nur in Japan, aber häufig in Parkanlagen oder Gärten als kleinwüchsiges Ziergehölz. Häufig auch in kunstvoll gezogenen Bonsai-Formen, die jedoch nicht genetisch zwergwüchsig sind, sondern nur durch den Pflegeschnitt klein bleiben. In Kultur sieht man meistens nur blaunadelige Formen.

Jeffrey-Kiefer
Pinus jeffreyi

MERKMALE: Immergrüner Nadelbaum mit unregelmäßiger, ziemlich lockerer Krone auf langem, meist bis zur halben Höhe astlosem und geradem Stamm, bis 40 m hoch. Äste abstehend oder hängend. Junge Zweige an der Basis nur mit Schuppenblättern, stets blauweiß bereift. Nadelblätter zu je 3 auf einem Kurztrieb, blaugrau bis graugrün, sehr steif und starr, dabei aber 10-25 cm lang. Zapfen bis 25 cm lang und am Grunde bis 10 cm breit, erreicht etwa 500 g Gewicht, löst sich nur selten als Ganzes vom Zweig und hinterläßt meist einzelnen Zapfenschuppen. Samenreife im zweiten Jahr nach der Blüte. VERBREITUNG: Ursprünglich im pazifischen Nordamerika von Oregon bis Niederkalifornien. BLÜTEZEIT: Juni. ALLGEMEINES: Die JEFFREY-KIEFER erreicht ein Alter von 400-500 Jahren. Obwohl völlig winterfest, wird sie bislang außerhalb ihres natürlichen Verbreitungsgebietes nur wenig als Zierbaum verwendet.

Mazedonische Kiefer
Pinus peuce

MERKMALE: Immergrüner, mittelgroßer Nadelbaum bis etwa 20 m Höhe mit sehr regelmäßig in Wirteln angeordneten Zweigen und schmal kegelförmiger Krone auch im fortgeschrittenen Alter. Kurztriebe wie bei der Weymouths-Kiefer fünfnadelig. Nadelblätter kräftig grün oder dunkelgrün, 6-10 cm lang, vor allem an den Zweigenden büschelig gehäuft. Zapfen auf kurzem, etwa 1 cm langem Stiel, 9-15 cm lang und (geöffnet) bis 5 cm breit, reift erst im zweiten Jahr nach der Blüte heran. VERBREITUNG: Balkan von Südjugoslawien über Albanien bis Nordgriechenland und Bulgarien. ALLGEMEINES: Die Mazedonische Kiefer, gelegentlich auch Rumelische Kiefer genannt, hat auf dem Balkan die Eiszeiten überdauert und gilt daher als Tertiärrelikt. Zuvor nahm sie ein wesentlich größeres Verbreitungsgebiet ein. Große Teile ihrer heutigen Wildstandorte sind Nationalparkgebiet.

Gelb-Kiefer
Pinus ponderosa

MERKMALE: Immergrüner Nadelbaum von 30 - 50 m Wuchshöhe, im Ursprungsgebiet mitunter auch bis 70 m hoch. Die Krone ist anfangs schmal-kegelförmig und flacht sich mit zunehmendem Alter ab. Der Stamm ist fast immer sehr gerade und langschäftig. Er kann 1,5 m Durchmesser erreichen. Die Borke ist schon an jungen Bäumen sehr rau und wird im Alter tief längsrissig. Ihre Färbung wechselt dabei von tiefem Schwarz zu dunklem Rotbraun oder leuchtendem Rotorange. Die plattigen Borkenteile passen jeweils wie die Teile eines besonders groß geratenen Puzzle ineinander. Die Äste sind verhältnismäßig kurz und stehen beinahe waagerecht ab. Junge Triebe sind unbereift und kräftig gelbbraun. Die Nadeln stehen mehrheitlich zu 3 an einem Kurztrieb, stelener auch zu 2. Sie werden 12-25 cm lang, sind dunkelgrün und sehr starr. Von den Zweigen spreizen sie nach allen Seiten ab. Die Zapfen werden 8-12 cm lang und bis 8 cm dick. Die einzelnen Zapfenschuppen tragen auf der Oberseite einen kräftigen Dorn. Meist stehen mehrere Zapfen dicht nebeneinander am Zweig. Zur Reife benötigen sie zwei Jahre. Nach der Samenreife lösen sie sich nie als Ganzes vom Zweig. Zumindest die Zapfenbasis verbleibt. BLÜTEZEIT: Mai bis Juni. VERBREITUNG: Wichtiger waldbildender Baum in den unteren Gebirgslagen des westlichen Nordamerika (Rocky Mountains), in Reinbeständen oder mit Douglasien und Amerikanischer Lärche vergesellschaftet. ALLGEMEINES: Das Holz der Gelb-Kiefer ist ziemlich dicht und schwer. Seine charakteristische Färbung wurde zum namengebenden Merkmal für den Baum. In Nordamerika ist es ein wichtiges Nutzholz. Man verwendet es in der Möbeltischlerei und als Bauholz. Bereits um die Mitte des letzten Jahrhunderts wurde die Gelb-Kiefer auch nach Mitteleuropa eingeführt. Forstlich wird sie jedoch kaum verwendet. Dagegen kann man sie häufiger in Parkanlagen oder größeren Sammlungen sehen. Verwechslungsmöglichkeiten bestehen vor allem zur Jeffrey-Kiefer.

Pinie
Pinus pinea

MERKMALE: Immergrüner Nadelbaum von etwa 25-30 m Wuchshöhe mit auffallender, ziemlich dicht geschlossener, schirmförmiger Krone, diese im Umriß rundlich bis halbkugelig. Rinde an älteren Bäumen stärker schuppig gefeldert und mit tiefrissigem Leistenmuster überspannt. Nadelblätter zu je zwei an Kurztrieben, etwa 10-20 cm lang spitz zulaufend, manchmal leicht gedreht, mit mehreren, sehr feinen Längsbändern, dunkelgrün bis graugrün, insgesamt recht locker gestellt. Männliche Zapfen um 1 cm groß, oval, meist sehr zahlreich. Weibliche Zapfen zur Reifezeit etwa 8-14 x 10 cm groß, glänzend hellbraun oder braunrot, ziemlich symmetrisch, von ovalem Umriß, kaum zugespitzt. Schilder der Zapfenschuppen nur wenig gewölbt. VERBREITUNG: Typischer, stellenweise bestandsbildender Nadelbaum des Mittelmeergebiets. Wertvolles Nutzholz. BLÜTEZEIT: Juni bis Juli.

Seestrand-Kiefer
Pinus pinaster

MERKMALE: Immergrüner Nadelbaum mit breiter, überwiegend flacher und etwas ausladender Krone. Hauptäste sehr weit gestellt, mehrfach gebogen und gekrümmt, Krone locker erscheinend. Rinde bei jungen Exemplaren noch hellgrau, später zunehmend dunkler und zuletzt schwarzrötlich, mit rechteckigen Platten felderig untergliedert. Nadelblätter zu je zwei an Kurztrieben, etwa 10-25 cm lang, spitz, ziemlich fest und steif, im Querschnitt halbkreisförmig, undeutlich grünlich-grau. Weibliche Zapfen meist zu 2-3, anfangs grünlich, zur Reifezeit glänzend hellbraun, sehr kräftig und schwer, kegelig-oval. Zapfenschuppen außen mit breiten rhombischen Schuppenschilden. STANDORT: Bevorzugt arme, saure Sandböden, vorwiegend Dünen und küstennahe Standorte. VERBREITUNG: Stellenweise bestandsbildender Baum des Mittelmeergebiets und an den Atlantikküsten. BLÜTEZEIT: April bis Mai.

Tränen-Kiefer
Pinus wallichiana

MERKMALE: Immergrüner Nadelbaum mit offener Krone, Wuchshöhen bis 50 m, meist jedoch darunter. Rinde auffallend dünn, zunächst glatt und graubraun, später mit feinem Riß- und Furchenmuster. Nadelblätter zu je fünf büschelig auf Kurztrieben, an den Leittrieben mehr oder weniger aufrecht, sonst durchweg hängend, 8-20 cm lang, sehr biegsam und weich, vorne zugespitzt, am Rand leicht angerauht, graugrün bis bleichgrün. Männliche Blüten zu mehreren am Grund junger Triebe. Weibliche Zapfen zur Reifezeit sehr groß, geschlossen etwa 15-25 x 3 cm, im geöffneten Zustand sogar bis 10 cm breit. Zapfenschuppen längsfurchig, an der Spitze immer mit klarem oder weißlichem Harz überzogen. VERBREITUNG: Ursprünglich stammt die Tränen-Kiefer aus Afghanistan und Nepal, wo sie im Himalaja Höhenlagen zwischen 2000 und 4000 m besiedelt. BLÜTEZEIT: April bis Mai.

Aleppo-Kiefer
Pinus halepensis

MERKMALE: Immergrüner Nadelbaum mit Wuchshöhen um 15-20 m. Krone bei jungen Exemplaren schmal kegelförmig, später zunehmend säulenförmig oder unregelmäßig. Stamm vergleichsweise kurz, meist gekrümmt. Durch Äste schon in geringer Höhe über dem Boden gegabelt. Diese sind kräftig, gewunden und gekrümmt. Rinde anfangs silbergrau, glatt und leicht schimmernd, im Alter zunehmend rissig gefeldert und in kleinen rötlich-braunen Platten ablösend. Nadelblätter zu je zwei in Kurztrieben, auffallend locker angebracht und meist nur im vorderen Teil der Zweige und Triebe, recht schlank und biegsam, vorne spitz und mitunter mehrfach gedreht, leicht glänzend grün. VERBREITUNG: Im gesamten Mittelmeergebiet beheimatet und meist nur in den unmittelbaren Küstenregionen bestandsbildend, im Hügelland des Landesinneren dagegen wesentlich weniger häufig. Krone manchmal durch Windschur verformt. BLÜTEZEIT: Juni bis Juli.

Zirbel-Kiefer, Arve, Zirbe
Pinus cembra

MERKMALE: Stattlicher Nadelbaum mit Wuchshöhen bis über 20 m, seltener auch noch höher (35 m). Krone säulenförmig, mit stumpfer Spitze, bei älteren Bäumen (besonders im Freistand) etwas unregelmäßig erscheinend. Äste verhältnismäßig kurz, aber sehr gedrungen, überwiegend waagrecht abstehend. Jüngere Zweige an den Astenden steil aufsteigend. Rinde anfangs glatt, grünlich-grau, später zunehmend rauh und schuppig, stellenweise mit Harzblasen, im Alter bräunlich, mit breiten, rötlichen Furchen zwischen den Feldern. Triebe grünlich, mit dichter Behaarung besetzt. Knospen lang zugespitzt, kegelig. Nadelblätter 5-8 cm lang und etwa 1 mm dick, zu je fünf in Büscheln an Kurztrieben, ziemlich starr, aufrecht, besonders zu den Zweigenden gedrängt und dicht wachsend, außen dunkelgrün, auf der Innenseite eher graugrün und mit blau-weißen Stomabändern. Männliche Blüten zur Blütezeit purpurbraun. Weibliche Zapfen anfangs grünlich-violett, später braun-purpurn und zur Reifezeit dunkelbraun, etwa 5-8 cm lang, dabei aber höchstens eineinhalbmal so lang wie breit, auf kurzen, kräftigen Stielen. Zapfenschuppen rundlich, lösen sich nicht einzeln ab. STANDORT: Bevorzugt sauer-humöse Steinböden in kalt-kontinentalen Klimalagen. Lichtholz. VERBREITUNG: Ursprünglich nur in den Zentralalpen und in den Karpaten beheimatet, steigt von Natur aus selten unter 1700 m herab, kommt aber noch bis 3000 m an der Waldgrenze vor. BLÜTEZEIT: Mai bis Juni. ALLGEMEINES: Zirbel-Kiefern werden eigentlich in Parks und Gärten nur selten angepflanzt, obwohl sie nicht unbedingt auf das Klima ihrer alpinen Heimat angewiesen sind. Sie sind dort allerdings gegenüber anderen hochwüchsigen Kiefernarten im Vorteil. Aus diesem Grund werden Zirbel-Kiefern auch in Skandinavien, vor allem in Norwegen, in Regionen forstlich angepflanzt, die klimatisch den Alpen ähneln. Die Zirbel-Kiefer ist die einzige fünfnadelige Art der Gattung *Pinus*, die in Mitteleuropa beheimatet ist.

Weymouths-Kiefer, Strobe
Pinus strobus

MERKMALE: Stattlicher, immergrüner Nadelbaum bis etwa 50 m Wuchshöhe, im Heimatgebiet sogar bis 80 m hoch. Krone bei jungen Bäumen noch schmal und kegelförmig, später zunehmend unregelmäßig mit gebogenen und gewundenen Hauptästen. Krone zuletzt sehr flach, nachdem die bodennahen Äste abgestorben sind. Rinde schwärzlich-rötlich, etwas runzelig und mit kräftigen, dunkleren Furchen und Rissen. Junge Triebe sehr schlank. Knospen ziemlich harzig, gedrungen, oval und spitz. Nadelblätter zu je fünf büschelig in Kurztrieben angeordnet, etwa 5-15 cm lang, ziemlich schlank und biegsam, vorne zugespitzt, bläulich-grün, am Rand sehr fein gezähnt. Weibliche Zapfen 8-20 cm lang, meist etwas gekrümmt, Zapfenschuppen ziemlich locker. VERBREITUNG: Ursprünglich nur im östlichen Nordamerika; in Europa forstlich kultiviert oder als Parkbaum angepflanzt. BLÜTEZEIT: April bis Mai.

Mammutbaum, Riesen-Sequoie
Sequoiadendron giganteum

MERKMALE: Immergrüner, bis 80 m hoher Nadelbaum mit kegelförmiger Krone und ziemlich dichter, nur wenig lückiger Beastung. Stamm an der Basis auffällig verdickt, erst plötzlich, dann allmählich verschmälert. Äste bei älteren Exemplaren erst in größerer Höhe über dem Boden, kräftig, in der Jugend quirlig, im Alter unregelmäßig aus dem Stamm wachsend. Rinde auffallend weich und dick (bis 50 cm), bei alten Bäumen tief furchig und rissig, in verschiedenen Farbtönen zwischen fuchsrot und schmutzig dunkelbraun, faserig ablösend. Junge Triebe sehr steif und derb, grünlichgrau. Nadelblätter spiralig oder in drei Längsreihen angeordnet, etwa 5-10 mm lang, lanzettlich oder schuppenförmig, lang zugespitzt, auf der Oberseite flach, unterseits längsfurchig, an den unteren Enden der Triebe anliegend, in der Spitzenregion mehr abstehend, dunkelgrün oder bläulich-grün, mitunter auch glänzend, duften beim Zerreiben nach Anis. Männliche Blüten immer einzeln an den Triebenden. Weibliche Zapfen einzeln oder zu zweit an dickeren Enden, länglich-kugelig, etwa 4 x 3 cm groß, zur Reifezeit dunkelbraun. Schilder der Zapfenschuppen mit deutlichem Dornfortsatz. VERBREITUNG: Der Mammutbaum kommt heute von Natur aus nur in Höhen zwischen etwa 1500 und 2500 m an den Westhängen der Sierra Nevada in Kalifornien vor, wurde jedoch überall in Europa als Zier- und Parkbaum eingeführt. BLÜTEZEIT: März bis April. ALLGEMEINES: Mammutbäume erreichen ein biblisches Alter, wenngleich sie nicht zu den Rekordhaltern gehören. Dennoch sind 2000-3000 Jahre ein beachtlicher Zeitraum, der der gesamten abendländischen Geschichte entspricht. Die Vertreter dieser Art werden um 100 m hoch, erreichen damit nicht ganz die Höhe der Küsten-Sequoie, sind dafür aber insgesamt viel massiger entwickelt. Der Holzinhalt des größten bekannten Exemplars, des »General Sherman Tree« entspricht ungefähr dem Holzertrag von einem halben Hektar Fichten!

Küsten-Sequoie, Redwood
Sequoia sempervirens

MERKMALE: Immergrüner Nadelbaum mit recht breiter, säulenförmiger Krone. Stamm sehr gerade, walzenförmig, bei älteren Exemplaren sehr ansehnlich und in Bodennähe immer deutlich verdickt, nach oben allmählich verschmälert. Im Ursprungsgebiet erreicht dieser Baum Wuchshöhen bis über 100 m und gehört damit zu den höchsten Bäumen der Welt. Rinde an älteren Bäumen auffallend fuchsrot oder rötlichbraun, tief längsfurchig und mit langen, feinen Fasern ablösend, ziemlich weich. Nadelblätter bis 2 cm lang, linealisch bis lanzettlich, vorne zugespitzt, oberseits dunkelgrün, leicht glänzend, unterseits mit zwei deutlichen, weißlichen oder grauen Längsbändern. VERBREITUNG: Ursprünglich stammt die Küsten-Sequoie aus einem schmalen Streifen im westlichen Nordamerika, vom südlichen Oregon bis zum mittleren Kalifornien. Heute wird der Baum in vielen Parks und Sammlungen kultiviert. BLÜTEZEIT: Februar bis März. ALLGEMEINES: Der größte bisher bekannt gewordene Vertreter dieser Art erreichte eine Höhe von ziemlich genau 120 m und einen Stammumfang von nahezu 20 m. Er trug seinen Namen Küsten-Mammutbaum sicherlich zu Recht. Im geschlossenen Bestand bilden diese Baumriesen ein eindrucksvolles Bild. Große Teile ihres natürlichen Verbreitungsgebietes sind als 'Provincial Parks' ausgewiesen und damit unter Naturschutz gestellt. Hier werden die größten und beeindruckendsten Exemplare von der forstlichen Bewirtschaftung ausgenommen. In Amerika nennt man die Küsten-Sequoie auch 'Redwood'. Diese Bezeichnung nimmt auf die kräftige rötlichbraune Färbung des mächtigen Kernholzes Bezug, das Früher überwiegend als Bauholz, wegen seiner schönen Flammenmaserung jetzt aber überwiegend für Tischlerarbeiten verwendet wird. Besonders beliebt sind Eßtischplatten, die aus Stammquerschnitten eines einzigen Baumes hergestellt werden. Küsten-Sequoien kann man sehr leicht über Zweigstecklinge vermehren. Die Stecklinge sind ziemlich raschwüchsig.

Sumpfzypresse
Taxodium distichum

MERKMALE: Sommergrüner, laubwerfender, einhäusiger Nadelbaum mit Wuchshöhen bis 50m. Krone bei jungen Bäumen schmal kegelig entwickelt, später zunehmend rundlicher gewölbt und an der Spitze fast immer abgerundet. Stamm am Grund sehr breit, bald verschmälert und gerade in die Gipfelregion auslaufend. Stärkere Äste abstehend oder leicht hängend, mit sehr feiner Bezweigung. Rinde hell rötlichbraun oder blaßbraun, faserig, löst sich in längeren Längsstreifen ab. Nadelblätter am Langtrieb spiralig, Kurztriebe wechselständig, mit zweizeilig gestellten Nadelblättern, diese bis 2cm lang, flach, linealisch, ihrerseits wechselständig auf der Unterseite mit feinen Längsstreifen, beim Austrieb frisch hellgrün, später etwas dunkler. Nadelblätter werden im Herbst zusammen mit den Kurztrieben abgeworfen. VERBREITUNG: Sie ist im süd-östlichen Nordamerika heimisch. BLÜTEZEIT: April bis Mai.

Urwelt-Mammutbaum
Metasequoia glyptostroboides

MERKMALE: Sommergrüner, laubwerfender Nadelbaum mit Wuchshöhen bis etwa 30 m Höhe. Krone erscheint wegen der quirlständigen lockeren Beastung recht offen. Äste waagrecht abstehend oder leicht ansteigend. Rinde blaßbraun löst sich im unteren Stammteil in kleinen Längsstreifen oder plattigen Teilen ab. Stamm unterhalb der Astabgänge auffällig eingedellt. Nadelblätter zweizeilig an gegenständigen Kurztrieben, 1 - 3 cm lang, linealisch, flach, vorne abgerundet oder undeutlich zugespitzt, auffallend weich, beim Austrieb frisch grasgrün, später etwas dunkler. Männliche Blüten zu mehreren am Grund des Leittriebs, klein, kugelig. Weibliche Zapfen lang gestielt, kugelig oder leicht tropfenförmig, länglich, bis etwa 2,5 cm lang. Zur Reifezeit hellbraun. VERBREITUNG: Der Urwelt-Mammutbaum wurde erst 1941 im Südwesten Chinas entdeckt. BLÜTEZEIT: April bis Mai.

Kalifornische Flußzeder
Calocedrus decurrens

MERKMALE: Immergrüner Nadelbaum mit auffallend schlanker, säulenförmiger, sehr regelmäßig geformter Krone, deren oberes Ende deutlich abgerundet ist. Wuchshöhen um 30 m. Äste vergleichsweise kurz, schräg aufwärts steigend oder umbiegend, selten hängend oder abwärts gebogen. Stamm bis dicht über den Boden beastet. Rinde dunkelbraun oder braunrötlich, in größere, plattige Portionen gefeldert und unregelmäßig zerrissen, an beiden Enden vom Stamm weggebogen. Blätter schuppenförmig, dreieckig, zur Spitze hin leicht verbreitert, dort aber deutlich eingekrümmt, je vier in sehr regelmäßigen Wirteln, beim Zerreiben stark nach Terpentin beziehungsweise Bohnerwachs riechend. Männliche Blüten klein, nur etwa 3 mm lang, an den Spitzen der Seitenzweige, unauffällig. Weibliche Zapfen ebenfalls endständig, zur Blütezeit sehr unscheinbar grünlich. VERBREITUNG: Ursprünglich nur in den westlichen USA vertreten. BLÜTEZEIT: März.

Sawara-Scheinzypresse
Chamaecyparis pisifera

MERKMALE: Immergrüner Nadelbaum mit einer Wuchshöhe bis etwa 20 m. Krone kegelförmig, mit waagrechten, teilweise auch abwärtsgerichteten, auf dem Boden aufliegenden Zweigen. Rinde kastanienbraun, mit schmalen, tiefen Rissen. Flachtriebe mit kleinen Schuppenblättern, dicht angedrückt, spitz zulaufend, die Spitzen einwärts gekrümmt. Blätter frischgrün, glänzend, unterseits weiß gezeichnet, beim Zerreiben aufdringlich duftend. Weibliche Zapfen sehr klein, nur etwa erbsengroß (namengebendes Merkmal, (lat.) *pisum* = Erbse), anfangs graugrün, später braun, mit 10 Schuppen, die in der Mitte mit einem winzigen Punkt versehen sind. VERBREITUNG: Ursprünglich in Japan beheimatet. Häufig in Gärten und Parks in zahlreichen Formen angepflanzt, zum Teil in Zwergform oder strauchig (vgl. Abbildung), mit grünen bis blaugrünen oder sogar goldgelben Nadelblättern. BLÜTEZEIT: April, Mai.

Lawsons Scheinzypresse, Oregonzeder
Chamaecyparis lawsoniana

MERKMALE: Immergrüner Nadelbaum mit schmaler, kegelförmiger Krone, im Freistand bis zum Boden dicht und gleichmäßig beastet. In der Heimat bis 60 m, bei uns kaum mehr als 20 m hoch. Rinde zunächst graubraun oder grünlich und glatt, später dunkler graubraun und in große, längsstreifige Platten aufgelöst, die sich an den Enden abheben. Äste ziemlich kurz, aber reich verzweigt. Nadelblätter schuppenförmig, kreuzgegenständig, etwa 0,5-2 mm lang, den Achsen sehr dicht anliegend, auf der Oberseite dunkelgrün, auf der Unterseite deutlich heller grün und durch weißliche Nähte voneinander getrennt. Männliche Blüten karminrot an den Zweigenden. Weibliche Zapfen mit nur vier Paar Zapfenschuppen, kugelig. VERBREITUNG: Ursprünglich nur im westlichen Nordamerika in den Staaten Oregon und Kalifornien. BLÜTEZEIT: März bis April.

Nootka-Scheinzypresse
Chamaecyparis nootkatensis

MERKMALE: Immergrüner, 25 - 30 m Höhe erreichender Baum von sehr regelmäßiger, kegelförmiger Gestalt. Rinde braun-orange bis graubraun, flach rissig; Zweige herabhängend. Die flachen Triebe sind mit kleinen ziegelartig übereinanderstehenden Schuppenblättern besetzt, oberseits stumpf dunkelgrün, unten heller, Schuppenblätter mit feinen, abstehenden Spitzen, beim Zerreiben unangenehm riechend. Zapfen im zweiten Jahr reifend, dann grün, bläulich bereift, kugelig, kaum 1 cm dick, später braun. VERBREITUNG: Nordamerika, von Alaska bis in den Norden Oregons. In Europa als Zierbaum in Parks und Gärten. BLÜTEZEIT: April, Mai. ALLGEMEINES: Die Nootka-Scheinzypresse kann mit der Monterey-Zypresse (*Cupressus macrocarpo*) gekreuzt werden und liefert als Bastard die Leyland-Zypresse (*Cuprescocyparis leylandii*). Die Benadelung beider Bäume ist ähnlich, die Krone der Hybrid-Zypresse jedoch säulenförmig.

Italienische Zypresse
Cupressus sempervirens

MERKMALE: Immergrüner Nadelbaum bis etwa 30 m Wuchshöhe, Krone meist sehr schmal und schlank, in eine dünne Spitze ausgezogen, nur selten mit ausgebreiteten Ästen. Rinde auch an älteren Bäumen ziemlich glatt, graubraun, nur wenig rissig oder gefurcht. Nadelblätter schuppenförmig, kreuzgegenständig, etwa 1 mm breit und ebenso lang, vorne abgerundet, sehr eng anliegend, dunkelgrün. Männliche Blüten bis 8 mm lang, gelblich, einzeln an den Zweigenden. Weibliche Zapfen kugelig oder leicht länglich, bis 4 cm dick, bestehend aus 4 - 7 Paar schildartiger Zapfenschuppen, die am Rand leicht aufgebogen sind. STANDORT: Die Italienische Zypresse liebt trockene, verhältnismäßig flachgründige und steinige Böden und ist recht frostempfindlich. VERBREITUNG: Im gesamten Mittelmeergebiet eingebürgert, ursprünglich in Nordpersien, Kleinasien, auf Kreta und Zypern. BLÜTEZEIT: März .

Monterey-Zypresse
Cupressus macrocarpa

MERKMALE: Immergrüner Baum, der in der Jugend eine säulenförmige, kegelig zugespitzte Krone besitzt, mit waagrechten Seitentrieben an einem geraden, aufrechten Leittrieb. Bei älteren Exemplaren entwickelt sich eine eher rundliche, zuweilen flache Krone. Rinde braun, mit flachen netzförmigen Furchen. Die Nadelblätter sind schuppenförmig, 1 - 2 mm lang, laufen in einer deutlichen Spitze aus und tragen eine etwas unsymmetrisch eingesenkte, dunklere Drüse; beidseitig dunkelgrün, duften beim Zerreiben nach Zitrone. Zapfen zur Reifezeit kugelig, etwa 3 - 4 cm breit, glänzend rötlich-purpurn braun, mit nur 7 - 9 Schuppen, die in der Mitte einen dornförmigen Höcker tragen, der Rand der Schuppen ist fein gewellt. VERBREITUNG: Ursprünglich nur auf der Monterey-Halbinsel im mittleren Kalifornien. In Süd- und West-Europa in wärmeren Gegenden des atlantischen Bereichs angepflanzt. Salztolerant.

Arizona-Zypresse
Cupressus glabra

MERKMALE: Immergrüner Nadelbaum mit schuppig abgehender Rinde. Die schuppenförmigen, dicht anliegenden Blätter meist graugrün oder sogar graublau gefärbt und tragen eine weißliche Drüse. Beim Zerreiben duften sie leicht nach Grapefruit. Zapfen 1-3 cm groß, mit glänzend bräunlich-grün und grau bereiften Schuppen, diese mit einem kleinen, mittelständigen Dorn. VERBREITUNG: Der Baum stammt aus dem westlichen Nordamerika (Arizona) und wird in verschiedenen Formen und Gartenrassen als Zierbaum verwendet. ALLGEMEINES: Dieser Baum ist der einzige bekannte Fall, in dem sich gattungsverschiedene Elternarten erfolgreich miteinander kreuzen lassen. Sonst ist bei den Nadelhölzern nicht einmal eine Kreuzung verschiedener Arten der gleichen Gattung besonders erfolgversprechend. Leyland-Zypressen gewinnen ein etwas unterschiedliches Aussehen, je nachdem welche Art als weiblicher Elter verwendet wurde.

Gemeiner Wacholder

Juniperus communis

MERKMALE: Immergrüner, langsam wachsender, aufrechter, vom Grunde an verzweigter Strauch von säulenförmigem, aber auch flach ausgebreitetem Wuchs; oder kleiner, mehrstämmiger Baum mit schmal pyramidaler, nur selten abgeflachter Krone, 0,5-6 (in Kultur bis 12) m hoch werdend. Rinde anfangs glatt, rötlich braun, später graubraun, längsrissig, schuppig und faserig abschälend. Junge Triebe 3kantig, mit schmalen Längsleisten. Blätter nadelförmig auseinander und gerade abstehend, nicht am Sproß herablaufend, steif, stechend, 10-20 mm lang und 1-2 mm breit, linealisch bis lanzettlich, am oberen Ende stumpf bis stachelspitzig, gerade, meist graugrün, oberseits mit breitem weißem Mittelband und schmalen grünen Randstreifen. Blüten getrenntgeschlechtlich, nur sehr selten zwittrig, im Herbst einzeln in den Blattachseln der Nadelquirle in der Mitte der Zweige erscheinend. Die unreifen Scheinbeeren sind erbsengroß, grünlich, saftlos und unangenehm schmeckend. Beerenzapfen erst im 2.-3. Herbst reifend, schwarzbraun, bläulich bereift, kurzgestielt, 6-9 mm im Durchmesser. Samen schwach dreikantig, hellbraun, mit harter Schale. STANDORT: In Heiden, lichten Nadelwäldern, auf Magerweiden und Felshängen. Von der Ebene bis in die Hochalpen auf nährstoffarmen, sandigen Böden in sonnigen Lagen verbreitet. VERBREITUNG: Europa, Asien. BLÜTEZEIT: April, in höheren Lagen Mai, Juni. ALLGEMEINES: Der Wacholder ist für bestimmte Gebiete, wie die Lüneburger Heide, eine charakteristische Pflanzenart. Die schwarzblauen, reifen Beerenzapfen werden gern von Vögeln (z.B. Wacholderdrossel, Birkhuhn) gefressen, die so zur Samenverbreitung beitragen. Sie enthalten vor allem ätherische Öle, Harze, Bitter- und Gerbstoffe. Außer zur Verwendung als Küchengewürz dient es auch zum Räuchern von Fleischwaren. Das aus ihnen gewonnene ätherische Öl dient zur Aromatisierung von Branntweinen (Gin, Steinhäger, Dornkaat, Genever).

Phönizischer Wacholder

Juniperus phoenicea

MERKMALE: Strauch oder kleiner Baum mit einer Wuchshöhe bis etwa 8 m, nicht selten mit gewundenem, niederliegendem oder schräg aufsteigendem Stamm. Äste ziemlich schlank. Nadelförmige Blätter nur an jungen Trieben, sonst an den älteren Zweigen nur mit schuppenförmigen Blättern besetzt, diese um 1 mm lang, von rhombischem Umriß, undeutlich zugespitzt, etwas unregelmäßig kreuzgegenständig, liegen den Zweiglein sehr dicht an. Weibliche Zapfen um 1 cm breit, kugelig oder leicht ovallänglich, zur Reifezeit purpurn oder bläulichgrün. VERBREITUNG: Mittelmeergebiet, in Macchien und Trockengebüschen. Windverträglich, deshalb entlang der Küsten auch in Schutzpflanzungen anzutreffen. ALLGEMEINES: In der Gattung *Juniperus* bezeichnet man die Zapfen, bei denen die Schuppen nicht verholzen, sondern fleischig werden, oft fälschlicherweise als Beeren. Korrekt wäre der Begriff Beerenzapfen.

Stech-Wacholder
Juniperus oxycedrus

MERKMALE: Zweihäusiger, häufig niederliegender, nadelblättriger Strauch von bis zu 3 m Höhe. Nadeln bis 2,5 cm lang, abstehend, oberseits mit zwei Streifen, mit stechender Spitze. Weibliche Blüten zu einem beerenartigen, bis 1,5 cm breiten Zapfen heranwachsend, die in der Jugend blaugrün bereift ist und sich bei Reife in Kastanienrot verfärbt. Männliche Blüten kurze, zapfenartige Ansammlungen von Staubblättern an dreieckigen Schuppen. STANDORT: Dünen und Felsen in Küstennähe. VERBREITUNG: Mittelmeerraum, Westasien bis Syrien. BLÜTEZEIT: April und Mai. ALLGEMEINES: Die Unterart *Juniperus oxycedrus* ssp. *oxycedrus* unterscheidet sich von der oben beschriebenen Art durch ihren aufrechten Wuchs, kleinere, weniger saftige Beerenfrüchte und schmalere Blätter. Diese Form ist im gesamten Mediterrangebiet im Landesinneren verbreitet, besonders an trockenen Standorten.

Griechischer Wacholder
Juniperus macrocarpa

MERKMALE: Immergrüner, zweihäusiger Strauch oder Baum mit anfangs sehr regelmäßiger, kegelförmiger Krone, später aber häufig mehrteilig oder sehr unregelmäßig verzweigt. Äste aufrecht oder abstehend. Jüngere Zweige vierkantig, zunächst grünlich, später zunehmend braungrau. Blätter immer nadelförmig, in dreizähligen wirteln, bis 2 cm lang und um 2 mm breit, sehr spitz und stechend. Zapfen anfangs graugrün, zur Reifezeit glänzend rotbraun, angenähert kugelig, kaum saftig, sondern eher mehlig. Reifen erst im zweiten Jahr nach der Blüte heran. VERBREITUNG: Auf flachgründigen Böden, vor allem entlang der Küsten des Balkans und Kleinasiens. Kaum als Ziergehölz verwendet. BLÜTEZEIT: Februar bis April. ALLGEMEINES: Manchmal wird der Griechische Wacholder nicht als eigenständige Art, sondern als Unterart des Stech-Wacholders angesehen.

Kriech-Wacholder
Juniperus horizontalis

MERKMALE: Weithin kriechender, meist teppichartige Bestände bildender Strauch von 20 - 30 cm (selten 100 cm) Höhe, dessen bodenanliegende Äste sich bewurzeln. Sehr dicht mit kurzen Seitenzweigen besetzt. An jungen Trieben meist mit Nadelblättern, blaugrün oder stahlblau, leicht abstehend, 2-6 mm lang. Ältere Triebe überwiegend mit Schuppenblättern, 2-4 mm lang, im Winter oft rötlich überlaufen. Zweihäusig. Beerenzapfen etwa 5 mm dick, schwarzblau, bereift. STANDORT: Bevorzugt nährstoffarme, trockene Sand- und Felsgrusböden. VERBREITUNG: Ursprünglich nur im nördlichen Nordamerika, unter anderem im Gebiet der großen Seen weit verbreitet. Seit langem als Bodendecker in Gärten und auf Friedhöfen verwendet. ALLGEMEINES: Unter den zahlreichen Sorten gibt es solche, die überwiegend Nadelblätter entwickeln und andere, die ausschließlich Schuppenblätter tragen. Die Gartenformen blühen im allgemeinen nicht.

Sadebaum, Stink-Wacholder
Juniperus sabina

MERKMALE: Immergrüner, scharf riechender, meist niederliegender, reichverzweigter und weit ausgebreiteter, bis 2 (4) m hoher Strauch mit besenförmigen Ästen; seltener ein Baum, bis 12 m hoch mit schräg knorrigem Stamm und dichter, buschiger Krone. Rinde anfangs gelbbraun, später rötlich braun, längsrissig abblätternd. Jugendblätter nadelförmig in Dreierwirteln stehend. Folgeblätter schuppenförmig, kreuzweise gegenständig und am Sproß herablaufend, dicht dachziegelig anliegend, bis 2,5 mm lang, länglich rautenförmig, glänzend dunkelgrün, außen mit einem gelben Höcker, innen mit zwei weißlichen Wachsstreifen. Beerenzapfen erbsengroß, blauschwarz, hechtblau bereift. STANDORT: Auf trockenen, sonnigen, steinigen, felsigen Stellen. VERBREITUNG: Südeuropa bis Zentralasien, westlich bis Spanien, in Italien bis zu den Abruzzen; Balkanhalbinsel südlich bis Albanien. BLÜTEZEIT: März bis Mai.

Chinesischer Wacholder
Juniperus chinensis

MERKMALE: Einstämmiger, bis etwa 15 m hoher Baum mit schmaler, kegelförmiger, oft nicht ganz gerade wachsender Krone oder mehrstämmiger, breit ausladender Strauch bis etwa 5 m Höhe. Rinde dunkelbraun, löst sich in schmalen, gedrehten Längsstreifen ab. Büschel von spitzen, schmalen Nadelblättern treten vor allem an der Basis der jungen Triebe auf. Sonst tragen die Zweige kreuzweise gegenständige Schuppenblätter, die den Zweigen dicht anliegen und 1,5 - 2 mm lang sind. Sie sind an den Rändern etwas heller und tragen eine vertiefte Drüse. Die Blüten sind zweihäusig und sehr unauffällig. Die Zapfen sind unregelmäßig kugelig und hell bläulich. Sie reifen erst im zweiten Jahr nach der Blüte heran. VERBREITUNG: Ursprünglich nur in Japan und China, seit langem jedoch als Ziergehölz in zahlreichen Formen angebaut, darunter in schlanken Säulen oder mit abweichender Färbung der Zweige.

ALLGEMEINES: Ein besonders interessantes Merkmal ist die Beblätterung, die an den Zweigen unter zweierlei Gestalt auftritt: Die wirtelig gestellten Nadelblätter erinnern an die Verhältnisse beim einheimischen Wacholder, der ausschließlich diesen Blattyp trägt, die gegenständigen Schuppenblätter an die zur gleichen Familie gehörenden Zypressen, bei denen wiederum keine nadelförmigen Blätter vorkommen. Da die Jugendblätter beim Chinesichen Wacholder immer nadelförmig, die Altersblätter dagegen schuppenförmig sind, könnte man den Merkmalswechsel auch als Atavismus, als Rückkehr zu einem ursprünglichen Gestaltungskonzept, deuten. Gärtnerisch werden sehr viele Varietäten verwendet, die zum Teil sehr breit ausladend, zum Teil aber auch säulenförmig wachsen. Von einigen dieser Varietäten sind nur weibliche oder männliche Exemplare bekannt. Zur Formerhaltung muß man sie also vegetativ über Stecklinge vermehren. Außer als Ziergehölz werden die Pflanzen nicht weiter verwendet.

Virginischer Wacholder, Rotzeder
Juniperus virginiana

MERKMALE: Immergrüner, zweihäusiger Baum, mit meist schlanker, säulenförmiger oder spitzkegeliger Krone. Wuchshöhe bis 30 m, meist jedoch erheblich darunter. Rinde auch an älteren Bäumen rötlich braun, schilfert in schmalen Längsstreifen ab. Zweige mit zweierlei Blättern: Nadelblätter nur an den Zweigenden, um 5 mm lang, linealisch, sehr spitz, auf der Oberseite mit einem hellen Längsstreifen, unten einheitlich grün. Schuppenblätter nur 1,5 mm lang, vorne stumpf oder mit schlanker Spitze und dann leicht abstehend, mit kleiner Drüse auf der Oberseite. Männliche Blüten einzeln an den Zweigenden, kleinlich. Weibliche Beerenzapfen bis 6 mm dick, oval-rundlich, zur Reifezeit violett-bräunlich. Alle Teile mit charakteristischem Duft nach Seife oder Farbe. VERBREITUNG: Der Virginische Wacholder stammt aus dem östlichen Nordamerika und wird im Mittelmeergebiet stellenweise als Forstbaum kultiviert. BLÜTEZEIT: März bis April.

Morgenländischer Lebensbaum
Thuja orientalis

MERKMALE: Immergrüner Nadelbaum bis etwa 30 m Wuchshöhe. Krone bei jüngeren Bäumen schmal kegelförmig, zum Teil auch mehrgipfelig, bei älteren Bäumen etwas breiter und mitunter ohne festgelegte arttypische Form. VERBREITUNG: Die Art stammt aus China, Japan, der Mandschurei und Korea. Sie wird in vielen Varietäten in Gärten und Parkanlagen, vor allem auch auf Friedhöfen angepflanzt. Neben den normalwüchsigen, meist schlanken Formen gibt es auch etliche zwergwüchsige Rassen, die besonders zahlreich in Vorgärten oder Kübelpflanzungen zu finden sind. BLÜTEZEIT: März bis April. ALLGEMEINES: Die Lebensbaumarten sind nicht leicht von den sehr ähnlichen Scheinzypressen *(Chamaecyparis)* zu unterscheiden. Lassen sich die Knospen an den Zweigenden fühlen, liegt fast immer eine *Thuja-Art* vor. Bei den Scheinzypressen sind die Knospen zu klein, um ertastet zu werden.

Riesen-Lebensbaum
Thuja plicata

MERKMALE: Immergrüner, einhäusiger Nadelbaum mit meist schlanker, schmaler, kegelförmiger Krone. Wuchshöhen bis über 30 m. Äste im oberen Kronenbereich aufsteigend, an der Kronenbasis auch hängend. Rinde dunkelbraun-rötlich oder braun-purpurn, deutlich längs gefurcht. Schuppenblätter kreuzgegenständig, die beiden seitlichen immer ein wenig länger als die mittleren, angedrückt, vorne stumpflich, im Umriß verkehrt eiförmig, auf der Oberseite kräftig glänzend grün oder dunkelgrün, auf der Unterseite wesentlich heller grün und mit feiner, weißlicher Zeichnung versehen. Männliche Blüten in kaum auffälligen, gelblichen Zapfen an einzelnen Triebspitzen. Weibliche Zapfen zur Reifezeit hellbräunlich, etwa 2 cm lang, mit klaffenden, abgespreizten Zapfenschuppen. VERBREITUNG: Ursprünglich nur im westlichen Nordamerika von Alaska bis Kalifornien. BLÜTEZEIT: März.

Abendländischer Lebensbaum
Thuja occidentalis

MERKMALE: Immergrüner Nadelbaum bis ungefähr 20 m Wuchshöhe mit schmaler, kegelförmiger, an der Spitze aber stets etwas abgerundeter Krone. Zweige und Äste ziemlich locker angeordnet, nur bei besonderen Gartenformen dichter. Zweige schlaff hängend, auf der Unterseite immer deutlich heller grün als oberseits oder leicht geblich, jedoch ohne weißliche Zeichnung. Rinde heller oder dunkler orangebraun, längsrissig, löst sich in schmalen Streifen ab. Schuppenblätter kreuzgegenständig, breit oval, ohne deutliche Spitze, beim Zerreiben nach Apfelmus mit Gewürznelken duftend. Zapfen klein, zur Reifezeit grün-bräunlich, bestehend aus 8-10 nach oben spreizenden Schuppen. VERBREITUNG: Wichtiges, bestandteilbildendes Nadelholz in Nordamerika im Gebiet der großen Seen. ALLGEMEINES: Vielfach als Ziergehölz angepflanzt. Verträgt sehr gut den Heckenschnitt und wird daher gerne als lebender Zaun verwendet.

Chilenische Araukarie
Araucaria araucana

MERKMALE: Immergrüner, zweihäusiger Nadelbaum mit rundlicher, ovaler oder breit kegelförmiger Krone auf rundem, sehr geradem, schlankem Stamm. In der Heimat bis 50 m, bei uns selten über 10 m hoch. Äste ausschließlich quirlständig angebracht, sehr schlank und lang, verhältnismäßig wenig verzweigt, gerade abstehend oder leicht hängend. Rinde dunkel braungrau, querfurchig gegliedert oder stärker runzelig. Nadelblätter an den Ästen dicht spiralig gestellt, vorne mit kurzer, schlanker Spitze, ziemlich derb und lederig und sämtlich zur Triebspitze gerichtet. Männliche Blüten endständig in kleinen Büscheln. Weibliche Zapfen sehr groß, kugelig oder etwas länglich, aufrecht auf der Oberseite stärkerer Äste. VERBREITUNG: Die Araukarie ist in den chilenischen und argentinischen Anden beheimatet und bildet dort zum Teil geschlossene Bestände. BLÜTEZEIT: Juni bis Juli.

Gemeine Eibe
Taxus baccata

MERKMALE: Immergrüner, zweihäusiger Nadelbaum bis etwa 20 m Wuchshöhe. Krone bei einstämmigen Exemplaren breit kegelförmig oder (nur bei Gartenformen) säulenförmig, bei mehrstämmigen Bäumen sehr breit ausladend und unregelmäßig mehrgipfelig aufgebaut. Stärkere Äste abstehend oder leicht hängend, an den Enden jedoch meist etwas ansteigend. Rinde braungrau, grob gefurcht und in breite Fetzen zerrissen oder abblätternd. Männliche Blüten kugelig oder länglich, beim Stäuben sehr hell gelblich oder weißlich. Der Samen entwickelt zur Reifezeit einen fleischigen, karminroten Samenmantel. VERBREITUNG: Über ganz Europa in Einzelexemplaren, seltener in geschlossenen Beständen anzutreffen. Sehr häufig angepflanzt. BLÜTEZEIT: Februar bis April. ALLGEMEINES: Alle Teile der Pflanze mit Ausnahme des roten Samenmantels sind durch Alkaloide stark giftig.

Japanische Nußeibe
Torreya nucifera

MERKMALE: Immergrüner, zweihäusiger Nadelbaum bis etwa 10 m Wuchshöhe, gelegentlich strauchförmig, mit schlanker, kegelförmiger Krone, meist jedoch von unregelmäßigem Kronenaufbau. Rinde kräftig braun oder rötlichbraun. Nadelblätter groß, bis etwa 3 cm lang und um 3 mm breit, auf der Oberseite kräftig dunkelgrün und matt glänzend, unterseits gelblichgrün, mit zwei weißlichen, breiten Längsstreifen, etwas ledrig und derb, vorne scharf zugespitzt, am Trieb regelmäßig zweizeilig angeordnet und untereinander parallel ausgerichtet, wodurch die Zweigenden kammartig erscheinen. Männliche Blüten sehr klein, etwa 2 mm lang, gelblich oder hellgrün. Weibliche Blüten ebenfalls unauffällig. Samen um 2 cm lang, fleischig-ölig, zur Reifezeit von einem braungrünen geschlossenen Samenmantel umgeben. VERBREITUNG: In Japan beheimatet. In Europa im Mittelmeerraum als Zierbaum angepflanzt. BLÜTEZEIT: Juni bis Juli.

Laubgehölze

Mit rund 250 000 verschiedenen Arten sind die Bedecktsamer unter den heute auf der Erde lebenden Pflanzenarten die mit Abstand dominierende Verwandtschaftsgruppe. In fast allen bedecktsamigen Pflanzenfamilien kommen Arten von strauch- oder baumförmigem Wuchs vor. Umgekehrt gibt es aber auch etliche Pflanzenfamilien, die ausschließlich aus Holzpflanzen bestehen und keine krautigen Vertreter entwickelt haben. Die einheimischen Buchen- und Birkengewächse gehören beispielsweise dazu. Ob eine Holzpflanze oder kurz ein Gehölz als Strauch oder als Baum zu bezeichnen ist, ist weniger eine Frage der Größe oder Wuchshöhe, sondern hängt allein von der Wuchsform ab. Ein Baum ist immer ein Gehölz mit klarer Untergliederung in einen Hauptstamm und eine astreiche Krone. Auch wenn frei stehende Laubbäume sehr tief mit großen Ästen besetzt sein können, bleibt der tragende Hauptstamm in jedem Fall erkennbar.

Sträucher sind dagegen anders aufgebaut. Ihre Sproßachse verzweigt sich meist schon ganz dicht über dem Boden in mehrere ungefähr gleich starke Stämme, die sich auch sofort weiter verzweigen. Einen Strauch könnte man somit als eine Baumkrone bezeichnen, die ohne tragenden Hauptstamm direkt auf dem Boden sitzt. Heute sind im Europa nördlich der Alpen infolge der Eiszeiten nur relativ wenige Laubgehölze heimisch. Ähnlich wie bei den Nadelgehölzen hat der Mensch aber aus allen Erdteilen fremdländische Arten eingeführt und sogar eingebürgert, so daß wir heute in Gärten und Parks, in Alleen und sogar in den Wäldern eine ungleich größere Artenauswahl vor Augen haben.

Mazedonische Kiefer

Gemeiner Wacholder

Stech-Fichte

Meerträubel

Wuchsformen - Zwerge und Riesen

Bei Bäumen sitzt die Krone auf einem meist geraden, aufrechten und kräftigen Stamm. Sträucher sind dagegen immer mehrstämmig - sie entwickeln keinen Hauptstamm, sondern beginnen das reiche Verzweigungswerk einer Krone bereits unmittelbar in Bodennähe. Daneben kennt man auch noch Halbsträucher, die gewisse Übergänge zum Aufbau der Kräuter und Stauden zeigen: Sie sind nur am Grunde ihrer Achsen deutlich verholzt, während die jüngeren Zuwachsteile eine ganze Weile grün und krautig bleiben. die Gesamtgestalt bestimmt also im wesentlichen, ob eine Holzpflanze ein Baum, Strauch oder Halbstrauch ist. Die Wuchshöhe ist dafür weniger ausschlaggebend. Folglich kann es hier auch durchaus zu Überschneidungen kommen. Manche Straucharten können kleinwüchsige Baumarten Größe bei weitem übertreffen. So reicht etwa ein vollentwickelter Spindelbaum an einen üppig entfalteten Haselstrauch in Höhe und Volumen bestimmt nicht heran. Andererseits kann die Festlegung auf Baum oder Strauch aber auch schwerfallen. Einige Holzpflanzen wachsen je nach Entwicklungsbedingungen nämlich mal in Strauch- und ein anderes Mal in Baumgestalt. Bekannte Beispiele sind der Schwarze Holunder, den man regional je nach Erscheinungsbild auch Hollerbusch oder Holunderbaum nennt. Auch bei der Stechpalme, dem einzigen weitverbreiteten immergrünen Gehölz der mitteleuropäischen Flora, kommen strauch- und baumförmige Gestalten vor. Übergänge zwischen Strauch und Halbstrauch läßt die Natur dagegen nicht zu. Auch gibt es selbstverständlich keine Halbbäume. Selbst bei einer noch so kleinen Baumgestalt verholzen die allerjüngsten Zuwachsteile der Pflanze rasch und vollständig. Besondere Lebensumstände oder ökologische Anpassungen erfordern bei einzelnen Gehölzar-

Moosglöckchen

Zwergbuchs

Felsen-Seidelbast

Englischer Ginster

Pfriemenginster

ten ein stärkeres Abweichen von der typischen Baum- oder Strauchgestalt. Ein ganz erstaunlicher Fall ist beispielsweise die Mistel, die sogar den Kontakt zum Boden aufgegeben hat und statt dessen hoch im Geäst ihrer Wirtsbäume wächst. Ungewöhnliche Holzpflanzen sind aber auch die einheimischen Lianen - Wurzelkletterer wie der Efeu, Windepflanzen wie die Weinrebe oder Spreizklimmer wie die Waldreben, die sich mit ihren Blattstielen an geeigneten Unterlagen festhalten. Eine bemerkenswerte Anpassung an unzuverlässige oder knappe Wasserversorgung zeigen die sogenannten Rutensträucher. Sie besitzen oft gar keine Blätter mehr, sondern erledigen die photosynthetische Stoffproduktion in ihren schlanken grünen Zweigen. Während beim Englischen Ginster noch kleine Blätter vorhanden sind, steht der Pfriemenginster aus dem Mittelmeergebiet völlig unbelaubt da. Sträucher müssen durchaus nicht immer so füllig geraten wie die reich blühende Hunds-Rose. Es gibt unter den einheimischen Arten ausgesprochene Winzlinge, die man auf den ersten Blick vielleicht gar nicht als Sträucher erkennt. Üblicherweise entwickeln Bäume breitkronige Gestalten wie etwa der Mandelbaum oder hochkronige Formen wie die Mazedonische Kiefer. Die schlanke Säulengestalt des Wacholders ist da schon fast eine Ausnahmeerscheinung. Durch Mutationen im Erbgut kann das gesamte Erscheinungsbild sehr stark verändert werden, wie die zwergwüchsige, hellfarbene Form der Stech-Fichte zeigt. Solche Abweichungen sind als Gartenform sehr beliebt. Die Kopfgestalt der Weiden geht dagegen auf den ständigen Schnitt zurück. Gerade die vielfältigen Wuchsformen der Weiden sind ein gutes Beispiel für den fließenden Übergang zwischen Halbstrauch, Strauch und Baum.

Hunds-Rose

Alpen-Waldrebe

Mandelbaum

Kopfweiden

Hybrid-Magnolie, Tulpen-Magnolie
Magnolia x soulangiana

MERKMALE: Sommergrüner, laubwerfender kleiner Baum oder (häufiger) Strauch, selten über 5 m Wuchshöhe erreichend. Blätter verkehrteiförmig oder länglich-elliptisch, im vorderen Drittel der Blattspreite am breitesten, dann in eine schlanke, dünne Spitze verschmälert, um 10-15 cm lang, auf der Oberseite glatt, matt grün, auf der Unterseite stärker oder schwächer behaart, ganzrandig, am Grund keilförmig. Blüten sehr zahlreich, meist aufrecht, vor dem Laubaustrieb erscheinend, aber noch eine Weile nach der Laubentfaltung am Baum, Blütenhüllblätter innen reinweiß oder weißlich, außen zartrosa oder kräftiger purpurn getönt, mitunter auch kräftig violett, besonders am Grund. Blüte überwiegend nur glockig geöffnet, nicht weit ausgebreitet. VERBREITUNG: Heute eine der am häufigsten in Gärten und Parkanlagen gepflanzten Magnolien, mit sehr formenreichem Sortenbild. BLÜTEZEIT: April bis Mai.

Immergrüne Magnolie
Magnolia grandiflora

MERKMALE: Immergrüner, sehr stattlicher Baum mit breiter, weit ausladender, ziemlich dichter Krone, im Alter kugelig gewölbt. Wuchshöhe 20-25 m. Blätter immergrün, 8-15 cm lang und 6-9 cm breit, länglich elliptisch, sehr derb und lederig-zäh, ganzrandig, auf der Oberseite glänzend dunkelgrün und kahl, auf der Unterseite heller grün, jedoch auffallend rostrot, flaumhaarig. Blattstiele 2-2,5 cm lang, dick, ebenso wie die Blattunterseiten und die Triebe dicht rostrot bis braunrot behaart. Blüten an den Zweigenden, anfangs schmal kegelförmig und spitz, zur Blütezeit becherartig geöffnet und zuletzt weit ausgebreitet, dann etwa 20-25 cm breit, duftend, mit sechs reinweißen oder cremeweißen Hüllblättern und weiteren kelchblattartigen Hüllblättern. VERBREITUNG: Ursprünglich nur in den südöstlichen USA beheimatet, im Mittelmeerraum als Zierbaum. BLÜTEZEIT: Juli bis November.

Tulpenbaum
Liriodendron tulipifera

MERKMALE: Sommergrüner, laubwerfender Baum von meist stattlichem Wuchs; kann bis über 40 m Höhe erreichen. Rinde grau oder braunorange, mit einem Muster feiner, flacher Leisten netzförmig überspannt. Blätter 10-15 cm lang und 12-20 cm breit, sehr eigenartig und unverwechselbar geformt, von viereckigem Umriß und meist in vier ungleich große Lappen geteilt, deren Längsseiten nahezu parallel verlaufen. Vorne ist das Blatt gerade abgeschnitten oder leicht ausgerandet. Blattoberseite kräftig glänzend grün, Unterseite etwas heller und leicht wachsig, kahl, im Herbst prachtvoll goldgelb. Blattstiel 10 bis 12 cm lang. Blüten einzeln an den Zweigenden, beim Aufblühen zunächst becherartig, später weiter glockig geöffnet. Blütenhülle kronblattartig. VERBREITUNG: Beheimatet ist der Tulpenbaum im östlichen und südöstlichen Nordamerika, wird aber auch in Europa als Park- und Zierbaum angepflanzt. BLÜTEZEIT: April bis Mai.

Alpen-Waldrebe
Clematis alpina

MERKMALE: Sommergrüner, raschwüchsiger, 1-3 m hoch klimmender Strauch. Laubblätter gegenständig angeordnet, lang gestielt, unpaarig gefiedert. Fiederblättchen lanzettlich bis schmal eiförmig, am oberen Ende spitz, am Grund keilförmig verschmälert, am Rand grob gesägt und unterseits schwach behaart. Häufig mit den Blattstielen rankend. Blüten zwittrig, hellblau oder violett, seltener weiß, lang gestielt, nickend, einzeln an blattachselständigen Kurztrieben stehend. STANDORT: An Felsen, an Rhododendrongebüsch, in lichten Bergwäldern sowie auf bewachsenen Schutthalden der Alpen und Voralpen. Bevorzugt saure, kalkfreie, nährstoffarme Lehm- oder Steinböden. VERBREITUNG: Nordeuropa und die Gebirge Mittel- und Südeuropas, Nordrußland, Nordchina. Von den Westalpen ostwärts zu den Karpaten, südlich bis zum Apennin, nördlich vereinzelt bis Skandinavien. BLÜTEZEIT: Mai bis Juli.

Gemeine Waldrebe
Clematis vitalba

MERKMALE: Ausdauernde, bis über 10 m emporkletternde, verholzte Schlingpflanze, mit kantigen oder gefurchten Ranken, die große Flächen von Stämmen und Baumkronen überwuchern. Alte Sprosse armdick, mit grauer, sich unregelmäßig abschälender Rinde. Blätter unpaarig gefiedert, meist fünfzählig, gegenständig, grob gezähnt oder ganzrandig; die einzelnen Fiederblättchen eiförmig-lanzettlich, 3-10 cm lang und 4-6 cm breit. Die grünlichweißen, 2-3 cm breiten, schwach duftenden Blüten stehen in achselständigen, reichblütigen Rispen oder Trugdolden. Früchte länglich, rotbraun, mit dicht fedrigen, etwa 3 cm langen Griffeln. STANDORT: Verbreitet in feuchten Wäldern, Gebüschen, Hecken, Auen, an Waldrändern. Benötigt viel Licht und bevorzugt meist kalkhaltige Böden. Von der Ebene bis 1500 m. VERBREITUNG: Mittel- und Südost-Europa. BLÜTEZEIT: Juli bis September.

Brennende Waldrebe
Clematis flammula

MERKMALE: Ausdauernde, holzige, kletternde oder liegende, 3-5 m lange, verkahlende Pflanze. Blätter gegenständig, doppelt dreifach gefiedert, mit lang gestielten Abschnitten und Blättchen. Blatt- und Blättchenstiele dienen zum Klettern. Blättchen stark variierend, eiförmig bis lanzettlich, ganzrandig, seltener zwei- bis dreilappig. Blüten in achselständigen, rispigen Blütenständen, weiß, bis 2 cm im Durchmesser, duftend. Kelch fehlend. Die vier Kronblätter elliptisch, nur randlich dicht behaart. Staubblätter zahlreich. Wenige Fruchtblätter im Zentrum der Blüte, zur Fruchtzeit flache Nüßchen bildend, die den behaarten Griffel als Flugorgan tragen. STANDORT: Steineichenwälder und Macchien. VERBREITUNG: Gesamtes Mittelmeergebiet, auf der Iberischen Halbinsel mehr im Osten und Süden, in Italien mehr im Süden und an der Küste. BLÜTEZEIT: Juni und Juli.

Echter Lorbeer
Laurus nobilis

MERKMALE: Immergrüner, aufrecht wachsender, vom Grund an dicht verzweigter, 1-8 (in Kultur bis 20) m hoher Strauch oder kleiner Baum mit breit kegelförmiger, im Alter zunehmend rundlicher Krone. Laubblätter einfach, wechselständig angeordnet, länglich-lanzettlich bis schmalelliptisch, derb ledrig, oberseits dunkelgrün, glänzend, unterseits hellgrün. Blüten eingeschlechtlich, klein, 4-8 mm im Durchmesser, grünlich-gelb, zu 3-15 in achselständigen, büscheligen Trugdolden oder kurzen Rispen angeordnet. Frucht eine anfängliche grüne, später blauschwarz glänzende, kugelige bis eiförmige Beere von 10-15 mm Durchmesser. STANDORT: An felsigen Hängen und in lichten Gehölzen, seltener in geschlossenen, waldartigen Beständen auftretend. Liebt sandige, humose Böden in warmen, sonnigen Lagen. VERBREITUNG: Ursprünglich aus Kleinasien und der südlichen Balkanhalbinsel, jetzt im gesamten Mittelmeergebiet verbreitet. BLÜTEZEIT: März bis Mai.

Gewöhnliche Berberitze
Berberis vulgaris

MERKMALE: Bis 3 m hoher Strauch mit tiefgefurchten, strohgelben Zweigen. Die Laubblätter der Langtriebe in 1-2 cm lange, drei- bis siebenteilige Dornen umgewandelt. Die elliptisch bis eiförmigen Blätter stehen büschelig gehäuft in den Achseln der Kurztriebe; sie sind etwa 4 cm lang, mit dornig gezähntem Rand, derb, auf der Oberseite dunkelgrün, unterseits hellgrün. Blüten goldgelb, in einfachen, hängenden, vielblütigen Trauben. Längliche, etwa 15 mm lange, orange- bis purpurrote Früchte. STANDORT: Häufig in Gebüschen, Hecken, an lichten Waldstellen, Waldrändern, an steinigen Abhängen sowie in trockenen Flußauen. VERBREITUNG: Besonders in Südeuropa verbreitet, aber auch in West- und Mitteleuropa beheimatet. Im Osten bis zum Kaukasus und noch in Nordpersien zu finden. Die Art fehlt aber in Skandinavien, Schottland und Irland. BLÜTEZEIT: April bis Juni. Früchte ab August.

Thunbergs Berberitze
Berberis thunbergii

MERKMALE: Strauch von 1-1,5 m Wuchshöhe; dichte verzweigt. Zweige kantig, mit rotbrauner Rinde. Dornen meist einfach, 10-15 mm lang. Laubblätter in Büscheln in den Achseln der Dornen sitzend. Blattrand ganzrandig. Blattoberseite frischgrün, unterseits bläulich-grün. Die Blätter meist von unterschiedlicher Größe, 1-3 cm lang, von verkehrt-eiförmiger oder spateliger Form, im Herbst prachtvoll scharlachrot gefärbt. Blüten gelb, in Büscheln zu 1-4 oder einzeln, außen oft rötlich überlaufen, 7-10 mm breit. Früchte ellipsoid, bis 10 mm lang, scharlachrot. STANDORT: Keine besonderen Ansprüche an die Bodenbeschaffenheit. Bevorzugt Sonnenlage. VERBREITUNG: Stammt aus Japan, wo der Strauch seit alters her in Kultur ist. Man kennt heute viele Kulturarten mit unterschiedlicher Blattfärbung, die teilweise verwildert in Mittel- und Südeuropa anzutreffen sind. BLÜTEZEIT: Von Mai bis Juni.

Gewöhnliche Mahonie
Mahonia aquifolium

MERKMALE: Immergrünger Strauch von 50 - 150 cm Höhe mit biegsamen, dornenlosen Zweigen. Die Blätter sind wechselständig und unpaarig gefiedert. Jede der 5-9 Fiedern ist buchtig gezähnt, ziemlich derb und ledrig, oberseits glänzend dunkelgrün, unterseits heller und in der Jugend intensiv karminrot. Auch während des Winters wechselt die Färbung zu trübem Purpurrot. Die Größe der eiförmigen Fiedern liegt bei 4-7cm. Die goldgelben Blüten stehen zahlreich an kurzen Trauben, die zu dichtbüscheligen Rispen angeordent sind. Ausnahmsweise besteht die Krone nicht aus 5, sondern aus 6 rundlichen, zu einer becherförmigen Hülle angeordneten Kronblättern. Als Früchte entwickeln sich kugelige, anfangs noch grünliche, später zunehmend blauschwarze und stark bereifte Beeren. BLÜTEZEIT: April bis Mai. STANDORT: Bevorzugt kalkarme, aber nährstoffreiche und meist auch etwas feuchte Böden. VERBREITUNG: Ursprünglich nur in den Waldgebieten des westlichen Nordamerikas. In Europa vielfach als Ziergehöllz in Gärten und Parkanlagen verwendet. Stellenweise auch verwildert und in manchen Gegenden Ost- und Südeuropas fest eingebürgert. ALLGEMEINES: Die mit der Berberitze (Sauerdorn) nahe verwandte Mahonie dient in Europa in erster Linie als Zierstrauch. Als Beerenobst ist sie dagegen nahezu unbekannt. Aus den im Spätsommer reifen blauschwarzen und sehr saftreichen Beeren kann man Früchtekompott oder Fruchtgelee zubereiten, selbstverständlich auch in Kombination mit anderen Wild- oder Gartenfrüchten. Ansonsten tragen die im Spätsommer umherziehenden Vögel, vor allem Drosseln, die Ernte ein und sorgen auf diese Weise auch für die Verbreitung der Art. Der blaue Reifbelag auf der Beerenschale ist ein hochwirksames, für Vogelaugen sehr grelles Signal, so daß die Mahonienfrüchte nicht lange unentdeckt bleiben. Die kräftig gelben Blüten verwendete man früher als natürliches Färbemittel zum Einfärben von Wolle auf warme, lichtbeständige Goldtöne.

Gewöhnlicher Pfeifenstrauch
Philadelphus coronarius

MERKMALE: Etwa 1-3 m hochgewachsener Strauch mit steif aufrechten Trieben. Junge Zweige braunrot, anfangs etwas behaart. Ältere Zweige teilweise überhängend, kastanienbraun mit dickem Mark und abblätternder Rinde. Laubblätter von eiförmiger bis elliptischer Form, dünn, bis 10 cm lang und 5 cm breit, zugespitzt, an beiden Seiten mit 6-11 Zähnen. In den Winkeln der Blattnerven oft schwach bärtig behaart. Blüten milchweiß, zu 1-10 in Trauben angeordnet. Früchte in Form vierspaltiger Kapseln, mit vielen kleinen Samen. STANDORT: Ohne besondere Ansprüche an die Bodenbeschaffenheit. Verträgt auch schattige Standorte. VERBREITUNG: Man findet diese betäubend duftende Pflanze in der Steiermark, in Oberitalien und begegnet ihr auch noch im Kaukasus und in Südrußland. Stellenweise trifft man auch verwilderte Exemplare in Mitteleuropa an. BLÜTEZEIT: Mai bis Juli.

Alpen-Johannisbeere
Ribes alpinum

MERKMALE: Dichter, buschiger, stark verästelter, unbewehrter Strauch von 1-2 m Wuchshöhe. Laubblätter klein, rundlich bis eiförmig, 3-5 cm breit, am Grund breit keilförmig oder schwach herzförmig mit drei, seltener fünf stumpf oder spitzgezähnten Lappen. Blattstiel nur halb so lang wie das Blatt, mit langen Drüsenhaaren bewimpert. Blüten grünlich-gelb, unscheinbar, in 3-6 cm langen zehn- bis dreißigblütigen aufrechten Trauben angeordnet. Beeren scharlachrot, kugelig und fade schmeckend. STANDORT: In lichten Bergwäldern, in Gebüschen, an steinigen Abhängen und häufig zwischen Felsblöcken. Mit Vorliebe auf lehmigen, mit Steinen durchsetzten, feuchten Böden. VERBREITUNG: Von der Iberischen Halbinsel über ganz Mittelamerika bis Skandinavien im Norden, südlich in den Gebirgen Italiens und der Balkanhalbinsel verbreitet. BLÜTEZEIT: Mai und April.

Schwarze Johannisbeere
Ribes nigrum

MERKMALE: Kräftiger, bis 2 m hoher, wehrloser Strauch mit hellberindeten, behaarten Jahrestrieben. Laubblätter groß, 5-10 cm breit, im Umriß rundlich, drei- bis fünflappig, mit dreieckigen, spitzen und gesägten Lappen, am Grund herzförmig, oberseits kahl, auf der Unterseite behaart. Blüten grünlich, unscheinbar, innen bisweilen rötlich, in zwei- bis zehnblütigen, achselständigen Trauben angeordnet. Beeren kugelig, schwarz, drüsig punktiert, mit einem eigenartigen Geschmack. STANDORT: Feuchte Gebüsche, lichte Laubwälder, Erlenbrüche, Auwälder, im Ufergebüsch, sowie in Flachmooren und Sümpfen. Bevorzugt nassen, tonigen Boden. Gern in halbschattigen Lagen. VERBREITUNG: Von Nord- und Westfrankreich bis Großbritannien, östlich bis zum Kaukasus und Zentralsibirien. In Südeuropa nur kultiviert. Am nördlichen Alpenrand teilweise verwildert. BLÜTEZEIT: April und Mai.

Gold-Johannisbeere
Ribes aureum

MERKMALE: Sommergrüner, dornenloser, reich verzweigter, aufrecht wachsender, 1-3 m hoher Strauch. Äste kahl oder nur spärlich behaart, mit rotbrauner Rinde. Laubblätter einfach, 2-4,5 cm lang und 2,5-5,5 cm breit, rundlich bis quer elliptisch, tief drei-, seltener fünflappig, am Rand unregelmäßig gezähnt bis gebuchtet, kahl, hellgrün, beiderseits glänzend, häufig am Rand gewimpert. Blüten goldgelb, zu 5-15 in achselständigen, 4-6 cm langen, nickenden bis hängenden, lockeren Trauben angeordnet. Beeren erbsengroß, kugelförmig bis länglich, rotbraun bis schwarz-violett, vielsamig, herbsauer schmeckend. STANDORT: In Auenwäldern, an Flußläufen und auf feuchten Hängen. Liebt lockere, sandig-humose Böden. VERBREITUNG: Stammt aus dem westlichen Nordamerika. Wurde zu Beginn des 19. Jahrhunderts als Frucht- und Ziergehölz nach Mitteleuropa eingeführt und tritt hier teilweise verwildert auf. BLÜTEZEIT: April bis Mai.

Felsen-Johannisbeere
Ribes petraeum

MERKMALE: Kräftiger, dicht verzweigter, bis über 2 m hoher, aufrechter, stachelloser Strauch. Triebe aufrecht, kahl, mit graubrauner Rinde. Laubblätter im Umriß rundlich, 7-10 cm breit, drei- bis fünflappig, mit dreieckig-zugespitzen Lappen, am Grund herzförmig, scharf gesägt. Blüten rötlich punktiert, in überhängenden, dichten, vielblütigen Trauben angeordnet. Beeren kugelig, etwa erbsengroß, rot, durchscheinend, von säuerlichem Geschmack. STANDORT: In lichten Bergwäldern, an steinigen Hängen, in Gebüschen und teilweise in Bergschluchten, sowie zwischen Felsen und an Bachläufen. In den Alpen zwischen 800 und 2000 m anzutreffen. Mit Vorliebe auf Kalk. Meist in schattigen Lagen. VERBREITUNG: Zerstreut in den Gebirgsgegenden West-, Süd- und Mitteleuropas vorkommend. Von den Pyrenäen über den Alpenraum bis in die Karpaten verbreitet. Ebenso auf der Balkanhalbinsel.

Blut-Johannisbeere
Ribes sanguineum

MERKMALE: Prächtiger, früh blühender, 1-2,5 m hoher Strauch mit aufrechten, rotbraunen, drüsig behaarten Zweigen, die sehr aromatisch duften. Laubblätter rundlich, 5-10 cm breit, drei- bis fünflappig, am Grund herzförmig, mit kerbig-gezähntem Blattrand, auf der Unterseite graufilzig behaart und mit zahlreichen klebrigen Drüsen ausgestattet. Blüten zwittrig, hellrot bis dunkelblutrot, seltener weiß, in aufrechten oder überhängenden vielblütigen Trauben angeordnet. Beeren blauschwarz, bereift, bis 1 cm im Durchmesser, schwach drüsig und borstig behaart. Die Beeren sind ungenießbar. STANDORT: Lichte Bergwälder, Gebüsche, steinige Abhänge. Gerne auf tiefgründigen, nährstoffreichen und lockeren Böden. VERBREITUNG: Einheimisch in den Bergwäldern des westlichen Nordamerika, bis Kalifornien im Süden verbreitet. Häufig als Zierstrauch angepflanzt. BLÜTEZEIT: April und Mai.

Gewöhnliche Stachelbeere
Ribes uva-crispa

MERKMALE: Mittelgroßer, 0,5-1,5 m hoher, buschiger Strauch mit langen, dünnen, graubraunen Zweigen. Die Laubblätter stehen in den Achseln von zwei- oder dreiteiligen, seltener fünfteiligen, spitzen Stacheln; diese erreichen eine Länge von etwa 1 cm. Blätter behaart, im Umriß rundlich oder herzförmig, oft gebüschelt, drei- bis fünflappig, mit tief gekerbten bis gezähnten Lappen. Blüten zwittrig, unscheinbar, grünlich-gelb, bisweilen rötlich überlaufen. Frucht groß, rundlich oder eiförmig, hängend, meist grün oder gelb, mitunter auch rötlich überlaufen, leicht behaart bis borstig. STANDORT: In Auwäldern, Gebüschen, Hecken, in lichten Wäldern, an Hängen. In den Alpen bis 1400 m aufsteigend. VERBREITUNG: Fast ganz Europa, mit Ausnahme des nördlichen Teils von Skandinavien. Im Osten bis zum Kaukasus und Zentralasien anzutreffen. BLÜTEZEIT: April und Mai.

Rote Johannisbeere
Ribes spicatum

MERKMALE: Aufrechter, bis 2,5 m hoher Strauch mit graubraunen oder rötlichen, kahlen Zweigen. Laubblätter im Umriß rundlich, bis 10 cm breit. drei- bis fünflappig, an der Basis gestutzt oder leicht herzförmig, mit weiter Einbuchtung am Blattstiel, oberseits immer kahl, auf der Unterseite leicht behaart. Blüten hellgrün, mitunter braunrot überlaufend, in reichblütigen, anfangs aufrechten, später etwas überhängenden Blütentrauben angeordnet. Beeren anfangs aufrecht stehend, später abstehend, aber nicht hängend, rot, durchscheinend, sehr säuerlich. STANDORT: Der Strauch bevorzugt nährstoffreichen, sickerfeuchten Boden; gegen Staunässe und längere Trockenheit sehr empfindlich. Meist findet man ihn im Unterholz von Mischwäldern, auf Kahlschlägen oder an Waldrändern. VERBREITUNG: Von Skandinavien über Nordasien bis in die Mandschurei beheimatet. Die Südgrenze verläuft über Norddeutschland und Polen in Richtung Osten. BLÜTEZEIT: April bis Mai.

Blauspiere
Sibiraea altaiensis

MERKMALE: Steif aufrechter, bis 1,5 m hoher, buschiger Kleinstrauch mit dicken, rotbraunen Zweigen. Blätter an den Zweigen gedrängt stehend, teilweise büschelig angeordnet, schmal, länglich-eiförmig bis elliptisch, 4-10 cm lang und etwa 2 cm breit, ganzrandig, mit sehr kurzem Blattstiel; oder Blätter sitzend, auf der Oberseite auffallend bläulich-grün, lorbeerartig glänzend. Blüten klein, grünlich-weiß oder leicht gelblich, mitunter eingeschlechtig, in endständigen, aufrechten, bis 12 cm langen, rispig angeordneten Trauben. STANDORT: An steinigen, felsigen Hängen, an Waldrändern, in Gebüsch und Hecken. Mit Vorliebe auf Kalk. Meist nur in der Ebene. VERBREITUNG: Im südlichen Sibirien zu Hause. Ihr Verbreitungsgebiet reicht bis ins westliche China. In Europa ist die Blauspiere nur in einem eng begrenzten Gebiet in Kroatien anzutreffen. BLÜTEZEIT: Mai, mitunter nochmals im Herbst.

Weidenblättriger Spierstrauch
Spiraea salicifolia

MERKMALE: Bis 2 m hoher Stauch mit kahlen, gelbbraunen oder graubraunen, aufrechten Zweigen. Rinde faserig abschälend. Laubblätter sehr kurz gestielt, länglich-lanzettlich, bis 7 cm lang, am Grund keilförmig verschmälert, vorne zugespitzt, fast vom Grund an einfach oder doppelt gesägt, auf der Unterseite kahl oder nur auf dem Mittelnerv spärlich behaart. Blüten weiß oder hellrosa, sehr zahlreich, an den Zweigenden in schmalen, 10-12 cm langen, pyramidalen Rispen angeordnet. STANDORT: Stellenweise auf feuchten Wiesen, in Torfmooren, Erlenbrüchen, an Fluß- und Bachufern, an Waldrändern sowie an Wegen und Zäunen teilweise verwildert. Von der Ebene bis in die Bergstufe. Gern auf Silikatgestein. VERBREITUNG: Von Böhmen über den Ostalpenraum bis Ungarn und Südrußland. BLÜTEZEIT: Juni und Juli, teilweise auch noch im September und Oktober.

Kärntener Spierstrauch
Spiraea decumbens

MERKMALE: Zwergstrauch von kaum 50 cm Wuchshöhe mit niederliegenden Ästen und aufsteigenden, rundlichen, fast drahtartigen, kahlen, gelbbraunen Zweigen. Laubblätter eiförmig bis lanzettlich, höchstens 4 cm lang, am Grund keilförmig verschmälert, vorne abgerundet, selten zugespitzt, kurz gestielt, am Rand etwa von der Mitte an einfach oder doppelt gesägt, oberseits graugrün, auf der Unterseite bläulich-grün und kahl. Blüten klein, weiß, sehr zahlreich an den Enden der beblätterten Zweige, in 3-5 cm breiten Doldentrauben angeordnet. STANDORT: Zerstreut an sonnigen Hängen, auf Felsen und Felsschutt. Fast nur in der Bergstufe anzutreffen, mit Vorliebe auf Kalk. VERBREITUNG: Südostalpen. Nur in einem sehr begrenzten Gebiet heimisch, das von Südtirol bis Kärnten und Nordjugoslawien reicht. BLÜTEZEIT: Mai und Juni, vereinzelt mit einer Nachblüte im Oktober.

Hartheublättriger Spierstrauch
Spiraea hypericifolia

MERKMALE: Etwa 0,5-2 m hoher, zierlicher, sehr dicht buschiger Strauch mit fein behaarten, bräunlich-roten, fein längsgestreiften, stielrunden und mitunter überhängenden Zweigen. Laubblätter, eiförmig-lanzettlich bis spatelförmig, 2-4 cm lang und etwa 1 cm breit, ganzrandig oder nur an der Spitze fein gesägt, fast sitzend, auf der Oberseite graugrün, auf der Unterseite hell bläulich-grün und filzig behaart, an der Basis dreinervig. Blüten klein, weiß, häufig zu fünft in fast sitzenden Dolden längst der Zweige angeordnet. STANDORT: In Gebüschen, an steinigen Hängen sowie an Waldrändern. Ohne besondere Ansprüche an die Bodenbeschaffenheit. Der Strauch ist nicht ganz winterhart und wegen des frühen Laubausschlags durch Spätfröste gefährdet. Mit Vorliebe an sonnigen, sonnenwarmen Standorten. VERBREITUNG: Von Südost-Europa über die Balkanhalbinsel bis Sibirien und Mittelasien vorkommend. BLÜTEZEIT: Ende April bis Mitte Mai.

Europäischer Feuerdorn
Pyracantha coccinea

MERKMALE: Immergrüner, bis über 2 m hoher, sehr dichter und sparrig verästelter Strauch mit verdornten Kurztrieben. Laubblätter länglich-lanzettlich bis eiförmig-elliptisch, 2-4 cm lang und etwa 1,5 cm breit, ledrig, kurz gestielt, vorne stumpf, mit kurzem, aufgesetztem Stachelspitzchen, Blattrand fein gezähnt, die Blattnerven deutlich hervortretend, auf der Oberseite dunkelgrün, unterseits anfangs leicht behaart und blaßgrün. Blüten in gestielten, aufrechten und dichten Doldentrauben, diese 3-4 cm im Durchmesser, abgeflacht. Kronblätter weiß oder rötlich-gelb. Scheinfrucht erbsengroß, hellrot bis orange. STANDORT: An Waldrändern, im Gebüsch, in Hecken, an felsigen Hängen. Kalkliebend. VERBREITUNG: Südeuropa. Von Italien über die ganze Balkanhalbinsel östlich bis zur Krim, dem Kaukasus und bis Westasien heimisch. BLÜTEZEIT: Von Anfang Mai bis Mitte Juni.

Eingriffeliger Weißdorn
Crataegus monogyna

MERKMALE: Mittelgroßer, dicht verzweigter, dorniger Strauch oder kleiner, bis 8 m hoher Baum. Zweige mit geraden, 1--2 cm langen Dornen. Laubblätter breit-eiförmig oder rautenförmig im Umriß tief eingeschnitten, Einbuchtungen bis zur Hälfte oder noch weiter an die Mittelrippe heranreichend. Blattrand ganzrandig, gegen die Spitze zu einfach oder doppelt gesägt. Blattoberseite glänzend, dunkelgrün, unterseits bläulich-grün, mit stets behaarten Nervenwinkeln. Blüten weiß, in reichblütigen Doldenrispen. Frucht erbsengroß, hell bis purpurrosa, kugel- oder becherförmig. STANDORT: Verbreitet in Laubwäldern, in Hecken, an Zäunen, an Waldrändern, Böschungen und in sonnigen Gebüschen. Bevorzugt meist niederschlagsreiche, tiefere Lagen sowie lehmige und kalkhaltige Böden. VERBREITUNG: In Mittel- und Südeuropa verbreitet. Im Norden bis Skandinavien, östlich bis Mittelrußland.

Zweigriffeliger Weißdorn
Crataegus laevigata

MERKMALE: Strauch oder kleiner, bis 10 m hoher Baum, mit 5-20 mm langen Dornen. Junge Zweige rotbraun, anfangs behaart, später verkahlend. Blätter breit-eiförmig bis rautenförmig, in der vorderen Hälfte drei- bis fünflappig, 2-5 cm lang, mit rinnigem Blattstiel. Blattlappen kurz, stumpf, kaum bis zur Hälfte der Blattspreite eingeschnitten, Lappenrand ungleichmäßig gesägt. Blätter oberseits dunkelgrün, unterseits bläulich-grün, anfangs auf den Nerven behaart. Blüten weiß oder rosa, sehr zahlreich in aufrechten Doldenrispen. Frucht eiförmig bis kugelig, scharlachrot. STANDORT: Häufig in Laub- und Kiefernwäldern, in Gebüschen, in Hecken, an Waldrändern, an Zäunen und in Gärten. Meist auf humosen, frischen Böden, besonders üppig auf Lehmboden. Von der Ebene bis in die Bergstufe (ca. 1500 m). VERBREITUNG: In fast ganz Europa verbreitet. BLÜTEZEIT: Von Anfang Mai bis Ende Juni.

Fünfsteiniger Weißdorn
Crataegus pentagyna

MERKMALE: Reichverzweigter, bis 5 m hoher Strauch. Junge Zweige behaart, mit relativ wenigen, nur 7-100 mm langen Dornen. Laubblätter breit-eiförmig bis oval, 2,5-6 cm lang, fast ebenso breit, mit 3-7 ungleichmäßig gesägten Blattlappen, auf der Oberseite dunkelgrün, unterseits hellgrün mit spinnwebenartiger Behaarung. Blattstiele 1-3 cm lang. Blätter im Herbst goldgelb verfärbt. Blüten weiß, in lockeren, zottig behaarten und reichblütigen Doldenrispen angeordnet. Früchte länglich-elliptisch, etwa 12 mm lang, tief purpurrot bis mattschwarz, mit 4-5 Steinkernen, Fruchtfleisch sehr fest. STANDORT: An Waldrändern, in Laub- und Auwäldern, an Flußufern und in Gebüschen wachsend. Bevorzugt kalkhaltige Böden. VERBREITUNG: Von den nördlichen Gebieten der Balkanhalbinsel östlich bis zur Ukraine, zum Kaukasus und Persien. BLÜTEZEIT: Mai und Juni.

Filzige Zwergmispel
Cotoneaster tomentosa

MERKMALE: Etwa 0,5 bis 2 m hoher, ästiger, aufrechter Strauch. Zweige anfangs gelblichgrün, filzig behaart, später dunkelbraun, mit glatter Rinde. Laubblätter oval oder breit-elliptisch, kurzgestielt, ganzrandig, auf der Oberseite anfangs weißfilzig, später zerstreut behaart, dunkelgrün, unterseits und am Rand gelbgrau oder grünfilzig. Blüten hellrosa oder fast weiß, zu 2-10 in schief aufrechten oder hängenden Doldentrauben angeordnet. Scheinfrucht rundlich, erbsengroß, blutrot, aufrecht und dicht weißfilzig behaart. STANDORT: An steinigen, sonnigen Abhängen, an Felsen, auf Felsschutt, in Schluchten. Im Hochgebirge noch bis 2400 m zu finden. Meist auf kalkreichen Unterlagen, aber auch auf Sandstein, Porphyr und Granit. VERBREITUNG: In den Gebirgen Süd- und Südosteuropas. Von Nordspanien über Südfrankreich, dem Alpenbereich, bis Süddeutschland vorkommend. BLÜTEZEIT: April und Mai.

Gemeine Zwergmispel
Cotoneaster integerrima

MERKMALE: Buschiger, reichästiger 1,5-2 m hoher, aufrechter, selten niederliegender, ausgebreiteter Zwergstrauch mit braunroten, anfangs gelblich-grünen, filzigen Zweigen. Laubblätter breit-elliptisch bis rundlich-eiförmig, 1,5-4 cm lang und 1-2,5 cm breit, vorne stumpf, mit aufgesetzem Stachelspitzchen, kurzgestielt, ganzrandig, oberseits dunkelgrün, kahl, unterseits und am Rand dicht hellgrün bis graufilzig, mit deutlich hervortretendem Adernetz. Blüten weiß oder rötlich, in überhängenden Trugdolden angeordnet. Scheinfrucht rundlich, 6-7 mm lang und bis 8 mm im Durchmesser, kahl, scharlach- oder purpurrot, mit 2-3 Kernen. STANDORT: Auf Felsschutt, an Felsbändern, in Felsspalten, in lichten Gebüschen sowie in Hochstaudenfluren. In den Alpen bis 2400 m. Häufig an sonnigen trockenen Standorten. VERBREITUNG: Fast ganz Europa. BLÜTEZEIT: April und Mai.

Deutsche Mispel
Mespilus germanica

MERKMALE: Sommergrüner, laubwerfender Baum von 4-6 m Höhe, selten auch bis 10 m hoch. Blätter wechselständig, fast ungestielt und sitzend, etwa 5-12 cm lang und 2-4 cm breit, länglich-oval oder elliptisch bis verkehrt-eiförmig, sehr kurz zugespitzt, am Grund abgerundet, ganzrandig oder fein drüsig gezähnt, auf der Oberseite matt dunkelgrün, auf der Unterseite weißlich filzig behaart. Blüten einzeln, selten zu zweit, sehr kurz gestielt, mit reinweißen Kronblättern. Frucht 2-3 cm lang, birnenförmig-kugelig, anfangs undeutlich bräunlich-grün, später braun. VERBREITUNG: Die Mispel stammt aus Südosteuropa und ist vor allem im Schwarzmeergebiet als Wildpflanze ziemlich häufig, im übrigen Europa wegen der eigenartigen Früchte gerne angepflanzt. In Deutschland finden sich einzelne verwilderte Exemplare oder Reste in alten, aufgelassenen Obstgärten. BLÜTEZEIT: Mai.

Zwerg-Mehlbeere
Sorbus chamaemespilus

MERKMALE: Etwa 0,5-3 m hoher Strauch mit grau- oder rotbraunen Ästen. Junge Zweige weißlich behaart, später verkahlend. Laubblätter elliptisch bis länglich, verkehrt-eiförmig, bis 9 cm lang, derb, fast lederartig. Blattrand gesägt. Blüten in dichten, aufrechten, meißt weißfilzigen Trugdolden, rosenrot. Scheinfrucht kugelig-eiförmig, 10-15 mm lang, viersamig, scharlachrot bis braunrot. STANDORT: Häufig in Kiefern- und Lärchenwäldern, im Legföhren-, Grünerlen- und Alpenrosengebüsch, an Felsen, in Schluchten sowie auf Geröllhalden. Bevorzugt trockene, sonnige Lagen. Vorwiegend auf kalkreichen Unterlagen. VERBREITUNG: Gebirge Mittel- und Südeuropas. Von den Pyrenäen nach Osten bis zu den Karpaten, im Norden im Schweizer Jura, den Vogesen und im Schwarzwald; im Süden bis einschließlich der Balkanhalbinsel und in Italien zu finden. BLÜTEZEIT: Juni und Juli.

Eberesche, Vogelbeere
Sorbus aucuparia

MERKMALE: Sommergrüner Laubbaum von ungefähr 5-15 m Wuchshöhe, gelegentlich auch bis zu 20 m hoch. Krone ziemlich unregelmäßig aufgebaut und meist offen, von rundlichem oder ovalem Umriß. Blätter unpaarig gefiedert, mit 9-17 Fiederblättchen, scharf gezähnt, nach dem Austrieb zunächst noch grausilbrig behaart, nach der Entfaltung jedoch nahezu kahl, länglich-oval, auf der Oberseite mattgrün oder fischgrün, auf der Unterseite hellgrün. Blüten um 1 cm breit, cremeweiß, zahlreich in flach ausgebreiteten Schirmrispen. Apfelfrüchte etwa 6-8 mm dick, zur Reifezeit hellrot. STANDORT: Lichtliebendes Gehölz auf trockenen oder mäßig feuchten, meist nährstoffreichen Lehm- oder Steinböden, aber auch auf Sandböden. Pionierart. VERBREITUNG: Überall in Europa in lichten Wäldern, an Säumen oder in Flurgehölzen. Formenreich. BLÜTEZEIT: Juni bis Juli.

Speierling
Sorbus domestica

MERKMALE: Sommergrüner Laubbaum von etwa 15-20 m Wuchshöhe. Krone von rundlichem Umriß, meist stärker gewölbt, mit vielen, überwiegend waagrecht abstehenden oder leicht nach oben gehenden Ästen. Blätter wechselständig, unpaarig gefiedert, mit 13-21 Fiederblättchen, insgesamt etwa 12-15 cm lang und bis 10 cm breit. Fiederblättchen je etwa 3-5 cm lang, länglich-elliptisch oder von ovalem Umriß, auf der Oberseite dunkel- oder kräftig gelblich-grün und fast kahl, auf der Unterseite heller und leicht behaart. Blüten in 6-10 cm breiter, kegelförmiger Schirmrispe. Einzelblüten reinweiß oder cremeweiß. Apfelfrucht recht groß, 2-3 cm lang, birnenförmig oder eiförmig-länglich, mitunter auch stärker rundlich und apfelförmig, grünlich oder rotbräunlich. STANDORT: Trockene, zumeist recht warme, steinige Standorte in Eichen-Trockenwäldern. BLÜTEZEIT: Mai bis Juni.

Elsbeere
Sorbus torminalis

MERKMALE: Sommergrüner Laubbaum zwischen 5 und 10 m Wuchshöhe, ausnahmsweise auch bis über 20 m erreichend. Krone meist recht breit mit weit ausladenden Ästen oder kugelig gewölbt. Blätter einfach, in 6-10 Lappen geteilt, deren Spitzen alle nach vorne weisen und die am Rand zusätzlich scharf gesägt sind. Blattobersseite dunkelgrün, nach dem Laubaustrieb noch fein behaart, später kahl, auf der Unterseite anfangs seidig behaart, zunehmend verkahlend. Blattstiele 2-5 cm lang. Blüten in stärker gewölbten, fast ein wenig kopfartigen Rispen. Einzelblüten weißlich oder cremeweiß. Apfelfrüchte etwa 15 mm dick, ziemlich kugelig, hell bräunlich, matt oder wenig glänzend. STANDORT: Auf mäßig warmen, trockenen, lockerbodigen Standorten in wärmeliebenden Felsgebüschen oder in lichten Eichen-Trockenwäldern, auch in Kalk-Buchenwäldern. VERBREITUNG: Vor allem in Südeuropa. BLÜTEZEIT: Mai bis Juni.

Mehlbeere
Sorbus aria

MERKMALE: Laubwerfender, sommergrüner Baum bis etwa 6-12 m Wuchshöhe, mit sehr breiter, flach gewölbter Krone, die recht unregelmäßig aufgebaut ist. Stamm ziemlich gerade, mit strahlig und geradlinig aufgehenden Ästen. Blätter ungeteilt, 6-12 cm lang und etwa 5-7 cm breit, länglich-oval, an der Basis keilförmig oder abgerundet, sehr unregelmäßig oder ungleich doppelt gesägt oder andeutungsweise gelappt, nach dem Austrieb auf der Oberseite seidig behaart, dort später kahl und sattgrün, auf der Unterseite immer dicht weißfilzig behaart. Einzelblüten reinweiß oder leicht cremeweiße. Apfelfrüchte um 10-15 mm lang, eiförmig-kugelig, meist hellrot gefärbt. STANDORT: Die Mehlbeere ist ein lichtliebendes, allenfalls Halbschatten vertragendes Gehölz auf mäßig trockenen, recht warmen Böden. VERBREITUNG: Überall in Europa. BLÜTEZEIT: Mai bis Juni.

Schwedische Mehlbeere
Sorbus intermedia

MERKMALE: Sommergrüner, laubwerfender Baum von mittlerer Wuchshöhe, etwa 12-15 m erreichend, manchmal auch nur strauchförmig. Krone ziemlich dicht geschlossen, im Umriß rundlich-kugelig. Rinde auch an älteren Bäumen glatt und nur an wenigen Stellen von einzelnen, breiten, aufschuppenden Rissen unterbrochen, grau oder dunkelgrau-purpurn. Blätter wechselständig, ziemlich dünn, 6-12 cm lang, am Grund breit keilförmig bis abgerundet, im Umriß länglich-oval bis breit oval, vorne stumpf oder nur wenig zugespitzt, in der vorderen Hälfte undeutlich gelappt, zur Basis hin manchmal fiederspaltig. Zipfel unregelmäßig gesägt, auf der Oberseite nach dem Austrieb glänzend dunkelgrün, auf der Unterseite bleibend graufilzig. Apfelfrüchte rundlich-oval, zur Reifezeit scharlachrot. VERBREITUNG: Südskandinavien und in der Norddeutschen Tiefebene. BLÜTEZEIT: Mai.

Berg-Mehlbeere
Sorbus mougeotii

MERKMMALE: Aufrechter Strauch oder bis 20 m hoher Baum mit graubrauner Rinde. Blätter etwa 10 cm lang, länglich-eiförmig bis kreisrund, etwa doppelt so lang wie breit, vorne spitz zulaufend, an der Basis keilförmig, beidseitig mit etwa 10 regelmäßigen, an den Rändern gesägten Blattlappen, die zur Spitze hin kleiner werden und nicht sehr tief eingeschnitten sind; Oberseite glänzend dunkelgrün, anfangs behaart, später verkahlend, auf der Unterseite grau und wollig-filzig. Blüten weiß, 10-15 mm im Durchmesser, in reichblütigen, lockeren Doldenrispen angeordnet. Scheinfrucht rundlich, 10-14 mm lang, zur Reifezeit kräftig grellrot. STANDORT: An sonnigen trockenen Hängen, auf Felsschutt, in lichten Laubwäldern, in Gebüschen. Liebt kalkhaltige, auch steinige Böden. VERBREITUNG: Gebirgswälder des südwestlichen Europas. BLÜTEZEIT: Mai bis Juni. ALLGEMEINES: Gehört einer sehr formenreichen Gruppe an.

Wild-Birne, Holz-Birne

Pyrus pyraster

MERKMALE: Meist kleinerer Baum zwischen 5 und 15 m Wuchshöhe, mitunter auch bis 20 m erreichend. Krone auch bei älteren Bäumen kegelförmig und ziemlich hochgezogen, seltener rundlich gewölbt oder breit ausladend. Äste steil aufstrebend oder weit abstehend. Blätter nur an Kurztrieben, ziemlich dünn, rundlich-elliptisch 3-7 cm lang und oft fast ebenso breit, gezähnt oder sehr fein gesägt, im unteren Drittel der Blattspreite jedoch nahezu ganzrandig, vorne kurz zugespitzt, auf der Oberseite leicht glänzend frischgrün. Blattstiele 2-5 cm lang. Blüten in vielblütigen Trugdolden an Kurztrieben. Frucht ungefähr 2-3 cm lang und ebenso dick, krugförmig oder eher kugelig-rundlich, bräunlich-gelb. STANDORT: Liebt sommerwarme, sickerfrische, nährstoffreiche Standorte. VERBREITUNG: Nur vereinzelt in Gebüschen oder lichten, warmen Laubwäldern. BLÜTEZEIT: April bis Mai.

Wild-Apfel, Holz-Apfel

Malus sylvestris

MERKMALE: Strauch oder kleiner Baum von etwa 5-10 m Wuchshöhe mit sehr dichter, stark beasteter und verzweigter Krone auf recht niedrigem, häufig gekrümmtem und gewundenem Stamm. Äste häufig mit Dornen besetzt. Blätter wechselständig, von rundlichem Umriß oder eher länglich-elliptisch, etwa 4-10 cm lang und bis 5 cm breit, am Grund breit abgerundet oder keilförmig verschmälert, vorne schlank zugespitzt, am Rand gekerbt oder fein gezähnt, auf der Blattoberseite matt grünlich, auf der Unterseite heller grün, meist jedoch kaum oder nur sehr wenig behaart. Blüten reinweiß oder leicht rötlich überlaufen, besonders an der Außenseite. Apfelfrüchte klein, kugelig, nur etwa 2-4 cm dick, grün-gelblich und manchmal leicht rötlich überlaufen. STANDORT: Sehr zerstreut auf tiefgründigen, meist gut durchfeuchteten und nährstoffreichen Böden. VERBREITUNG: Überall in Europa. BLÜTEZEIT: April bis Mai.

Mandel

Prunus dulcis

MERKMALE: Laubwerfender kleinerer Baum von 4-8 m Wuchshöhe. Krone ziemlich offen, mit vergleichsweise wenigen, schräg ansteigenden, dabei recht geraden Ästen, die in weiten Winkeln gabelig verzweigt sind. Bei älteren Bäumen wird die Krone daher flach gewölbt und erscheint etwas buschig. Rinde bräunlich-grau oder dunkelbraun-schwärzlich, tief gefurcht und zerrissen, sowie in größere oder kleinere Platten gefeldert. Blätter mindestens doppelt so lang wie breit, etwa 4-12 cm lang und 1,5-4 cm breit, länglich-oval oder lanzettlich, mit langer, schlanker Spitze, am Rand sehr fein gezähnt oder gesägt. Blüten einzeln oder zu zweit, reinweiß, zumeist kräftiger rosa-rötlich. Steinfrucht ungefähr 3-4 cm lang, länglich-eiförmig, ziemlich trocken, dicht behaart, grünlich. VERBREITUNG: Ursprünglich wohl nur in Vorderasien beheimatet, überall im Mittelmeergebiet jedoch seit altersher in Kultur und häufig als Zierbaum gepflanzt. BLÜTEZEIT: Februar bis April.

Vogel-Kirsche
Prunus avium

MERKMALE: Sommergrüner, laubwerfender Baum, etwa 30 m Wuchshöhe erreichend. Krone sehr regelmäßig kugelförmig, bei jüngeren Bäumen eher noch in einer schlanken Spitze endend, bei älteren Exemplaren mehr säulig. Stamm oft sehr dick. Rinde rötlich-braungrau, leicht glänzend, löst sich in schmalen oder breiteren Querbinden ab. Blätter wechselständig, verkehrt-eiförmig bis länglich-oval, mit schlanker, aufgesetzter Spitze, etwa 7-15 cm lang und 4-8 cm breit, unregelmäßig gezähnt. Zähne alle nach vorne weisend, auf der Oberseite glatt und dunkelgrün; auf der Unterseite frischgrün und leicht glänzend. Blüten zu mehreren, lang gestielt, in Scheindolden. Steinfrüchte kugelig, dunkelrot, selten auch gelblich. STANDORT: Die Vogel-Kirsche liebt tiefgründige, nährstoffreiche, frische Böden. VERBREITUNG: In Europa weit verbreitet in Hecken, Wäldern und Mischgehölzen. BLÜTEZEIT: April bis Mai.

Sauer-Kirsche
Prunus cerasus

MERKMALE: Kleinerer Baum oder öfter buschiger Strauch bis etwa 6-8 m Wuchshöhe, mit sehr breiter, offener, etwas unregelmäßig entwickelter Krone auf niedrigem, oft auch kaum entwickeltem Stamm, der sich schon dicht über dem Boden in mehrere, ungefähr gleich starke Äste gabelt. Rinde braun-rötlich, nur wenig glänzend. Blätter 3-8 cm lang und 2-5 cm breit, eiförmig oder elliptisch, mit nur wenig abgesetzter Spitze, am Grund keilförmig verschmälert, fein gesägt oder gezähnt, etwas lederig, auf der Blattoberseite glänzend und glatt, auf der Unterseite heller grün und nur auf den Blattnerven sehr schwach behaart. Blattstiel 1-3 cm lang. Einzelblüten zu 2-6 in lockeren Scheindolden auf 2-4 cm langen Stielen, Kronblätter reinweiß, nahezu kreisrund, bis 1,5 cm lang. Steinfrucht um 15 mm dick, rundlich, glatt. VERBREITUNG: Ursprünglich nur in Südostasien. BLÜTEZEIT: April bis Mai.

Schlehe, Schwarzdorn
Prunus spinosa

MERKMALE: Dorniger, sommergrüner, sparriger, dicht verzweigter, 1-4 m hoher Strauch, seltener bis 6 m hoher, mehrstämmiger Baum mit dichter Krone. Rinde dunkelbraun bis schwärzlich, im Alter in schmale Streifen zerrissen. Äste reichlich mit in Dornen endigenden Kurztrieben besetzt. Laubblätter einfach, wechselständig, häufig jedoch büschelig angeordnet, 2-5 cm lang und 1-2 cm breit, länglich-eiförmig bis elliptisch oder auch lanzettlich, am oberen Ende spitz bis stumpf, am Grund keilförmig verschmälert, am Rand fein gesägt bis gekerbt, spärlich behaart, mattgrün, oberseits etwas runzelig. Blattstiel nur 2-10 mm lang, kahl oder spärlich behaart. Blüten einzeln, aber zahlreich an den Kurztrieben stehend, rein weiß. Frucht kugelförmig, aufrecht, 10-15 mm im Durchmesser, schwarzblau, weißlich bereift. STANDORT: Liebt lockere, nährstoffreiche und humose Böden in sonnigen Lagen. VERBREITUNG: Fast in ganz Europa. BLÜTEZEIT: März bis Mai.

Pflaume, Zwetschge
Prunus domestica

MERKMALE: Sommergrüner, laubwerfender Baum, meist etwa um 10-15 m hoch, mit unregelmäßiger, gewölbter, oft jedoch recht offener Krone auf geradem, schlankem Stamm. Rinde anfangs glatt, später in Längs- und Querrichtung rissig gefeldert, dunkel braun-grau. Blätter wechselständig oder büschelig an Kurztrieben, 3-8 cm lang und 2-5 cm breit, verkehrt-eiförmig oder elliptisch, ziemlich dünn, am Rand fein gekerbt oder gesägt, nach dem Austrieb noch auf beiden Seiten fein behaart, später nur noch auf der Blattunterseite etwas kurzhaarig oder matt samtig, an der Basis abgerundet oder keilförmig verschmälert, vorne kurz oder undeutlich zugespitzt, nicht glänzend. Blattstiel um 15 mm lang. Blüten gewöhnlich zu 2-3. Steinfrüchte kugelig-länglich, 2-7 cm lang, zur Reifezeit je nach Sorte verschieden gefärbt. VERBREITUNG: In ganz Europa bis zum Kaukasus. BLÜTEZEIT: März bis April.

Aprikosenbaum, Marille, Aprikose
Prunus armeniaca

MERKMALE: Hoher Strauch oder kleiner Baum bis etwa 6-10 m Wuchshöhe. Krone ziemlich unregelmäßig, rundlich, eher etwas breiter als hoch, mit schräg abstehenden, ziemlich geraden Ästen, meist schon sehr niedrig über dem Boden beastet. Rinde braungrau oder einheitlicher grau, anfangs glatt, später zunehmend rissig und gefurcht, jedoch nicht grob geschuppt oder in größeren Platten abspringend. Blätter wechselständig, lang gestielt, sehr breit-oval oder annähernd rundlich, vorne deutlich, aber sehr kurz zugespitzt, am Grund rundlich oder nur wenig herzförmig eingeschnitten, etwa 5-10 cm lang und fast ebenso breit; auf beiden Seiten kahl und mattgrün. Blüten meist einzeln, seltener auch zu zweit, weiß oder blaßrosa. Steinfrüchte 4-8 cm dick, kugelig, fein samtig behaart, gelblich. VERBREITUNG: Das Ursprungsgebiet dieses Baums liegt in Zentralasien oder China. BLÜTEZEIT: März bis April.

Pfirsichbaum
Prunus persica

MERKMALE: Sommergrüner, kleinerer Baum mit recht niedriger, jedoch breit ausholender Krone, häufig auch nur als kleiner Strauch ausgebildet, mit kurzem, bereits dicht über dem Boden in mehrere gleichstarke Äste gegabeltem Stamm. Erreicht je nach Wuchsform 3-6 m Höhe. Rinde anfangs glatt, graubraun, später jedoch zunehmend mit feinen Furchen und Rissen überzogen. Blätter 5-15 cm lang und nur 2-4 cm breit, daher sehr schmal-lanzettlich, mit der breitesten Stelle ungefähr in der Mitte oder nur wenig darüber, lang zugespitzt, am Rand fein gezähnt, meist glatt. Blattstiele um 1,5 cm lang, mit Drüsen besetzt. Blüten gewöhnlich zu 1-2, etwa 2-3,5 cm breit, weißlich, rosa oder sogar kräftiger rötlich. Steinfrüchte je nach Sorte 4-8 cm dick, kugelig-rundlich, kaum verlängert, stark samtig behaart, blaßgrünlich, gelblich oder auch rötlich. VERBREITUNG: Im Mittelmeergebiet in Plantagen angepflanzt; in Mitteleuropa. BLÜTEZEIT: März bis Mai.

Gewöhnliche Traubenkirsche
Prunus padus

MERKMALE: Sommergrüner Laubbaum (nur selten Strauch) zwischen 10 und 17 m Wuchshöhe, mit kegelförmiger, recht schlanker, später zunehmend säulenförmiger und gewölbter Krone. Rinde glatt, sehr dunkel braungrau oder fast schwarz. Blätter wechselständig, verkehrteiförmig oder elliptisch-länglich, mit kurzer, schlanker Spitze, an der Basis gewöhnlich rundlich, nur selten herzförmig eingeschnitten, 5-9 cm lang und ungefähr 3-7 cm breit, Rand fein gezähnt, auf der Blattoberseite matt dunkelgrün, auf der Unterseite heller und zuweilen sehr zerstreut behaart. Blüten in 7-12 cm langen, meist hängenden oder bogig überstehenden Trauben, reinweiß. Steinfrüchte kugelig oder wenig länglich, etwa 7 mm dick, schwarz. STANDORT: Bevorzugt auf tiefgründigen, sehr nährstoffreichen Boden. VERBREITUNG: In Europa und in Kleinasien in Auenwäldern und Laubwäldern. BLÜTEZEIT: April bis Mai.

Weichsel-Kirsche
Prunus mahaleb

MERKMALE: Stark verzweigter, sparrig ästiger, ausladender Strauch oder seltener bis 10 m hoher Baum mit brauner, längsrissiger Rinde. Junge Zweige anfangs drüsig-klebrig, feinflaumig behaart, grau, mit hellen Rindenporen. Laubblätter breit-oval bis eiförmig, 3-6 cm lang, am Grund herzförmig, an der Spitze ausgezogen, mit gezähntem Blattrand, oberseits glänzend, unterseits auf den Nerven spärlich behaart. Blüten in deutlich gestielten, vier- bis zehnblütigen Trauben, mit kleinen eingeschnittenen Tragblättern an der Basis. Steinfrüchte rundlich-eiförmig, etwa 6 mm im Durchmesser, glänzend, schwarz, unbereift, saftarm und bitter. STANDORT: In lichten Eichen- und Kiefernwäldern, in trockenen Gebüschen, in Hecken, auf Hügeln und an Felshängen. Vom Tiefland bis etwa 1500 m aufsteigend. Mit Vorliebe auf Kalkgestein. VERBREITUNG: Zentral- und Südeuropa. BLÜTEZEIT: April bis Ende Mai.

Zwerg-Mandel
Prunus tenella

MERKMALE: Dicht beblätterter, 0,5-1,5 m hoher Strauch, der sich durch unterirdische Ausläufer ausbreitet. Zweige kahl, rundlich, gegen die Enden zu meist kantig, rutenförmig, grünlich oder braun glänzend. Ältere Äste mit silbergrauer Rinde. Laubblätter länglich-lanzettlich, 3-7 cm lang, keilförmig in den Grund verschmälert, vorne etwas zugespitzt, undeutlich gestielt, am Rand fein und scharf gesägt. Blüten rosarot, meist einzeln, seltener zu 2-3, fast sitzend, an der Basis von den erhalten gebliebenen Knospenschuppen umhüllt. Steinfrüchte fast kugelig, haselnußgroß, 15-22 mm lang, dicht graufilzig behaart. Fruchtfleisch saftlos. STANDORT: In trockenen Laubgebüschen, in staudenreichen Trockenrasen, in Steppenwiesen, teilweise an Weinbergrainen. VERBREITUNG: Von Ostsibirien durch die westasiatischen und südrussischen Steppengebiete bis Ungarn und Niederösterreich. BLÜTEZEIT: Von Ende März bis Anfang Mai.

Zwerg-Kirsche
Prunus fruticosa

MERKMALE: Ausläufer treibender, 0,5-1 m hoher Strauch mit wehrlosen, völlig kahlen Zweigen. Laubblätter 3-5 cm lang, eiförmig bis elliptisch, an der Spitze abgerundet oder gestutzt; Blattrand gesägt bis gekerbt, die Blattoberseite glänzend, derb. Nebenblätter ebenfalls gesägt. Blüten zu 2-5 in meist ungestielten Dolden oder Trauben an den Enden der spärlich beblätterten Kurztriebe angeordnet. Kronblätter zart, eiförmig, 5-7 mm lang, reinweiß. Steinfrucht kugelig, meist etwas abgeflacht, erbsengroß, höchstens bis zu 10 mm im Durchmesser, korallenrot, später auch schwarzrot mit sehr saurem Fruchtfleisch. Steinkerne rundlich, etwas zugespitzt, mit zwei deutlichen Kanten. STANDORT: In trockenen Gebüschen, an Wegrändern, auf Trockenwiesen sowie in Hohlwegen und lichten Wäldern. Mit Vorliebe auf Kalk- oder Lehmböden. VERBREITUNG: Mittel- und Osteuropa. BLÜTEZEIT: April und Mai.

Kirschpflaume
Prunus cerasifera

MERKMALE: Ausladender Strauch oder lockerkroniger Baum von 4-8 m Wuchshöhe mit grünglänzenden, nur anfangs behaarten Zweigen. Gelegentlich auch mit Dornen besetz Laubblätter elliptisch bis länglich-eiförmig, 4-7 cm lang, etwas zugespitzt, ungleich gesägt oder leicht gekerbt, auf der Oberseite kahl und glänzend dunkelgrün, unterseits heller und matt; Nerven etwas vertieft, im unteren Teil der Mittelrippe leicht filzig behaart. Blüten weiß, etwa 2 cm im Durchmesser, meist einzeln, seltener zu 2-3 an den Kurztrieben stehend. Frucht kugelig, 2-3 cm im Durchmesser, grün, später gelb oder rot, einseitig gefurcht. STANDORT: An Hängen, in Gebüschen und an Waldsäumen. VERBREITUNG: Von Sibirien über die Kaukasusländer bis zu den nördlichen Gebieten der Balkanhalbinsel beheimatet. Vielfach in den Südalpen, in Südtirol und im Tessin verwildert. BLÜTEZEIT: März bis April.

Lorbeer-Kirsche
Prunus laurocerasus

MERKMALE: In seiner Wuchsform vielgestaltiger, bis 6 m hoher Strauch oder Baum mit graubrauner Rinde und grünlichen, völlig unbehaarten Zweigen. Laubblätter gewöhnlich 5-15 cm, mitunter bis 20 cm lang, von eiförmig-lanzettlicher Form, die Ränder etwas umgebogen, ganzrandig oder zur Spitze hin fein gezähnt, ledrigderb, mit etwa 1 cm langem Blattstiel, oberseits glänzend, unterseits mit etwas hervortretenden Nektardrüsen, die in den Achseln der Seitennerven stehen. Blüten in aufrechten, vielblütigen, 5 bis 12 cm langen Trauben, weiß. Frucht kugelig-eiförmig, etwa 8 mm lang, dunkelpurpurn bis schwarz, mit eiförmigem Steinkern. STANDORT: Häufig als Unterwuchs in lichten Eichenwäldern, in Gebüschen, an felsigen Hängen, an Mauern. VERBREITUNG: Seine ursprüngliche Heimat Südosteuropa, heute bis Irland, Großbritannien und zur Iberischen Halbinsel. In Deutschland vereinzelt am Bodensee, in der Oberrheintalebene und im Moselgebiet.

Kratzbeere
Rubus caesius

MERKMALE: Niederliegender oder kletternder, bis 1 m hoher Strauch; Schößlinge anfangs aufrecht, bald aber bogig überhängend, sich reichlich verzweigend, mit den Spitzen im Boden einwurzelnd, stielrund, stark bereift, meist kahl, mit kurzen, fast geraden Stacheln und Stieldrüsen. Laubblätter dünn, meist dreizählig, bis 9 cm lang und 6 cm breit, grob und ungleich gezähnt, das Endblättchen breit herz- oder eiförmig bis rautenförmig. Seitenblättchen fast sitzend. Nebenblätter lanzettlich. Blüten weiß, etwa 3 cm im Durchmesser, in Doldentrauben angeordnet. Blütenstiele mit feinen Stacheln besetzt. Sammelfrucht nur aus wenigen Teilfrüchten bestehend, bläulich, bereift, saftreich und säuerlich schmeckend. STANDORT: An Waldrändern, in Hecken, Gebüschen, auf Äckern, an Fluß- und Bachufern. Meist auf Kalk. VERBREITUNG: Fast in ganz Europa. BLÜTEZEIT: Mai und Juni.

Echte Brombeere
Rubus fruticosus

MERKMALE: 50 bis 200 cm hoher Strauch von recht unterschiedlichem Wuchs. Schößlinge aufrecht, bogig oder kriechend, kahl oder behaart, oft stieldrüsig, mit gleichen bis ungleichen Stacheln. Laubblätter meist gefingert 3-5(-7) zählig, oberseits (dunkel-)grün, unterseits filzlos grün bis grauweiß filzig. Blüten meist in Rispen, Blütenblätter weiß bis rosarot, schmal spatelig bis fast kreisrund. Früchte schwarzrot bis schwarz, meist glänzend und wohlschmeckend, sich bei der Reife mit dem Fruchtboden ablösend. STANDORT: In Hecken und Gebüschen, an Wald- und Wegrändern, in lichten Wäldern oder auf Lichtungen. Bevorzugt nicht zu trockene, humusreiche und kalkfreie Standorte in wintermilder Klimalage. Ebene bis Gebirge (Alpen bis 1700 m). VERBREITUNG: In ganz Europa, bis auf den äußersten Norden. BLÜTEZEIT: Juni bis Juli. Außerordentlich formenreiche Verwandtschaftsgruppe.

Mittelmeer-Brombeere
Rubus ulmifolius

MERKMALE: Kräftiger, wintergrüner, meist 1-2 m hoher Strauch. Schößlinge bis über 4 m lang, bogig, kantig und gefurcht, violettrot bis bläulich, zuletzt auch etwas silbrig, fein sternhaarig, später verkahlend. Stacheln breit, bis 7-11 mm lang, gerade oder gekrümmt, manchmal auch ganz fehlend. Laubblätter fingerförmig drei- bis fünfzählig. Blütenstand verlängert, ziemlich schmal, oben blattlos, sonst mit unterseits weißfilzigen Blättern. Achse meist mit kräftigen gekrümmten Stacheln, Blütenblätter violett bis rosenrot. Sammelfrucht schwarz glänzend. STANDORT: In Hecken, Gebüschen und an Waldrändern, im Mittelmeergebiet auch in lichten Wäldern und auf Geröllhalden. In den Südalpen bis 1200 m. VERBREITUNG: Mittelmeergebiet bis Nordafrika, in Westeuropa bis Belgien, Rheinland, Südholland und Großbritannien. BLÜTEZEIT: Mai (Mittelmeergebiet) bis August (Westeuropa).

Gemeine Himbeere
Rubus idaeus

MERKMALE: Unterirdische Ausläufer treibender, bis 2 m hoher Strauch. Einjährige Triebe sind meist aufrecht, verzweigt und verlängern sich im darauffolgenden Jahr rutenförmig und bogig überhängend. Schößlinge rund, bereift, im unteren Teil mit zahlreichen kurzen, kegelförmigen, schwarzroten Stacheln besetzt. Laubblätter drei- bis fünfzählig, seltener siebenzählig, oberseits kahl, unterseits weißfilzig behaart; Blattrand scharf gesägt. Endblättchen eiförmig bis lanzettlich, vorne spitz zulaufend und lang gestielt; die seitlichen Teilblättchen sitzend. Blüten weiß, meist nickend, in lockeren Trauben oder Rispen angeordnet. Sammelfrucht aus roten, Steinfrüchtchen zusammengesetzt. STANDORT: In Wäldern, Gebüschen, Hochstaudenfluren, auf Kahlschlägen, Uferböschungen und Lesesteinhaufen. Bevorzugt lockere, nicht zu trockene, nährstoffreiche Böden. VERBREITUNG: Fast ganz Europa. BLÜTEZEIT: Mai bis August.

Niederliegende Kirsche
Prunus prostrata

MERKMALE: Dornenloser Strauch, aufgerichtet bis 1,5 m Höhe, häufig dem Boden angepreßt niederliegend wachsend. Blätter wechselständig, etwa 1 cm lang, kurz gestielt, verkehrteiförmig bis breit-elliptisch, etwas ledrig, Rand wenigstens der oberen Blatthälfte gesägt, besonders unterseits unterschiedlich stark behaart. Blüten normalerweise einzeln, vor den Blättern erscheinend, klein. Kelch schmal-becherförmig, dreimal so lang wie die fünf kurzen Zipfel. Am oberen Kelchrand fünf breit-eiförmige, rötliche, bis 7 mm lange Kronblätter ansetzend. Fruchtknoten im Kelchbecher sitzend, Griffel kahl, herausragend. Frucht rot, eiförmig, kirschartig, etwas bitter im Geschmack, reift im Juli. STANDORT: An Kalkfelsen von 1000 - 2400 m Höhe. VERBREITUNG: Gesamtes Mittelmeergebiet, sehr zerstreut. In Italien nur auf Korsika, im Atlas verbreiteter. BLÜTEZEIT: April und Mai.

Quitte
Cydonia oblonga

MERKMALE: Baum oder Strauch von 1-8 m Wuchshöhe mit sparrig abstehenden Ästen. Junge Zweige dicht filzig behaart, gelbgrün, später braungrün mit kleinen, dunklen Rindenporen. Laubblätter eiförmig bis breitelliptisch, am Grund abgerundet, ganzrandig, oberseits dunkelgrün, unterseits hellgrün, am Rand locker graufilzig. Blätter bis 10 cm lang und 7,5 cm breit. Blattstiel 1-2 cm lang, filzig behaart. Blüten meist einzeln, endständig an den Seitensprossen. Fünf Kronblätter, eiförmig, 15-20 mm lang, weiß oder rosa mit dunkleren Adern. Scheinfrucht groß, filzig behaart, grünlich-gelb, punktiert, wohlriechend. STANDORT: Die Quitte verlangt kalkhaltigen, trockenen und tiefgründigen Boden. VERBREITUNG: Einheimisch in Persien, Transkaukasien und Südostarabien. Eingebürgert in Kleinasien, Syrien, Nordafrika und in Südosteuropa. BLÜTEZEIT: Von Mai bis Ende Juni.

Echte Felsenbirne
Amelanchier ovalis

MERKMALE: Etwa 1,5-2 m hoher, dornenloser Strauch. Zweige schlank, straff aufrecht, mit rotbrauner Rinde. Laubblätter eiförmig bis oval, 2,5-4,5 cm lang und etwa 3 cm breit, derb, mit 1,5 cm langem Blattstiel. Blattrand scharf gezähnt, an der Spitze mit aufgesetztem Stachelspitzchen. Blattgrund herzförmig bis gestutzt. Blätter in der Jugend oberseits dunkelgrün, unterseits hellgelb und dicht filzig behaart, später verkahlend. Blüten bereits vor dem Laubaustrieb vorhanden, schneeweiß, zu 3-8 in filzigen aufrechten Trauben. Früchte schwarz, bläulich bereift, kugelig, bis 10 mm lang, süß und eßbar. STANDORT: Häufig an steinigen Hängen, auf Felsschutt, in Felsspalten, in lichten Eichen- und Kiefernwäldern sowie in Gebüschen. VERBREITUNG: In den Gebirgen Mittel- und Südeuropas, Vorderasiens und Nordafrikas verbreitet. BLÜTEZEIT: Von April bis Juni.

Japanische Mispel, Woll-Mispel
Eriobotrya japonica

MERKMALE: Immergrüner Strauch oder kleinerer Baum von etwa 5-7 m Wuchshöhe, nur selten noch höher. Krone etwas unregelmäßig gestaltet und meist ziemlich offen. Äste schräg aufsteigend oder aufrecht. Blätter wechselständig, ziemlich kurz gestielt oder fast sitzend, ungeteilt, länglich-oval oder verkehrt-eiförmig, an beiden Enden verschmälert, vorne in eine kurze Spitze ausgezogen, ziemlich fest und derb, mit kräftigen, besonders auf der Blattunterseite deutlich hervortretenden, etwas bogig verlaufenden Blattnerven, 15-25 cm lang, oberseits dunkelgrün und leicht glänzend, auf der Unterseite dicht bräunlich bis rötlich filzig behaart. Blüten in endständigen, aufrechten Rispen. Blüten weiß, geöffnete etwa 1-2 cm breit. Früchte apfelähnlich mit bleibenden Resten der Kelchblätter, elliptisch-länglich, gelblich bis orangegelb. VERBREITUNG: Stammt aus Ostasien; in Italien in Kulturen angebaut. BLÜTEZEIT: September bis November.

Fingerstrauch
Potentilla fruticosa

MERKMALE: Etwa 20-100 cm hoher, aufrechter, reichästiger Zierstrauch. Rinde braunrot, löst sich in länglichen Fetzen ab. Laubblätter kurz gestielt, drei- bis fünfzählig gefiedert, derb, Fiederblättchen sitzend, länglich-lanzettlich, am Grund keilförmig verschmälert, an der Spitze stumpf, ganzrandig, oberseits dunkelgrün, unten etwas heller, reichlich behaart, Blüten endständig einzeln oder zu wenigen an den beblätterten Zweigen. Blütenstiel behaart. Kelchblätter etwa 8 mm lang, breit-eiförmig, mit zusätzlichem Außenkelch, von goldgelber Farbe auf der Oberseite, unterseits mattgelb. Nüßchen zahlreich, meist behaart. STANDORT: An Felshängen, in lichten Wäldern sowie an Flußufern. Meist auf kalkreichen Böden. VERBREITUNG: Von den Pyrenäen über Frankreich bis Großbritannien, Irland und Südschweden verbreitet, im Osten bis Rußland und Bulgarien reichend. BLÜTEZEIT: Von Juni bis Oktober.

Silberwurz
Dryas octopetala

MERKMALE: Immergrüner, kriechender Spalierstrauch mit rasenähnlichem oder mattenförmigem Wuchs und reich verzweigten Stämmchen; Zweige erheben sich nur 5 bis 10 cm über den Boden, niederliegende Teile meist zweizeilig, aufrechte Triebe allseitig beblättert. Laubblätter mit kurzem Stiel, von länglich-elliptischer Form, 0,5-1,5 cm lang und 0,3-1,0 cm breit, am Grund herzförmig, an beiden Enden stumpf, oberseits sattgrün, unterseits silberweiß filzig behaart, ledrig-runzelig, Blattrand regelmäßig gekerbt und häufig leicht eingerollt. Blüten weiß, 20-40 mm breit, diese außen braunfilzig, innen kahl. STANDORT: Meist auf trockenen bis frischen Kalk-Schutthalden, auf Fels, Moränen, steinigen Matten, in lichten Kiefernwäldern. VERBREITUNG: In den Alpen, Pyrenäen, Karpaten, im Apennin sowie in den Gebirgen der Balkanhalbinsel verbreitet. BLÜTEZEIT: Von Mai bis August.

Mai-Rose
Rosa majalis

MERKMALE: Ausläufer treibender, niedriger, bis 1,5 m hoher Strauch mit rutenförmigen, dünnen, glänzend rotbraunen Zweigen. Stacheln schwach, kurz, hakig gekrümmt, im unteren Teil der Äste kräftig und zahlreich, meist mit sehr dicht stehenden Borsten untermischt. Laubblätter überwiegend fünf- bis siebenzählig gefiedert, dünn, Blättchen länglich-elliptisch bis eiförmig, 2-3 cm lang und 1-1,5 cm breit, einander genähert, am Rand einfach gesägt, oberseits bläulich-grün, anliegend kurzhaarig, unterseits blaß graugrün, dicht anliegend behaart. Blüten zu 1-5 in Doldentrauben stehend, karminrot bis rosa. Hagebutte kugelig, oft auch scheibenförmig zusammengedrückt, bis 1,5 cm im Durchmesser, dunkelrot, wenig fleischig, kahl. STANDORT: In den Auengehölzen der Alpenflüsse, teilweise verwildert an Burghügeln und Ruinen. VERBREITUNG: Nord- und Mitteleuropa. BLÜTEZEIT: Mai und Juni.

Acker-Rose
Rosa agrestis

MERKMALE: Etwa 1-2 m hoher Strauch mit rutenförmig verlängerten Zweigen. Stacheln meist alle kräftig, hakig gekrümmt, mit 5-15 mm langer und etwa 3-5 mm breiter Ansatzfläche. Laubblätter fünf- oder siebenzählig gefiedert; Blättchen länglich-elliptisch bis keilig verkehrt-eiförmig, 1,5-5 cm lang und 1-2 cm breit, an beiden Enden gleichmäßig verschmälert, mit feingezähntem Rand, oberseits meist kahl, glänzend, frischgrün, auf der Unterseite mit zahlreichen, hellbraunen Drüsen. Blüten einzeln oder zu 2-10 trugdoldig gehäuft, blaßrosa oder weiß. Hagebutte länglich-eiförmig oder kugelig, 1-1,5 cm lang, ledrig, orangerot. STANDORT: In Eichenwäldern, Weidengebüschen, Weinberghecken und an Ackerrainen. Bevorzugt warme halbschattige Lagen. VERBREITUNG: Mittelmeergebiet. Von Spanien und dem Atlasgebirge nordwärts bis Irland, Südschweden und Mitteldeutschland, im Süden in Italien und den Balkanländern verbreitet.

Essig-Rose
Rosa gallica

MERKMALE: Aufrechter, 0,5-1,5 m hoher Strauch mit weit kriechenden, unterirdischen Ausläufern. Stacheln sehr ungleich, 4-6 mm lang, meist gekrümmt, seltener gerade, mit zahlreichen, dicht stehenden, nadelförmigen Borsten untermischt. Laubblätter zum Teil wintergrün, drei- bis fünfzählig gefiedert; Blättchen derb, breit-elliptisch bis fast kreisrund, 2-6 cm lang und 1,5-3,5 cm breit, am Grund herzförmig ausgerandet, vorne stumpf oder kurz zugespitzt, am Rand einfach oder doppelt gesägt, ledrig-derb, oberseits glänzend dunkelgrün, unterseits fast weißlich, oft leicht anliegend behaart. Blüten zu 1-3, rosa bis rot, 5-6 cm im Durchmesser. Hagebutte kugelig bis birnenförmig, ziegelrot bis braunrot, 1-1,5 cm lang, ledrig. STANDORT: In lichten Laubgehölzen, an Waldrändern, an Wegrainen, in sonnigen Magerwiesen. VERBREITUNG: In Mittel- und Südeuropa. BLÜTEZEIT: Juni und Juli.

Hunds-Rose
Rosa canina

MERKMALE Meist kräftiger, 1-3 m hoher Strauch mit aufrechten oder bogig überhängenden und teilweise stark verzweigten Ästen. Stacheln reichlich vorhanden, alle gleich, schlank, schwach bis stark gekrümmt. Laubblätter wechselständig unpaarig, fünf- bis siebenzählig gefiedert, ziemlich dünn, oberseits mattgrün bis dunkelgrün, auf der Unterseite heller bläulichgrün, meist kahl oder fein seidig behaart. Fiederblättchen alle fast gleich groß, eiförmig bis elliptisch, einfach oder doppelt scharf gesägt. Blüten blaßrosa bis hellrosa, seltener weiß, einzeln oder zu dritt auf kurzen Stielen in den Blattachseln stehend, etwa 5-6 cm im Durchmesser. Die Scheinfrucht Hagebutte ist eiförmig bis kugelig, 2-3 cm lang, glatt, fleischig, zuerst orangerot, später kräftig scharlachrot. STANDORT: Meist auf kalkhaltigen, nährstoffreichen und tiefgründigen Böden. VERBREITUNG: Europa mit Ausnahme des hohen Nordens.

Feld-Rose
Rosa arvensis

MERKMALE: Niederliegender, bisweilen auch kletternder, 0,5-2 m hoher Strauch, mit grünen, glatten Zweigen. Stacheln sehr zahlreich vorhanden. Laubblätter fünf- bis siebenzählig gefiedert; Blättchen länglich-elliptisch bis rundlich, 1-3 cm lang und 1-2 cm breit, vorne leicht zugespitzt, am Blattrand mit wenigen, einfachen, breiten Zähnen, auf der Blattoberseite mattgrün, unterseits bleichgrün, weich behaart, mit 5-7 Paar deutlichen Seitennerven. Blüten einzeln, nur sehr selten zu mehreren in Doldentrauben angeordnet, weiß, 3-5 cm im Durchmesser. Hagebutte kugelig-eiförmig, fast 2 cm lang, hellrot und saftlos. STANDORT: Meist auf tiefgründigen, kalkreichen Lehmböden. VERBREITUNG: Von Spanien bis Egland und Irland im Norden, ostwärts bis Polen und im Süden von Italien bis über die Balkanhalbinsel verbreitet. BLÜTEZEIT: Juni und Juli.

Rotblättrige Rose, Hecht-Rose
Rosa glauca

MERKMALE: Aufrechter, 1-3 m hoher Strauch mit glänzend kastanienbraunen Ästen und hechtblau bereiften oder rötlich überlaufenen, schlanken Zweigen. Die wenigen Stacheln sind gerade oder leicht gebogen, seltener stärker gekrümmt, mit 2 bis 6 mm langer Ansatzfläche, an den blütentragenden Zweigen oft sehr klein und spärlich vorhanden. Laubblätter überwiegend sieben- bis neunzählig gefiedert, Blättchen elliptisch oder länglich-oval, 1,5-4,5 cm lang und 1-2,5 cm breit, einfach scharf gezähnt, im unteren Teil meist ganzrandig, unterseits bleichgrün, mit 5-10 Paar ziemlich stark hervortretenden Nerven. Blüten zwei bis vier, rot, 3-4 cm im Durchmesser. Hagebutte kugelig, orange bis kirschrot, ledrig. STANDORT: In Gebüschen, auf Lesesteinhaufen, auf Schlagflächen sowie in Felsspalten. VERBREITUNG: Gebirge Mittel- und Südeuropas. BLÜTEZEIT: Juni und Juli.

Immergrüne Rose
Rosa sempervirens

MERKMALE: Immergrüner, bis 5 m hoch kletternder Strauch mit dünnen, grünen und sehr biegsamen Zweigen. Laubblätter fast stets fünfzählig, am Grunde des Blütenstandes mitunter auch nur dreizählig, Blättchen länglich-oval bis eiförmig-lanzettlich, 2,5 bis 6 cm lang und etwa 3 cm breit, vorne in eine lange, gebogene Spitze zusammengezogen, am Rand einfach gesägt, die Zähne schmal und spitz, oberseits dunkelgrün, kahl, unterseits blaßgrün, unbehaart, mitunter auch beidseitig glänzend. Blüten selten einzeln, meist in wenigblütigen Doldentrauben angeordnet, fast immer weiß, 2,5 bis 5 cm im Durchmesser, duftend. Hagebutte kugelig oder eiförmig, bis 1 cm lang, glänzend rot, drüsig, saftlos. VERBREITUNG: Küstengebiete Portugals und Spaniens, westliches und südliches Frankreich; Küsten des Adriatischen Meeres, Balkanhalbinsel und Kleinasien. BLÜTEZEIT: Mai und Juni.

Kleinblütige Rose
Rosa micrantha

MERKMALE: Aufrechter, dicht verzweigter, bis 1,5 m hoher Strauch mit bogig überhängenden Zweigen. Alle Stacheln gleichartig, kräftig, sehr zahlreich; hakig gekrümmt. Junge Triebe und Blätter oft rötlich überlaufen. Laubblätter meist fünf- bis siebenzählig gefiedert. Blättchen elliptisch bis breit-eiförmig, 1,5-3 cm lang und 1-2 cm breit, am Grund verschmälert, am Rand tief doppelt gesägt, mit zahlreichen Drüsen, meist ziemlich derb, auf beiden Seiten fast kahl. Blüten selten einzeln, meist zu 2-4 in doldenähnlichen Blütenständen zusammengefaßt, hellrosa oder weiß, bis 3 cm im Durchmesser. Hagebutte eiförmig-kugelig, 1-2 cm lang, ledrig, scharlachrot. STANDORT: In lichten Gebüschen, an Waldrändern, an sonnigen Hängen. Im Gebirge bis 1500 m vorkommend. Meist auf kalkhaltigen, steinigen Böden. VERBREITUNG: Mittelmeergebiet, West-, und Mitteleuropa. BLÜTEZEIT: Mai und Juni.

Rauhblättrige Rose
Rosa jundzillii

MERKMALE: Aufrechter, 0,5-3,5 m hoher Strauch mit bogig überhängenden und oft bereiften Zweigen. Stacheln gleichartig, kräftig, nur leicht gebogen oder gerade, schlank, mit 4-8 mm breiter Ansatzfläche, dazwischen bisweilen auch nadelförmige Borsten. Laubblätter fünf- bis siebenzählig gefiedert; Blättchen groß, starr, 2-4,5 cm lang und 1,3-3 cm breit, meist von elliptischer Form, am Rand einfach scharf gesägt, oberseits dunkelgrün, matt oder leicht glänzend, mit stark ausgeprägtem Adernetz. Blattstiel mit Stieldrüsen, kurz behaart. Blüten einzeln oder zu 2-4 in doldenartigen Blütenständen angeordnet, rosarot bis dunkelrot, etwa 5 cm im Durchmesser. Hagebutte fast kugelig, etwa 1,5 cm lang, ledrig, scharlachrot. STANDORT: An Waldrändern, in Gebüschen, Hecken, an steinigen Hängen. Im Gebirge bis 1100 m. Meist auf Kalk. VERBREITUNG: Mittel- und Südeuropa. BLÜTEZEIT: Juni.

Kartoffel-Rose, Runzel-Rose
Rosa rugosa

MERKMALE: Kräftiger, 1-1,5 m hoher, buschiger Strauch mit dicht filzig behaarten Zweigen. Stacheln sehr zahlreich, hakig gekrümmt, mit breiter Ansatzfläche, mit vielen Borsten untermischt. Laubblätter fünf- bis neunzählig gefiedert, Blättchen groß, derb, 2-5 cm lang und etwa 2,5 cm breit, elliptisch bis verkehrt-eiförmig, am Rand grob gesägt, auf der Oberseite dunkelgrün glänzend, runzelig, unterseits bläulich bis graugrün, behaart, mit hervortretenden Blattnerven. Blüten einzeln oder zu mehreren in Doldentrauben angeordnet, tief rosa oder purpurn, seltener weiß, 6-8 cm im Durchmesser. Hagebutte sehr groß, 2-3 cm lang, kugelig, teilweise abgeflacht, fleischig, weich, scharlachrot. STANDORT: In Mitteleuropa an vielen Stellen angepflanzt und oft verwildert in Wegrandgebüschen, auf Ödland, an Waldrändern und an Feldrainen. VERBREITUNG: Heimat ist Südostasien, China und Korea. BLÜTEZEIT: Mai und Juni.

Haselnuß

Hainbuche

Rot-Eiche

Schwarzer Maulbeerbaum

Sanddorn

Bruch-Weide

Gelber Hartriegel

Schlehe

Mahonie

Schwarzer Holunder

Perückenstrauch

Hunds-Rose

Gehölzblüten - schmächtig oder prächtig

Blüten sind der erste Abschnitt im stationenreichen Vermehrungsprogramm auch der Gehölze. Wichtigstes Ziel, das bereits während der Blütezeit zu erreichen ist, sind Pollenübertragung (Bestäubung) und Befruchtung der Samenanlagen. Ohne diese Vorbedingung gibt es weder Samen- noch Fruchtreifung. Zwei Übertragungswege stehen auch den Sträuchern und Bäumen für die Verfrachtung der Pollen zwischen den Blüten zur Verfügung: Entweder schlagen sie ihren Blütenstaub buchstäblich in den Wind und lassen ihn von den Luftströmen über weite Entfernungen transportieren, oder sie locken mit mancherlei attraktiven Angeboten tierische Blütenbesucher, in unseren Breiten ausschließlich Insekten, an und übertragen ihnen den Pollentransport. Normalerweise kann man es den Blüten ansehen, ob sie den Wind oder die fliegenden Insekten als Bestäuber einsetzen. Windbestäubte Blüten verzichten beispielsweise auf jegliche auffällige Aufmachung und beschränken sich in Aufbau und Ausstattung nur auf das Wesentliche. Das bedeutet indessen nicht, daß sie auf spezielle Anpassungen verzichten: Bei Haselnuß oder Hainbuche hängen die männlichen Blütenstände (=Kätzchen) locker im Wind und ermöglichen den millionenfach herabrieselnden Pollenkörnern somit einen optimalen Start für die Luftreise. Auf der Empfängerseite ist ebenfalls besondere Vorsorge getroffen worden: Die weiblichen Narben windblütiger Arten sind fast immer besonders groß, damit die Trefferwahrscheinlichkeit entsprechend erhöht ist. Beim Maulbeerbaum oder beim Sanddorn sind solche Anpassungen erkennbar. Die Blüten der Weiden-Arten sind zwar unverhältnismäßig einfach aufgebaut, werden aber dennoch von Tieren bestäubt. Sie besitzen nämlich Nektardrüsen, und die männlichen Kätzchen bieten überdies große Pollenmassen zum Verzehr an. Zur Bestäubung bleibt dann immer noch genügend Material übrig. Die auffälliger blühenden Arten entwickeln gleichsam als Reklameschilder für die anfliegenden Insekten große, bunte und auf jeden Fall unübersehbare Blüten oder Blütenstände. Eine Rosenblüte ist eine phantastisch gelungene plakative Einladung. Bei der Mahonie oder beim Holunder wirkt der blütenreiche Blütenstand gleichsam als Superblume. Aber auch so unscheinbar aussehende Gestalten wie Moosbeere oder Heidelbeere haben einen festen Kundenkreis. In diesem Fall übernehmen unter anderem auch Fliegen die Bestäubung. Von Tieren bestäubte Gehölzblüten sind in den meisten Fällen nicht einfach bunte Farbkleckse, sondern zeigen neben attraktiver Farbigkeit auch noch besondere Muster, die den Bestäubern die Orientierung im Nahbereich erleichtern soll.

Moosbeere

Heidelbeere

Trompetenbaum

Apfel-Rose
Rosa villosa

MERKMALE: Dicht verzweigter, gedrungener, 1,5-2 m hoher Strauch, oft mit unterirdischen Ausläufern. Stacheln gleichartig, meist ganz gerade, an den oberen Zweigen bisweilen ungleich und zum Teil nadel- bis borstenförmig. Laubblätter fünf- bis siebenzählig, gefiedert; Blättchen länglich-elliptisch, 1-4 cm lang und 0,5-2 cm breit, scharf und fast immer doppelt gesägt, meist beidseitig anliegend weich behaart und seidig glänzend, gewöhnlich unterseits dicht drüsig und etwas harzig. Blüten zu 1-3 doldenartig angeordnet, karminrot oder rosa, bis 5 cm im Durchmesser. Hagebutte kugelig-eiförmig, bis 2,5 cm lang, lebhaft rot. STANDORT: An felsigen Hängen, auf Lesesteinhaufen, in Hecken. Meist nur auf kalkhaltigen Böden. VERBREITUNG: Fast ganz Europa. Von der Iberischen Halbinsel bis Kleinasien, zum Kaukasus und Persien, nördlich bis Skandinavien. BLÜTEZEIT: Juni und Juli.

Pouzinis Rose
Rosa pouzinii

MERKMALE: 1-2 m hoher, selten größerer, oft rot überlaufener Strauch mit relativ dünnen, biegsamen Ästen. Blätter wechselständig, unpaarig gefiedert, mit meist sechs Paaren von Blättchen, das unterste Paar am kleinsten. Blättchen 1,5-2,5 cm lang, breit-eiförmig bis elliptisch, nur unterseits auf den Nerven etwas behaart, sonst kahl, fein doppelt gesägt, häufig die Zähne an der Spitze mit Kugeldrüsen. Nebenblätter schmal dreieckig. Blüte verhältnismäßig klein, 2,5-4 cm breit. Fünf Kelchblätter, gefiedert bis ungeteilt. Kronblätter blaßrosa, seltener weiß. Staubblätter zahlreich. Griffel kahl und aus der Blüte herausragend. Hagebutte rot, breit-ellipsoidisch, ohne Kelchblätter, im Inneren mit zahlreichen behaarten Nüßchen. STANDORT: Lichtungen, Gebüsche, bis 1000 m Höhe vorkommend. VERBREITUNG: Im gesamten Mittelmeergebiet weit verbreitet. BLÜTEZEIT: Mai bis August.

Wein-Rose, Schottische Zaun-Rose
Rosa rubiginosa

MERKMALE: Gedrungener, 1-2 m hoher Strauch mit kurzen, sparrigen Ästen und Zweigen. Stacheln kräftig, ungleichartig, die größeren hakig gekrümmt, die kleineren meist gerade, oft mit Borsten untermischt. Laubblätter fünf- bis siebenzählig gefiedert, Blättchen eiförmig-elliptisch bis kreisrund, 1-2,5 cm lang und 1-2 cm breit, am Grund abgerundet, am Rand mit kurzen, breiten Zähnen. Blüten zu 1-3 in doldenartigen Blütenständen angeordnet, lebhaft rosa, seltener weiß. Hagebutte kugelig-eiförmig, 1-2 cm lang, orangerot bis blutrot. STANDORT: Auf Heidewiesen, in Buschweiden, Gebüschen, Hecken, an felsigen Hängen. Bevorzugt trockene, sandige oder steinige, kalkreiche Unterlagen. VERBREITUNG: Von Spanien über Frankreich bis Großbritannien und Südskandinavien, von Italien über den Alpenraum und die Balkanländer bis zur Krim und nach Westasien verbreitet. BLÜTEZEIT: Juni und Juli.

Griffel-Rose
Rosa stylosa

MERKMALE: Kräftiger, aufrechter, aber nicht kletternder, bis 3 m hoher Strauch mit bogig überhängenden Ästen. Wenige Stacheln, kurz zugespitzt, mit leicht gebogener bis hakiger Form. Laubblätter fünf- bis siebenzählig gefiedert, Blättchen oval bis länglich-elliptisch, 1-5 cm lang, einfach gesägt, mit schmalen und scharf zugespitzten Zähnen, auf der Oberseite meist glänzend, unterseits auf den Nerven oder über die ganze Blattfläche dicht behaart, ohne Drüsen. Blattstiel meist reichlich langhaarig bis zottig behaart. Nebenblätter mit gerade vorgestreckten, schmalen und zugespitzten Öhrchen. Blüten zu 1-8 oder mehr in Doldentrauben angeordnet, weiß oder hellrosa, 3-5 cm im Durchmesser. STANDORT: In lichten Wäldern, Gebüschen und Hecken. meist auf tiefgründigen, kalkhaltigen und gut durchfeuchteten Böden. Von der Ebene bis ins Bergland. VERBREITUNG: West-Europa. BLÜTEZEIT: Juni.

Bibernell-Rose
Rosa pimpinellifolia

MERKMALE: 0,5-1 m hoher Zwergstrauch mit aufrechten oder aufsteigenden, stark verzweigten, dunkelbraunen Ästen. Stacheln gerade, 4-8 mm lang, nur selten gekrümmt, sehr zahlreich an den Zweigen vorhanden und mit derben nadelspitzen Borsten untermischt. Laubblätter fünf- bis elfzählig gefiedert; Blättchen breit-elliptisch bis fast kreisrund, nur 0,5-2,5 cm lang, am Rand doppelt drüsig gesägt, oberseits mattgrün, teilweise auch rötlich überlaufen, auf der Unterseite kahl. Blüten stets einzeln, aber zahlreich an den kurzen Seitentrieben sitzend, 3-5 cm im Durchmesser, milchig-weiß, am Grund etwas gelblich, selten rosa. STANDORT: Auf den Dünen der Nordsee und den Kalkbergen der Mittelgebirge. VERBREITUNG: Nordseeküsten, durch Mittel- und Süddeutschland bis zu den Pyrenäen und den Südalpen in den nördlichen Balkanländern. BLÜTEZEIT: Mai und Juni.

Alpen-Rose
Rosa pendulina

MERKMALE: Gedrungener bis schlaffer und fast stachelloser Strauch von 0,5 bis 3 m Wuchshöhe. Triebe meist rötlich oder grün, nur spärlich mit Stacheln besetzt, diese gerade, 2-6 mm lang mit schmaler Ansatzfläche. An älteren Ästen nur an den unteren Teilen vorhanden und mit Borsten untermischt. Laubblätter 5-10 cm lang, unpaarig, neun- oder elfzählig, an den Blütenzweigen häufig siebenzählig gefiedert; Blättchen im Umriß meist länglich-elliptisch, 1-4 cm lang und 0,5-2,5 cm breit, mit scharfem, doppelt gesägtem Blattrand, dünn, auf der Oberseite matt dunkelgrün, auf der Unterseite hellgrün und nur leicht behaart. Blüten fast immer einzeln, seltener in zwei- bis fünfblütigen Dolden, leuchtend rot oder rosa bis purpurrot, 4-5 cm im Durchmesser. Blütenstiel 1,5 bis 2,5 cm lang, meist mit Stieldrüsen und Stachelborsten besetzt, nach der Blüte bogig gekrümmt. Kelchblätter flaschenförmig, verlängert nur mit wenigen Stieldrüsen. Kelchblätter alle ungefiedert, mit lanzettlichem Anhängsel, richten sich nach der Blüte auf und bleiben. Kronblätter 2-2,5 cm lang. Griffel mit wolligem Narbenköpfchen. Hagebutte kugelig oder flaschenförmig, hellrot, meist nickend, kahl oder weichstachelig und nur wenig fleischig. STANDORT: In den Laub- und Nadelgehölzen der Gebirge, in Hochstaudenfluren und in alpinen Grasmatten. Teilweise auch im Krummholz, in Bachschluchten und Zwergstrauchheiden. Sehr häufig im Bereich der Baumgrenze. Bis über 2000 m aufsteigend. VERBREITUNG: Gebirge Süd- und Mitteleuropas. Von Mittelspanien bis zum Jura und den Vogesen im Norden, ebenso im ganzen Alpenraum, im Apennin und den Bergen der Balkanhalbinsel verbreitet. Die südliche Ausbreitungsgrenze wird in Nordgriechenland erreicht. BLÜTEZEIT: Mai bis Juni, selten bis August. ALLGEMEINES: Die Alpen-Rose ist nicht zu verwechseln mit der zu den Heidekrautgewächsen gehörenden Alpenrose (*Rhododendron-Arten, siehe Seite 134, 135*).

Filz-Rose
Rosa tomentosa

MERKMALE: Kräftiger, 0,5-2 m hoher Strauch mit verlängerten, ausgebreiteten und meist bogig überhängenden Ästen. Junge Triebe oft bläulich bereift. Stacheln kräftig, gebogen oder gerade, mit 6 mm langer und 1,5-3 mm breiter Ansatzfläche. Laubblätter fünf- bis siebenzählig gefiedert, Blättchen breit-oval bis elliptisch, 2-4 cm lang und 1,5-2,5 cm breit, am Rand doppelt gesägt, mit meist großen und breiten Zähnen, oberseits dunkelgrün, anliegend behaart, unterseits weichhaarig filzig. Die Blüten meist einzeln oder zwei- bis vierdoldig gehäuft, hellrot bis weiß, etwa 4-5 cm im Durchmesser. Hagebutte kugelig bis birnenförmig, 0,5-1,5 cm lang, fleischig, rot. STANDORT: An Waldrändern, in lichten Gebüschen und an Wegrändern. Besonders auf Sand-und Kalkboden. VERBREITUNG: In Mitteleuropa seltener, in Südeuropa häufiger. Von Spanien bis zu den Britischen Inseln und Südskandinavien sowie im Süden von Italien bis Jugoslawien. BLÜTEZEIT: Juni.

Ruten-Ginster
Genista radiata

MERKMALE: Dornenloser, aufrechter, 20-60 cm, an schattigen Standorten auch bis 100 cm hoher Strauch. Äste rutenförmig, dunkelgrün, anliegend behaart, später oft verkahlend. Laubblätter gegenständig, dreizählig gefiedert; Fiederblättchen 5-20 mm lang und 1 bis 4 mm breit, sehr schmal lanzettlich, am oberen Ende spitz, oberseits kahl, unterseits anliegend seidig behaart, dunkelgrün, frühzeitig abfallend. Blüten gelb, zu zwei- bis fünfzehnblütigen, endständigen, köpfchenartigen Trauben angeordnet. Hülse 10-15 mm lang und 3-6 mm breit, eiförmig bis elliptisch, braun, behaart, mit 1-3 glänzenden Samen. STANDORT: Auf steinigen Wiesen, Felsheiden und in lichten Föhren- und Lärchenwäldern. Vorwiegend auf trockenen, kalkreichen Böden. VERBREITUNG: In den Gebirgen Mittel- und Südeuropas. Von Südostfrankreich entlang der Alpen, bis zum Apennin,und den Südkarpaten. BLÜTEZEIT: Mai bis Juli.

Englischer Ginster
Genista anglica

MERKMALE: Dorniger, meist laubabwerfender, niederliegender bis aufrechter, 10-60 cm, seltener bis 100 cm hoher Halbstrauch oder Strauch. Äste sparrig, dicht verzweigt, gefurcht, kahl bis behaart, dicht mit achselständigen, einfachen, abstehenden, 1-2,5 cm langen Dornen besetzt. Laubblätter dichtstehend, kurz gestielt, einfach, wechselständig angeordnet, kahl, 4-10 mm lang und 2 bis 3 mm breit, von elliptischer bis lanzettlicher Form, blaugrün, Blattrand ganzrandig, eben. Blüten hell- bis goldgelb, 7-9 mm im Durchmesser, zu endständigen, drei- bis zehnblütigen, 1-3 cm langen, lockeren bis dichten Trauben angeordnet. Hülse kahl, hellbraun, länglich, im Querschnitt annähernd rund, leicht gekrümmt. STANDORT: Sehr häufig in Heiden, Mooren, lichten Kiefern- und Birkenwäldern und Flußebenen. VERBREITUNG: Atlantische Küstengebiete West- und Mitteleuropas mit Ausnahme Irlands. BLÜTEZEIT: Mai bis Juli.

Deutscher Ginster
Genista germanica

MERKMALE: Dorniger, 20-60 cm hoher Strauch mit aufrechten bis aufsteigenden Stengeln. Junge Zweige grün, dicht abstehend behaart, dornenlos; ältere Zweige braun, grüne Dornen tragend. Laubblätter fast sitzend, ungeteilt, 10-20 mm lang und 4-8 mm breit, schmaleiförmig bis lanzettlich, spitz, grasgrün, oberseits kahl, unterseits anliegend behaart; Blattrand mit langen, abstehenden Haaren besetzt, ganzrandig. Blüten goldgelb, 8-12 mm im Durchmesser, zu endständigen, 1-5 cm langen, aufrechten Trauben angeordnet. Hülse schwarzbraun, länglich, 8-15 mm lang und 3-5 mm breit, dicht behaart mit 2-5 linsenförmigen, braunen Samen. STANDORT: In Heiden, lichten Wäldern und auf Magerwiesen. VERBREITUNG: Von Südwestfrankreich bis Mittelrußland und von Südschweden bis Mittelitalien und Bulgarien. Fehlt im eigentlichen Mittelmeergebiet. BLÜTEZEIT: Mai bis August.

Behaarter Ginster, Heide-Ginster
Genista pilosa

MERKMALE: Dornenloser, kurz seidig behaarter, niedriger, 10-40 cm, seltener bis 120 cm hoher Strauch. Ältere Äste niederliegend bis aufsteigend, oft über 50 cm lang, knotig, kahl, blattlos; jüngere Äste aufrecht, viel kürzer, kantig, anliegend behaart, mehr oder weniger dicht beblättert, häufig wirr durcheinander wachsend. Laubblätter fast sitzend, einfach, 6-15 mm lang und 2 bis 5 mm breit, verkehrt-eiförmig bis lanzettlich, am oberen Ende stumpf, V-förmig gefaltet, dunkelgrün, oberseits mehr oder weniger kahl, unterseits anliegend behaart. Nebenblätter fehlend. Blüten goldgelb, ca. 10 mm im Durchmesser, zu ein- bis dreiblütigen endständigen Trauben angeordnet. Hülse 10-30 mm lang und 3-4 mm breit, länglich, flach, gerade, hellbraun, seidig behaart, mit 3-8 linsenförmigen Samen. STANDORT: In Heiden, Föhrenwäldern, auf Magerwiesen und Felsen. Vom Flachland bis in die Gebirgsstufe aufsteigend. VERBREITUNG: Europa. BLÜTEZEIT: Mai bis August.

Spanischer Ginster, Pfriemenginster
Spartium junceum

MERKMALE: Unbedornter, 50-300 (bis 500) cm hoher Strauch mit aufrechten, rutenförmigen, grauberindeten Ästen und grünen, fein gerippten Zweigen. Laubblätter bald abfallend, nahezu sitzend, 10-35 mm lang und 2-5 mm breit, schmal verkehrt-eiförmig bis lanzettlich, am oberen Ende spitz bis stumpf, oberseits kahl, unterseits spärlich anliegend behaart, graugrün. Blüten gelb, süßlich duftend, 20-30 mm im Durchmesser, gestielt, in endständigen, ein- bis wenigblütigen, lockeren Trauben angeordnet. Hülse 4-8 cm lang lang und 5-7 mm breit, länglich, schwarzbraun, seidig behaart, bei Reife verkahlend, mit 10-18 eiförmigen, flachen, hellbraunen Samen. STANDORT: In Heiden, Macchien und an Felshängen. Auf trockenen, steinigen, kalkhaltigen Böden in warmen Lagen. VERBREITUNG: Gesamtes Mittelmeergebiet und Südwesteuropa. BLÜTEZEIT: April bis Juni, in Mitteleuropa bis August.

Skorpion-Ginster
Genista scorpius

MERKMALE: Dorniger, aufrechter, sparrig verästelter, 50-180 cm hoher Strauch. Ältere Äste grau-braun, kahl, in den Achseln abfallender Blätter lange Dornen tragend; jüngere Äste graugrün, längsgerippt, kurz abstehend behaart, beblättert, mit 2-4 cm langen Dornen. Laubblätter wechselständig angeordnet, nahezu sitzend, einfach, 3-11 mm lang und 1-2 mm breit, lanzettlich bis schmal verkehrt-eiförmig, am oberen Ende spitz, graugrün, oberseits kahl, unterseits anliegend behaart. Blattrand gewimpert. Blüten goldgelb, 10-14 mm im Durchmesser, büschelig zu 1-3 in den Achseln von Blättern sitzend, zusammen endständige, aufrechte Rispen bildend. Hülse 20-40 mm lang, 3-6 mm breit, länglich. STANDORT: Auf steinigen Wiesen, felsigen Hängen, in lichten Wäldern und an Straßenrändern. Liebt trockene, kalk- oder gipshaltige Böden. VERBREITUNG: Westeuropa. BLÜTEZEIT: April bis Juni.

Färber-Ginster
Genista tinctoria

MERKMALE: Dornenloser, niederliegender bis aufrechter, 20-120, in Kultur bis 200 cm hoher Strauch. Zweige rutenförmig, niederliegend bis aufsteigend, locker bis dicht verzweigt, grün, tief gefurcht, in der unteren Hälfte kahl, in der oberen meist dicht behaart. Laubblätter wechselständig angeordnet, fast sitzend, einfach, 10-45 mm lang und 3 bis 15 mm breit, sehr variabel in der Form, vorwiegend elliptisch bis lanzettlich, am oberen Ende spitz bis stumpf, kahl bis seidig behaart; Blattrand bewimpert. Blüten hell- bis goldgelb, 10-15 mm im Durchmesser, in den Achseln laubblattähnlicher Tragblätter sitzend, zu endständigen, 2-6 cm langen Trauben angeordnet. STANDORT: Auf Magerwiesen, Heiden, in Kiefermooren und lichten Wäldern. Vom Flachland bis in Höhen von 1800 m anzutreffen. VERBREITUNG: Südeuropa bis Kleinasien. BLÜTEZEIT: Juni bis August.

Aschgrauer Ginster
Genista cinerea

MERKMALE: Reichverzweigter, aufrechter und unbedornter Strauch von 40-100 cm Höhe; Zweige biegsam, graugrün bis aschgrau, acht- bis zehnkantig; alte Zweige blattlos. Blätter einfach, ganzrandig, elliptisch bis lanzettlich, 6-8 mm lang, unterseits weißlich seidenhaarig, wechselständig oder in kleinen Blüten, ohne Nebenblätter. Blüten gelb, 10-13 mm, kurz gestielt in Blattachseln, in verlängertem, lockerem und traubigem Blütenstand; Kronblätter zusammengeneigt, Fahne und Schiffchen etwa gleich lang und verschieden stark behaart; Kelch weißfilzig behaart, zweilippig, Oberlippe mit zwei dreieckigen Zähnen, Unterlippe größer dreizähnig; Kelchröhre kürzer als die beiden Lippen. Hülse behaart, 12-19 mm lang, mit 2-5 eiförmigen Samen. STANDORT: Sonnige Trockenhänge, Kahlschläge. VERBREITUNG: Westliches Mittelmeergebiet bis Italien. BLÜTEZEIT: April bis Juli.

Schwarzer Geißklee
Lembotropis nigricans

MERKMALE: Dornenloser, buschiger 30-120 (-200) cm hoher Strauch mit dunkelbraun berindeten Stämmchen. Äste 1-2 cm im Durchmesser, rutenförmig, aufsteigend bis aufrecht. Laubblätter wechselständig angeordnet, mit 1-4 cm langen, dünnen, anliegend behaarten Stielen, dreizählig gefiedert; Fiederblättchen 10-30 mm lang und 3-14 mm breit, verkehrteiförmig bis elliptisch, am oberen Ende spitz bis stumpf, oberseits dunkelgrün, meist kahl, unterseits hellgrün, anliegend behaart. Blüten goldgelb, angenehm duftend, 8-12 mm im Durchmesser, zu 15 bis annähernd 100 in endständige, 10-30 cm lange, meist überhängende, unbeblätterte Trauben angeordnet. STANDORT: Auf steinigen Hängen, in lichten Wäldern und an Wegrändern. VERBREITUNG: Mittel- und Südosteuropa. Vom Rhein bis Mittelrußland und von Mittelitalien über den Balkan bis zum Schwarzen Meer. BLÜTEZEIT: Juni bis August.

Flügelginster
Chamaespartium sagittale

MERKMALE: Dornenloser, rasenbildender, 10-25 cm hoher Zwergstrauch mit kriechenden, graubraun berindeten, dicht verzweigten Stengeln. Äste aufsteigend bis aufrecht, einfach oder nur an der Basis verzweigt, locker beblättert, abstehend behaart. Laubblätter einjährig, wechselständig angeordnet, sitzend, einfach, 5-20 mm lang und 4-8 mm breit, eiförmig bis breit lanzettlich, am oberen Ende stumpf bis spitz, abstehend behaart, im Alter teilweise verkahlend, grasgrün. Nebenblätter fehlen. Blüten goldgelb, 12-15 mm im Durchmesser, in den Achseln laubblattähnlicher Tragblätter sitzend, zu drei- bis sechzehnblütigen, endständigen, kurzen, aufrechten Trauben angeordnet. STANDORT: Auf trockenen Wiesen, Hügeln, in lichten Kiefern- und Eichenwäldern und an Wegrändern. Bevorzugt magere, kalkarme, sandige Böden in sonnigen Lagen. VERBREITUNG: Südeuropa. BLÜTEZEIT: Mai bis Juli..

Zottiger Geißklee, Behaarter Zwergginster
Chamaecytisus hirsutus

MERKMALE: Dornenloser, ausgebreiteter 30-120 (-200) cm hoher Strauch mit sehr veränderlicher Wuchsform. Äste niederliegend bis aufrecht, rutenförmig, in der Jugend abstehend flaumig behaart, später verkahlend, gerippt. Laubblätter wechselständig angeordnet, mit 1-3 cm langen, dicht zottig behaarten Stielen, dreizählig gefiedert; Fiederblättchen 5-25 mm lang und 3-15 mm breit, verkehrt-eiförmig bis elliptisch, am oberen Ende stumpf bis rund und kurz stachelspitzig, dunkelgrün, oberseits meist kahl, unterseits dicht zottig behaart. Nebenblätter fehlen. Blüten goldgelb, 20-25 mm im Durchmesser, zusammen einen traubigen Blütenstand bildend. STANDORT: Auf Geröllhalden, Buschweiden, Matten und in lichten Wäldern. Vorwiegend auf trockenen, steinigen, kalkarmen Böden. VERBREITUNG: Mittel- und Osteuropa, Westasien. BLÜTEZEIT: April bis Juni.

Weißblütiger Geißklee
Chamaecytisus albus

MERKMALE: Dornenloser, kleiner, 30-50 cm hoher Stauch mit niederliegenden bis aufsteigenden Ästen. Zweige grün bis braungrün, dicht, sowohl mit seidig anliegenden als auch mit zottig abstehenden Haaren besetzt. Laubblätter locker bis dicht wechselständig angeordnet, mit 10-25 mm langen, anliegend behaarten Stielen, dreizählig gefiedert; Fiederblättchen 15 bis 30 mm lang und 5-12 mm breit, elliptisch bis schmal verkehrt-eiförmig, am oberen Ende spitz bis stumpf und kurz stachelspitzig, oberseits hellgrün, kahl, unterseits graugrün, dicht anliegend behaart. Blüten weiß bis blaßgelb, 8 bis 12 mm im Durchmesser, zu 3-8 in endständigen, aufrechten, köpfchenförmigen Trauben angeordnet. STANDORT: In lichten Wäldern, an felsigen Hängen und auf Steppenwiesen. Mit Vorliebe auf Sand- und Lößböden in warmen Lagen. Von der Ebene bis in das Bergland steigend. VERBREITUNG: Mittel- und Südeuropa. BLÜTEZEIT: Mai bis Juni.

Niederliegender Geißklee
Cytisus decumbens

MERKMALE: Dornenloser, sich flach ausbreitender, 10-40, selten bis 60 cm hoher Zwergstrauch mit fünfrippigen, oft Wurzeln treibenden Stengeln. Äste niederliegend bis aufsteigend, beblättert; junge Zweige abstehend zottig behaart, ältere kahl. Laubblätter wechselständig, an Kurztrieben büschelig angeordnet, kurz gestielt bis nahezu sitzend, ungeteilt, 8-20 mm lang und 5-10 mm breit, verkehrt-eiförmig, bis schmal lanzettlich, am oberen Ende spitz, oberseits kahl oder spärlich behaart, dunkelgrün, Blüten goldgelb, 12-14 mm im Durchmesser, gestielt, zu 1-4 in den Achseln von Laubblättern an Kurztrieben stehend, zusammen einen endständigen, ausgebreiteten bis aufrechten, traubenförmigen Blütenstand bildend. STANDORT: Auf Magerwiesen, trockenen Felshängen und in lichten Wäldern. Liebt kalkhaltige Böden. VERBREITUNG: Gebirge Mittel- und Südeuropas. BLÜTEZEIT: April bis Juli.

Kronwickenblütiger Geißklee
Cytisus emeriflorus

MERKMALE: Dornenloser, niederliegender bis aufrechter, 20-60 cm hoher Strauch mit ausgebreiteten, sparrig verzweigten, unregelmäßig längsgefurchten Ästen. Laubblätter wechselständig angeordnet, mit 10-25 mm langen, dünnen, an der Basis verbreiterten, kurz behaarten Stielen, dreizählig gefiedert; Fiederblättchen 10-20 mm lang und 4-8 mm breit, verkehrt-eiförmig bis elliptisch, am oberen Ende stumpf bis rund und kurz stachelspitzig, oberseits kahl, hellgrün, unterseits anliegend behaart, dunkelgrün. Nebenblätter fehlen. Blüten goldgelb, 10-15 mm im Durchmesser, zu 1-4 an seitenständigen Kurztrieben angeordnet, bisweilen zusammen endständige, 4-7 cm lange, dichte, aufrechte Trauben bildend. STANDORT: Auf Magerwiesen, Geröllhalden, in Zwergstrauchheiden und lichten Wäldern. VERBREITUNG: Südalpen. Nur im Gebiet des Comer und Luganer Sees. BLÜTEZEIT: Mai bis Juni.

Blattstielloser Geißklee
Cytisus sessilifolius

MERKMALE: Dornenloser, stark verzweigter, völlig kahler, 30-150 cm hoher Strauch mit niederliegenden bis aufsteigenden Stämmchen. Äste aufrecht, grün berindet, leicht bereift; ältere Äste kantig. Laubblätter meist dicht wechselständig angeordnet, die unteren kurz gestielt, die oberen sitzend, dreizählig gefiedert; Fiederblättchen 5-20 mm lang und 6-8 mm breit, verkehrt-eiförmig bis rundlich, am oberen Ende stumpf und kurz stachelspitzig, oberseits dunkelgrün, unterseits hellgrün, auch beim Vertrocknen grün bleibend. Blütend gelb, 10-12 mm im Durchmesser, gestielt, zu 2-8 in kurzen, endständigen, tragblattlosen Trauben an diesjährigen Zweigen angeordnet. STANDORT: Auf trockenen Hängen und in Buschwäldern. Vorwiegend auf trockenen, steinigen, kalkhaltigen Böden. Von der Hügelstufe bis in 1700 m vorkommend. VERBREITUNG: Westliches Mittelmeergebiet. BLÜTEZEIT: April bis Juli.

Purpurfarbiger Zwergginster
Chamaecytisus purpureus

MERKMALE: Unbedornter, niederliegender, 15-60 cm hoher Strauch mit dünnen, aufsteigenden, kahlen Ästen. Junge Zweige grün, spärlich behaart, rutenförmig. Laubblätter locker wechselständig, an Kurztrieben büschelig gehäuft angeordnet, mit 1 bis 3 cm langen, kahlen, rinnenförmigen Stielen, dreizählig gefiedert; Fiederblättchen 15-25 mm lang und 5-10 mm breit, verkehrt-eiförmig, am oberen Ende rund bis stumpf und kurz stachelspitzig, spärlich behaart bis kahl, blaugrün. Nebenblätter fehlen. Die Blüten sind purpurrot (Name!), 8-12 mm im Durchmesser, kurz gestielt, sitzen zu 1-3 in den Blattachseln vorjähriger Triebe und bilden zusammen einen traubenförmigen Blütenstand. STANDORT: Auf Felshängen, Matten und in lichten Wäldern. Bevorzugt trockene, kalkhaltige Böden in warmen Lagen. Von der Ebene bis auf etwa 1500 m Höhe steigend. VERBREITUNG: Von den Süd- und Südostalpen über Nordjugoslawien bis Nordalbanien. BLÜTEZEIT: Mai bis Juli.

Gemeiner Goldregen
Laburnum anagyroides

MERKMALE: Aufrechter, bis 7 m hoher Strauch oder Baum mit schmaler, unregelmäßiger Krone. Rinde glatt, grünlich braun. Äste anfangs aufrecht, später oft überhängend, graugrün, anliegend silbrig behaart. Laubblätter wechselständig, dreizählig gefiedert; Fiederblättchen 15-80 mm lang und 15-30 mm breit, elliptisch bis verkehrt-eiförmig, am oberen Ende stumpf bis rundlich, meist kurz stachelspitzig, oberseits dunkelgrün, kahl, unterseits graugrün, anliegend behaart. Nebenblätter fehlen. Blüten hellgelb, 15-18 mm im Durchmesser, zu zehn- bis dreißigblütigen, endständigen, anfangs aufrechten, später hängenden, 10-25 cm langen, blattlosen Trauben angeordnet. STANDORT: In lichten Buschwäldern, auf steinigen Hängen und Felsen. VERBREITUNG: Gebirge Mittel- und Südeuropas. BLÜTEZEIT: Mai bis Juni. ALLGEMEINES: Er zählt zu den giftigsten bei uns vorkommenden Sträuchern.

Alpen-Goldregen
Laburnum alpinum

MERKMALE: Aufrechter, 1,5-6, in Kultur bis 10 m hoher Strauch oder Baum mit glatter, grünbrauner Rinde. Äste aufrecht, graugrün, kahl. Laubblätter wechselständig, an Kurztrieben büschelig gehäuft angeordnet, mit 5-9 cm langen, kahlen bis abstehend behaarten Stielen, dreizählig gefiedert; Fiederblättchen 3-8 cm lang und 1,5-4,5 cm breit, eiförmig bis elliptisch, am oberen Ende spitz, seltener stumpf, stachelspitzig, hellgrün, etwas glänzend; junge Blättchen lang abstehend behaart, ältere kahl oder nur unterseits behaart. Nebenblätter fehlen. Blüten goldgelb, angenehm süßlich duftend, 15-16 mm im Durchmesser, zu zwanzig- bis vierzigblütigen, endständigen, hängenden, 15-40 cm langen, blattlosen Trauben angeordnet. STANDORT: In lichten Wäldern, auf Kahlschlägen und Felshängen. VERBREITUNG: Gebirge Mittel- und Südeuropas. BLÜTEZEIT: Mai bis Juli.

Gemeiner Blasenstrauch
Colutea arborescens

MERKMALE: Dornenloser, reich verzweigter, aufrecht wachsender, 1,5-4 m hoher Strauch. Äste zunächst anliegend und behaart, später verkahlend, mit graubrauner, zerfasernder Rinde. Laubblätter unpaarig gefiedert, 4-16 mm lang, gestielt, mit 3-6 Fiederblattpaaren. Fiederblättchen kurz gestielt, 10-25 mm lang und 5-20 mm breit, breit elliptisch, seltener eiförmig oder verkehrt-eiförmig, auf der Oberseite kahl, gelbgrün, auf der Unterseite weißfilzig, im Alter verkahlend. Blüten leuchtend goldgelb, mit rotbraun gestreifter Fahne, 15-20 mm im Durchmesser, zu 2-8 in achselständigen, 5-10 cm langen, aufrechten, lockerblütigen Trauben angeordnet. Hülsen aufgeblasen. STANDORT: Bevorzugt kalkhaltige Lehm- und Lößböden in sonnigen Lagen. VERBREITUNG: Süd- und südliches Mitteleuropa, Westasien, Nordafrika. In Deutschland wild am Oberrhein (Kaiserstuhl). BLÜTEZEIT: Mai bis August.

Seidenhaar-Geißklee
Chamaecytisus ratisbonensis

MERKMALE: Unbedornter, kriechender bis aufrechter, 10-50 cm hoher Strauch. Äste rutenförmig, niederliegend bis aufsteigend, anliegend seidig behaart, im Alter oft verkahlend. Laubblätter wechselständig angeordnet, mit 10-25 mm langen, anliegend behaarten Stielen, dreizählig gefiedert; Fiederblättchen 10-25 mm lang und 4-6 mm breit, verkehrt-eiförmig bis lanzettlich, am oberen Ende rund und kurz stachelspitzig, oberseits kahl, dunkelgrün, unterseits dicht anliegend behaart, graugrün. Blüten gelb mit brauner Zeichnung, 10-14 mm im Durchmesser, gestielt, zu 1-3 büschelig an Kurztrieben stehend. STANDORT: Auf Magerwiesen, Bahndämmen, in lichten Wäldern, Steinbrüchen und Kiesgruben. Er stellt keine besonderen Ansprüche an den Boden, bevorzugt aber warme Lagen vom Flachland bis in Höhen von 800 m. VERBREITUNG: Mitteleuropa. Ostwärts bis zum Kaukasus, in Deutschland nur im Osten verbreitet. BLÜTEZEIT: April bis Juni.

Strauchige Kronwicke
Coronilla emerus

MERKMALE: Dornenloser, aufrechter, dicht verzweigter, 30-100(-200) cm hoher Strauch mit dünnen, grünen, nur in der Jugend kurz anliegend behaarten Ästen. Laubblätter dicht wechselständig angeordnet, 3-6 cm lang, kurz gestielt, sieben- bis neunzählig gefiedert; Fiederblättchen kurz gestielt bis sitzend, 10-20 mm lang und 5-10 mm breit, verkehrt-eiförmig, am oberen Ende rund, leicht ausgerandet oder kurz stachelspitzig, graugrün. Nebenblätter nicht mit dem Stiel verwachsen, 1-2 mm lang, eiförmig, häutig. Blüten blaßgelb, 15-20 mm im Durchmesser, gestielt, hängend, zu zwei- bis fünf-, maximal zwölfblütigen Dolden angeordnet. STANDORT: In lichten Wäldern, Gebüschen und an trockenen Hängen. Bevorzugt trockene, kalkhaltige Böden in warmen, halbschattigen Lagen. Von der Ebene bis in die Bergregion. VERBREITUNG: Mittel- und Südosteuropa, Kleinasien, Syrien. BLÜTEZEIT: April bis Juli.

Europäischer Stechginster
Ulex europaeus

MERKMALE: Äußerst dorniger, 50-200 (bis 500) cm hoher Strauch mit dicht verzweigten, aufrechten bis aufsteigenden Ästen. Zweige dunkelgrün, fein gefurcht, abstehend behaart bis kahl, mit zahlreichen 15-25 mm langen, verzweigten, in Dornen umgewandelten Kurztrieben. Laubblätter 5-10 mm lang, nur noch aus dem verdornten Blattstiel bestehend oder zu kleinen Schuppen verkümmert. Blüten goldgelb, süßlich duftend, 15-20 mm im Durchmesser, kurz gestielt, zu 1-3 in den Achseln von Dornen oder 2-7 mm langen Schuppenblättern an seitenständigen Kurztrieben stehend, zusammen trauben- oder doldenförmige Blütenstände bildend. STANDORT: In Heiden, auf Hängen und in lichten Eichen- oder Föhrenwäldern. Bevorzugt trockene, kalkarme Sand- oder Lehmböden in warmen Lagen. VERBREITUNG: Westeuropa. BLÜTEZEIT: April bis Juli; er blüht in milden Lagen fast das ganze Jahr über.

Kleiner Stechginster
Ulex minor

MERKMALE: 10-100 cm hoher Dornenstrauch in leuchtendem Grün. Hauptäste oft niederliegend, Zweige mit Längsrillen, rotbraun behaart. Blätter 3-6 mm lang, zu spitzen, jedoch kaum stechenden Dornen umgebildet. Dornen meist dünn und weich, gerade oder leicht gebogen, am Grund behaart, paarweise oder büschelig an den Zweigen, die endständigen 8-15 mm lang. Blüten hellgelb, 7-11 mm lang, einzeln oder paarweise in den Achseln der Blattdornen, mit behaartem Kelch und Blütenstiel. Flügel und Schiffchen gleich lang wie der 6-10 mm lange Kelch, Fahne länger als Kelch, meist rotbraun geadert. Hülse eiförmig, 8 mm lang, behaart, mit 2-6 Samen. STANDORT: Heiden, Sandböden, Küsten; bevorzugt atlantisch getöntes Klima und saure Böden. VERBREITUNG: Westliches Mittelmeergebiet, aber auch bis nach England, oft zusammen mit dem Europäischen Stechginster. BLÜTEZEIT: Juli bis Oktober.

Niederliegender Zwergginster, Kopf-Ginster
Chamaecytisus supinus

MERKMALE: Dornenloser, aufrechter, 15-50 (-100) cm hoher Strauch mit aufsteigenden bis aufrechten, gelegentlich auch niederliegenden Ästen. Die jungen Zweige sind lang, zottig behaart und werden beim Trocknen meist schwarz. Laubblätter wechselständig angeordnet, dreizählig gefiedert; Fiederblätten 10-40 mm lang und 6 bis 20 mm breit, verkehrt-eiförmig bis schmal elliptisch, am oberen Ende spitz bis stumpf und kurz stachelspitzig oder auch rund und ausgerandet, oberseits fast kahl, unterseits dicht zottig behaart. Blüten hellgelb mit rötlich brauner Zeichnung, 10-15 mm im Durchmesser. STANDORT: Auf Weiden, felsigen Hängen, an Ufern und in lichten Wäldern. Vorwiegend auf trockenen, kalkhaltigen Böden in sonnigen Lagen. Vom Flachland bis in Mittelgebirgslagen weit verbreitet. VERBREITUNG: Mittel- und Südeuropa. BLÜTEZEIT: April bis Mai und Juli bis August.

Besenginster, Besenpriem, Bram
Cytisus scoparius

MERKMALE: Dornenloser, stark verzweigter, 50-200(bis 250) cm hoher Strauch. Äste rutenförmig, kantig, tiefgrün, dreizählig gefiedert; Fiederblättchen 6-20 mm lang und 2-9 mm breit, schmal elliptisch bis verkehrt-eiförmig, am oberen Ende spitz bis stumpf, kurz stachelspitzig, dunkelgrün, oberseits meist kahl, unterseits anliegend behaart; obere Blätter fast sitzend, einfach, lanzettlich. Nebenblätter fehlen. Die Blüten sind goldgelb, gelegentlich auch weißlich, 2-3 cm im Durchmesser, gestielt, sitzen zu 1-2 an Kurztrieben und bilden zusammen einen langen, lockeren, endständigen, traubenförmigen Blütenstand. STANDORT: In Heiden, lichten Wäldern, auf Felsen und Dünen. Vorwiegend auf kalkfreien, trockenen Quarzsandböden. VERBREITUNG: Europa. Von der Iberischen Halbinsel und Frankreich bis Bulgarien, nördlich bis England und Südskandinavien. BLÜTEZEIT: Mai bis Juni.

Dornige Hauhechel
Ononis spinosa

MERKMALE: Häufig bedornter, 10 bis 80 cm hoher Strauch. Stengel aufsteigend bis aufrecht, dicht ein- bis zweizeilig behaart, im Alter verkahlend, in der oberen Hälfte drüsig-klebrig, in den Blattachseln häufiger paarweise angeordnete Dornen tragend. Laubblätter in Form und Größe sehr variierend, kurz gestielt bis sitzend, die unteren und mittleren dreizählig gefiedert; Fiederblättchen 8-35 mm lang und 4-10 mm breit, schmal verkehrt-eiförmig, am oberen Ende rund bis spitz, gezähnt, die oberen ungeteilt. Blüten rosa bis purpurn, selten auch weiß, 10-15 mm im Durchmesser, kurz gestielt, zu 1-3 achselständig an häufig verdornten Kurztrieben sitzend, zusammen einen lockeren, traubigen Blütenstand bildend. STANDORT: In lichten Wäldern, auf Hängen und an Wegrändern. Liebt trockene, kalkreiche Böden in warmen Lagen. VERBREITUNG: Europa, Westasien, Nordafrika. BLÜTEZEIT: April bis September.

Robinie, Scheinakazie
Robinia pseudoacacia

MERKMALE: Laubwerfender, sommergrüner Baum bis etwa 25 m Wuchshöhe, nur selten auch darüber, mit offener, lichter, im Umriß ovaler Krone, die kurz unterhalb des Gipfels am breitesten entwickelt ist. Äste steil aufgerichtet, häufig gewunden oder gekrümmt, kleinere Äste abstehend oder leicht überhängend. Rinde an jungen Bäumen glatt und bräunlich, jedoch schon bald deutlich rissig und im Alter von tiefen, netzartig verzweigten und etwas gewundenen Furchen durchzogen. Blätter alle wechselständig, etwa 15-20 cm lang, unpaarig gefiedert, Fiederblättchen zu 11-15, etwa 3 cm lang, oval, ganzrandig, am vorderen Ende undeutlich eingeschnitten oder ausgerandet, wobei die Blättchenrippe in eine sehr feine Stachelspitze verlängert ist, oberseits matt frischgrün bis dunkelgrün, unterseits etwas heller. VERBREITUNG: Ursprünglich nur im östlichen Nordamerika. BLÜTEZEIT: Juni.

Johannisbrotbaum
Ceratonia siliqua

MERKMALE: Laubwerfender, sommergrüner Baum bis etwa 10 m Wuchshöhe, meist jedoch deutlich darunter und besonders in Gebüschen oder Anpflanzungen kaum über 5 m hoch. Krone sehr dicht, kugelig oder kuppelförmig gewölbt, jedoch sehr dicht belaubt und daher immer recht schattig. Stamm meist schon tief am Boden in mehrere, etwa gleich starke, steil aufwärts strebende Äste verzweigt oder auch mehrstämmig. Äste vergleichsweise kurz, kaum hängend, aufgerichtet oder nur wenig abstehend. Rinde auch an älteren Exemplaren glatt oder nur wenig gefurcht, bräunlich-grau. Blätter wechselständig, paarig gefiedert, auf beiden Seiten der Blattspindel mit 2-5 Fiedern, diese vorne mitunter ausgerandet, 3-7 cm lang und 2-4 cm breit, ziemlich fest und derb, oberseits glänzend dunkelgrün. Blüten in traubigen Blütenständen. Frucht eine etwa 2-3 cm breite, 10-20 cm lange Hülse. VERBREITUNG: Im Mittelmeergebiet. BLÜTEZEIT: August bis November.

Judasbaum
Cercis siliquastrum

MERKMALE: Sommergrüner, laubwerfender Baum oder größerer Strauch bis etwa 10 m Wuchshöhe mit sehr ausladender, breiter, flach gewölbter und ziemlich unregelmäßig erscheinender Krone, meist sogar einseitig überhängend oder ausgezogen. Äste nicht allzu stark, abstehend oder bogig aufsteigend. Rinde in regelmäßige, kleine rechteckige Plättchen gefeldert. Blätter immer wechselständig, von annähernd kreisrundem Umriß, am Grund herzförmig eingeschnitten, am Rand nur mit undeutlichen oder sehr seichten Buchten oder auch ganzrandig, um 10 cm lang und fast ebenso breit, lang gestielt, auf der Oberseite matt mittel- oder dunkelgrün, auf der Unterseite heller, kahl. Blüten mit bräunlichem, regelmäßig fünfzähnigem Kelch. Blütenkrone rosarot, etwa 1-2 cm lang. VERBREITUNG: Im östlichen Mittelmeergebiet beheimatet. BLÜTEZEIT: März bis April.

Gleditschie, Lederhülsenbaum
Gleditsia triacanthos

MERKMALE: Sommergrüne, sehr hochwüchsige Laubbäume bis über 40 m Wuchshöhe, mit meist schmaler, nach oben jedoch stärker verbreiterter, etwas gewölbter Krone. Äste vergleichsweise dünn, schräg aufsteigend und aufgerichtet, selten überhängend. Rinde dunkel graubraun oder rötlich-purpurn, anfangs noch glatt, später in schmale, flache Platten aufgegliedert. Besonders bei älteren Bäumen mit auffallenden Büscheln sehr starrer, bis etwa 20 cm langer, verzweigter Dornen bewehrt, diese meist in Dreiergruppen. Blätter wechselständig, einfach gefiederte mit etwa 20-30 Fiederblättchen, bei doppelt gefiederten Blättern mit etwa 8-12 Fiedern zweiter Ordnung, diese mit je 20-30 Fiederblättchen von etwa 2 cm Länge besetzt, jedes länglich-lanzettförmig, zugespitzt, im vorderen Teil leicht gekerbt, glänzend hellgrün oder auch dunkelgrün. VERBREITUNG: Ursprünglich nur im östlichen Nordamerika.

Schnurbaum, Pagodenbaum
Sophora japonica

MERKMALE: Sommergrüner, laubwerfender Baum bis etwa 20-25 m Wuchshöhe, mit breiter, rundlicher, zuweilen sehr offener und mehrteilig erscheinender Krone auf vergleichsweise kurzem Stamm. Äste schräg aufsteigend, abstehend, bei einigen Gartenformen auch häufig gewunden und gedreht oder sogar lang überhängend. Rinde dunkel graubraun, bei jungen Bäumen fast glatt, im Alter jedoch zunehmend breit gefurcht und runzelig. Blätter wechselständig, unpaarig gefiedert, etwa 15-25 cm lang, mit 7-17 Fiederblättchen; diese kurz, aber deutlich gestielt, ganzrandig, von ovalem Umriß, vorne verschmälert aber nicht zugespitzt, oder mit sehr kurzem, kaum erkennbaren Spitzchen, oberseits matt dunkelgrün, unterseits fein behaart und eher bläulich-grün. Blüten in endständigen oder blattachselständigen, bis 25 cm langen Rispen. VERBREITUNG: Ursprünglich nur im südöstlichen Asien. BLÜTEZEIT: Juli bis August.

Mimose, Silber-Akazie
Acacia dealbata

MERKMALE: Immergrüner Laubbaum bis etwa 10-12 m Wuchshöhe, mit breiter, kegelförmiger, zumeist etwas unregelmäßiger Krone. Äste vergleichsweise lang und schlank, anfangs aufwärts gehend, später mehr herabgedrückt erscheinend. Blätter sehr groß, etwa 10-15 cm lang und um 5 cm breit, wechselständig, doppelt (mitunter auch dreifach) gefiedert: An jeder Seite der Blattspindel sitzen 10-12 Fiedern erster Ordnung, die jeweils etwa 20-30 kleine Fiederblättchen tragen, diese um 3 mm lang, schmal-linealisch, kurz zugespitzt, beidseits, wie ihre Achsen, fein silbrig behaart und daher hell gelbgrün bis bläulich erscheinend. Blüten strahlig symmetrisch, zu kugeligen Blütenständen zusammengefaßt. Gesamtblütenstand traubig oder rispig organisiert. VERBREITUNG: Ursprünglich nur im südöstlichen Australien sowie in Tasmanien beheimatet. BLÜTEZEIT: Januar bis Februar.

Blaugummibaum
Eucalyptus globulus

MERKMALE: Immergrüner Laubbaum mit Wuchshöhen um 45 m. Krone ziemlich leicht, wirft deshalb wenig Schatten, sehr hochgezogen und schmal-kegelförmig, bei älteren Exemplaren auch in mehrere Teilkronen aufgegliedert. Stamm gerade, meist erst in größerer Höhe gegabelt, drehrund, mitunter recht kräftig. Rinde löst sich in lange, etwas spiralig um den Stamm verlaufende Streifen auf und hinterläßt nach dem Abschilfern weißliche oder verschiedenfarbige Stellen. Jugendblätter gegenständig, teilweise stengelumfassend, gerade abstehend, bläulich-weißlich auf beiden Seiten, im Umriß länglich-elliptisch, etwa 10-15 cm lang. Altersblätter wechselständig und hängend, kurzgestielt, sehr schmal und leicht sichelförmig gebogen, vorne spitz, am Grund keilförmig verschmälert, etwa 10-30 cm lang und bis 4 cm breit, lederig. VERBREITUNG: Ursprünglich nur in Australien beheimatet.

Gunns Eukalyptus
Eucalyptus gunnii

MERKMALE: Immergrüner, meist recht hochgewachsener, in allen Teilen aromatisch duftender Baum mit Wuchshöhen um 20-30 m. Krone sehr regelmäßig und lückig, locker verzweigt. Äste anfangs bogig ansteigend, bei älteren Bäumen schräg aufwärts gehend, ziemlich kräftig, erst am oberen Ende stärker verzweigt. Rinde auffallend glatt, grünlich oder auch von hellerer Färbung, löst sich in langen Streifen und großen Platten ab. Eukalyptus-Bäume besitzen zwei verschiedene Blattformen: Die Jugendblätter an den Trieben werden etwa 2-3 Jahre alt, sind gegenständig, ungestielt, von rundlichem Umriß, etwa 3-6 cm lang und fast ebenso breit, graublau, etwas bereift, überlappen sich am Grund etwas. Die Altersblätter sind lanzettlich-länglich, vorne spitz, und am Grund keilförmig verschmälert oder rundlich, etwa 9 cm lang und 2-4 cm breit, oberseits blaugrün, unterseits etwas gelblicher oder auf beiden Seiten fast gleichfarbig, stark genervt.

Gemeiner Sanddorn
Hippophae rhamnoides

MERKMALE: Sommergrüner, dorniger, dicht verzweigter, aufrecht wachsender, 1-6 (bis 10) m hoher, zweihäusiger Strauch oder kleiner Baum. Äste sparrig abstehend, glatt, dunkel rotbraun, häufig zahlreiche, in Dornen umgewandelte Kurztriebe tragend. Laubblätter einfach, wechselständig angeordnet, kurz gestielt, 40-75 mm lang und 3-10 mm breit, schmal-lanzettlich bis länglich-eiförmig, am oberen Ende spitz bis stumpf, am Grund keilförmig bis abgerundet, ganzrandig, oberseits graugrün, silbrig glänzend, unterseits silbrig grau, matt. Frucht eine fleischige, säuerlich schmeckende, kugel- bis eiförmige, 6-8 mm große Scheinbeere. STAND-ORT: Auf felsigen Hängen, in trockenen Fluß-läufen, auf Sanddünen, in Kiesgruben, in lichten Föhrenwäldern und an Straßenböschungen. Liebt sand- oder kieshaltige, nährstoffreiche, Böden. VERBREITUNG: Mitteleuropa, West- und Ostasien. BLÜTEZEIT: März bis Mai.

Schmalblättrige Ölweide
Elaeagnus angustifolia

MERKMALE: Laubabwerfender, leicht dorniger, 2-5 (-7) m hoher Strauch oder Baum ohne Ausläufer. Äste aufrecht, dicht sparrig verzweigt, grau berindet. Ältere Zweige kahl, rotbraun berindet, in Dornen umgewandelte Kurzsprossen tragend. Laubblätter einfach, dicht wechselständig angeordnet, mit einem 5-8 mm langen, kahlen Stiel, 4-8 cm lang und 8-25 mm breit, schmal lanzettlich, am oberen Ende spitz bis stumpf, ganzrandig, lederartig, oberseits graugrün, kahl oder nur spärlich kurz behaart, unterseits silbergrau, dicht mit sternförmigen Haaren besetzt. Nebenblätter fehlen. Blüten hellgelb, angenehm nach Leder duftend. STANDORT: An Fluß- und Seeufern, Waldrändern und auf steinigen Hängen. Liebt humusreiche, feuchte Böden. Vom Tiefland bis in die Bergregion vorkommend. VERBREITUNG: Gesamtes Mittelmeergebiet, West- und Mittelasien bis zum Altai-Gebirge. BLÜTEZEIT: Mai bis Juli.

Granatapfel
Punica granatum

MERKMALE: Aufrechter, sehr stark verzweigter, bis 2 m hoher Strauch oder kleiner, krummstämmiger, bis 5 m hoher Baum mit kahlen, in der Jugend schmalflügeligen, vier- bis sechskantigen, mitunter verdornten Zweigen. Laubblätter meist gegenständig, an den Langtrieben teilweise auch wechselständig, an den Kurztrieben büschelig gehäuft, 3-8 cm lang und 0,5 - 1,5 cm breit, eiförmig-lanzettlich, ganzrandig, kurz gestielt, an der Spitze meist stumpf, von einem kräftigen Mittelnerv durchzogen. Blüten hochrot, etwa 3 cm im Durchmesser, sitzend, meist zu 1-3 an den Zweigspitzen angeordnet. Frucht apfelähnlich, mit derber, dickledriger, rissiger, rötlichbrauner Schale. STANDORT: Verwildert an Felsen, Mauern und an trockenen Hängen. VERBREITUNG: Im ganzen Mittelmeergebiet, nördlich auch im Wallis und in Südtirol, im Osten bis Vorderasien und China verbreitet. BLÜTEZEIT: Juni bis September.

Gemeine Myrte
Myrtus communis

MERKMALE: Immergrüner, buschiger Strauch von 3-5 m Wuchshöhe. Laubblätter paarweise kreuzgegenständig oder seltener zu dreien in Quirlen angeordnet, meist eirund oder lanzettlich, 2,5 bis 5 cm lang und bis 1 cm breit, zugespitzt, mit sehr kurzem Blattstiel, ganzrandig, kahl oder auf der Mittelrippe und am Rand zerstreut behaart, ledrig, durchscheinend punktiert, oberseits tief grün, unterseits mattgrün, beim Zerreiben aromatisch duftend. Blüten weiß, etwa 2 cm im Durchmesser. Beeren rundlich oder eiförmig-ellipsoid, bis 12 mm lang, gestielt, mattschwarz oder weiß, wohlschmeckend, würzig-süß, vom Kelch gekrönt und im Winter am Strauch bleibend. STANDORT: Im Mittelmeergebiet in den Macchien teilweise bestandbildend. VERBREITUNG: Von der Iberischen Halbinsel über Italien und die küstennahen Gebiete der Balkanhalbinsel bis Vorderasien beheimatet. BLÜTEZEIT: Juli und August.

Echte Pistazie
Pistacia vera

MERKMALE: Sommergrüner zweihäusiger Baum bis 5 m, manchmal auch bis 10 m Höhe. Junge Zweige behaart. Blätter wechselständig, unpaar gefiedert. Etwa drei ovale Fiederblättchen, bis 10 cm lang und bis 8,5 cm breit, oberseits dunkelgrün, unterseits graugrün, jung behaart, dünn. Blattstiel behaart. Blüten sehr klein, bräunlich, eingeschlechtig, in wenigblütigen, seitenständigen Trauben. Kronblätter fehlen. Männliche Blüten mit fünf Staubblättern, weibliche mit oberständigem Fruchtknoten und dreinarbigem Griffel. Steinfrucht dünnwandig, 2-3 cm lang, sich oben zweispaltig öffnend. Samen rotviolett behäutet, innen grün, eßbar. STANDORT: In Macchien. VERBREITUNG: Östliches Mittelmeergebiet, Südeuropa. Heimat ist Asien. BLÜTEZEIT: Mai und Juni. ALLGEMEINES: Die ähnliche Art *Pistacia terebinthus* kommt im gesamten Mittelmeergebiet vor. Sie trägt 7 bis viele Fiederblättchen.

Mastixstrauch
Pistacia lentiscus

MERKMALE: Immergrüner, zweihäusiger, reich verzweigter Strauch bis 3 m oder kleiner Baum bis 6 m Höhe. Rinde gräulich, an jüngeren Zweigen rötlich. Blätter wechselständig, paarig gefiedert, mit breit geflügelter Blattspindel. Zwei bis zwölf elliptische Fiederblättchen, 1-3 cm, selten auch bis 5 cm lang, 5-15 mm breit, spitz oder stumpf, dunkelgrün, ledrig. Blüten nur 2-3 mm breit, eingeschlechtig, in kurzen, dichten, seitenständigen Ähren. Männliche Blüten mit fünfzipfligem Kelch und fünf kurzen, dunkelroten Staubblättern. Weibliche Blüten gelblich-grün, mit drei- bis vierzipfligem, bisweilen etwas behaartem Kelch und dreinarbigem Griffel. Steinfrucht klein, 4 mm lang, rot bis schwarz. STANDORT: Macchie, auf allen Bodenarten. VERBREITUNG: Gesamtes Mittelmeergebiet. BLÜTEZEIT: März bis Juni. ALLGEMEINES: Aus dem Stamm wird das Mastixharz gewonnen.

Gemeiner Perückenstrauch
Cotinus coggygria

MERKMALE: Sommergrüner, kahler, harzig riechender Strauch, bis 5 m Höhe. Äste ausgebreitet, braunrot. Blätter wechselständig, 3-7 cm lang gestielt. Spreite mehr oder weniger kreisförmig, bis verkehrt-eiförmig, 3-8 cm lang, kahl, grau-grün. Blüten sehr klein, gelblichweiß, fünfzählig, lang gestielt, viele unfruchtbar, in 15-20 cm langen, endständigen, rispigen Blütenständen. Kelchblätter eiförmig, bis 2 mm lang, stumpf, 1,5-2 mm lang, bis 0,8 mm breit, kahl - grünlich. Kronblätter eiförmig, fünf Staubblätter. Steinfrucht schief birnenförmig, leicht zusammengedrückt, 4-5 mm lang. Die Stiele der sterilen Blüten sind im Herbst lang, purpurrot, fedrig behaart und verleihen dem Fruchtstand ein perückenartiges Aussehen. STANDORT: Felsige Sonnenhänge, Macchien, lichte Wälder. VERBREITUNG: Gesamtes Mittelmeergebiet, Südeuropa bis Mittelchina. BLÜTEZEIT: Mai bis Juli.

Gerber-Sumach
Rhus coriaria

MERKMALE: Immergrüner, mehrstämmiger, locker verzweigter, 1-3 m hoher Strauch oder Baum. Junge Äste dicht, lang, abstehend zottig behaart, gelblich braun berindet; ältere Äste meist kahl, braun-rot berindet. Laubblätter bis zu 18 cm lang, wechselständig angeordnet, lang gestielt, mit einer dicht zottig behaarten, in der oberen Hälfte geflügelten Mittelrippe, unpaarig gefiedert; mit 4-10 Paar Fiederblättchen. Diese sind 1-5 cm lang und 1-3,5 cm breit, eiförmig bis elliptisch, am oberen Ende spitz bis stumpf, an der Basis verschmälert, nahezu sitzend, oberseits dunkelgrün, spärlich kurz behaart, unterseits graugrün, dicht, lang behaart, am Rand gekerbt bis gesägt. Blüten gelblich bis grünlich, duftend, 4-5 mm im Durchmesser, zu end- oder seitenständigen, ährenförmigen Rispen angeordnet. STANDORT: Auf felsigen Hängen und in lichten Wäldern. Liebt trockene, steinige, kalkreiche Böden. VERBREITUNG: Südeuropa bis Persien. BLÜTEZEIT: Juli bis September.

Kleeblatt-Lederstrauch, Hopfenstrauch
Ptelea trifoliata

MERKMALE: Etwa 1,5-5 m hoher Strauch mit anfänglich behaarten, später kahlen, olivgrünen bis zimtbraunen Zweigen. Laubblätter dreizählig gefiedert; Teilblättchen sitzend, eiförmig bis elliptisch, das mittlere Blättchen 6-12 cm lang, ganzrandig oder undeutlich gekerbt, beidseitig verschmälert, auf der Oberseite glänzend, tiefgrün, kahl, unterseits heller, graugrün, zuletzt nur auf den Blattnerven mit einzelnen Haaren besetzt. Blüten klein, etwa 1 cm im Durchmesser, vier- bis fünfzählig, grünlich-weiß, leicht duftend, in 4-8 breiten endständigen Doldenrispen angeordnet. Früchte scheibenförmig, kreisrund, etwa 2-2,5 cm im Durchmesser, ringsum breit geflügelt. STANDORT: An Hängen, Waldrändern sowie in lichten Laubwäldern. Meist auf lockeren, nährstoffreichen und bisweilen trockenen Böden. VERBREITUNG: Heimat ist das atlantische Nordamerika. BLÜTEZEIT: Juni.

Peruanischer Pfefferbaum
Schinus molle

MERKMALE: Immergrüner, breitkroniger Baum, meist 6-8 m, selten bis 13 m hoch mit schlanken, hängenden Ästen. Blätter groß, unpaar gefiedert, aus 15-20 wechselständig angeordneten, linealisch-lanzettlichen, 2,5-6 cm langen und 3-8 mm breiten Blättchen. Blüten ein- oder zweigeschlechtig, sehr klein, zu vielen in end- oder achselständigen, hängenden Rispen. Kelch fünfzipfelig. Fünf gelbliche Kronblätter, zehn Staubblätter. Fruchtknoten oberständig, mit dreispaltigem Griffel. Frucht beerenartig, rosa, glänzend, von Größe und Geschmack eines Pfefferkorns, den Winter über am Baum bleibend. STANDORT: In Südeuropa kultiviert als Park- und Straßenbaum, verträgt Trockenheit. VERBREITUNG: Herkunft pazifische Küste von Südmexiko bis Nordchile, gedeiht in Gebieten mit mild-warmem Klima, heute überall im Mittelmeerraum angepflanzt. BLÜTEZEIT: Mai bis August.

Gerberstrauch
Coriaria myrtifolia

MERKMALE: Strauch mit bogig aufsteigenden, vierkantigen, 1-3 m hohen, kahlen Sprossen. Blätter gegenständig, selten quirlig, 3-6 cm lang, eiförmig bis lanzettlich, spitz sitzend. Blüten in 2-5 cm langen, achselständigen oder an den Enden der Seitenzweige stehenden, sich zur Fruchtzeit verlängernden Trauben. Blüten männlich, weiblich oder zwittrig, mit fünf freien Kelch- und Kronblättern. Kelchblätter eiförmig zugespitzt, nicht abfallend, Kronblätter kürzer, dunkelrotbraun, innen scharf gekielt, zur Fruchtzeit fleischig. Zehn fruchtbare Staubblätter aus den Blüten herausragend. Fünf Fruchtblätter oberständig, nicht verwachsen, einsamig, jeweils mit einem lang herausragenden Griffel. Teilfrüchte blauschwarz glänzend, längsrippig. STANDORT: Hecken, trockene Wälder. VERBREITUNG: Westliches Mittelmeergebiet, von Spanien bis Nordwest-Italien. BLÜTEZEIT: April bis Juni.

Blasenesche, Blasenbaum
Koelreuteria paniculata

MERKMALE: Kleiner bis mittelgroßer, oft recht ansehnlicher, sommergrüner Baum bis etwa 15 m Wuchshöhe. Krone kugelig oder kuppelförmig, von recht regelmäßig rundlichem Umriß, ziemlich dicht. Stamm schon sehr dicht über dem Boden verzweigt, jedoch klar bis in die mittlere Kronenregion zu verfolgen. Blätter wechselständig, 20-35 cm lang, unpaarig gefiedert, in Teilen auch doppelt gefiedert. Fiederblättchen 7-17, von ovalem Umriß, zugespitzt, 3-8 cm lang, grob gekerbt bis gesägt und teilweise auch tief fiederteilig, stehen sich an der Blattspindel überwiegend nicht exakt gegenüber. Blüten etwa 1 cm breit, mit vier kräftig gelben Kronblättern zu mehreren in bis 50 cm großem, locker verzweigtem, rispigem, aufrechtem, endständigem Blütenstand. Kapselfrucht dreiklappig, stark aufgeblasen und etwas papier- oder lampionartig. VERBREITUNG: Die Blasenesche stammt aus dem südlichen Ostasien. BLÜTEZEIT: August bis September.

Berg-Ahorn
Acer pseudoplatanus

MERKMALE: Meist stattlicher, besonders im Freistand häufig prächtig entwickelter, sommergrüner, 30-40 m hoher Laubbaum, mit hoch gewölbter, nicht sehr ausladender, aber recht regelmäßiger Krone auf geradem, kräftigem Stamm. Äste sehr dicht stehend, unregelmäßig verzweigt, meist schräg aufwärts oder steil aufgerichtet. Trieb grünlich, mit helleren Streifen (Lentizellen). Knospen oval-spitz, grün, um 1 cm lang, abstehend. Blätter gegenständig, langgestielt, rundlich, meist fünflappig, die drei vorderen Lappen ungefähr gleich groß, die beiden unteren jedoch deutlich kleiner, Lappen tief eingeschnitten, unregelmäßig grob gezähnt, auf der Oberseite matt dunkelgrün, auf der Unterseite graugrün, im Herbst goldgelb, auf den größeren Blattnerven fein behaart. Blüten in langen, hängenden Rispen, gelblich-grün, erscheinen mit und kurz nach der Laubentfaltung, etwa 10-12 cm lang. Flügelfruchtpaare bilden zueinander ungefähr einen rechten Winkel. STANDORT: Wichtiger Waldbaum in Buchenmischwäldern der Gebirge, oft bis zur Baumgrenze vertreten. In der Ebene viel seltener. VERBREITUNG: Überall in Europa recht häufig und oft in Gärten oder Parkanlagen (auch in einer rotblättrigen Form) angepflanzt. Ursprüngliche Standorte in der Mittelgebirgsregion nicht sehr häufig. BLÜTEZEIT: April bis Mai. ALLGEMEINES: Der verwandte Griechische Ahorn (*Acer heldreichii*) trägt 6-15 cm lange Blätter. Die Blüten hängen zu wenigen in Rispen. Der Pennsylvanische Ahorn (*Acer pensylvanicum*) hat eine auffällig weiß gestreifte, grüne Rinde und Blätter, die am Grund herzförmig gestaltet sind und vorne in drei lange, schlanke Spitzen auslaufen. Er ist in den östlichen USA und in Kanada beheimatet und wird gelegentlich angepflanzt. Ähnlich im Stammbild ist der Rotnervige Ahorn (*Acer rufinerve*). Seine Blätter bleiben jedoch kleiner (bis 12 cm lang) und tragen einen großen sowie zwei seitliche, wesentlich kleinere Lappen. Er ist nicht selten in Parks und Gärten anzutreffen.

Spitz-Ahorn
Acer platanoides

MERKMALE: Ansehnlicher, sommergrüner Baum mit Wuchshöhen um 25-30 m. Krone meist regelmäßig und sehr schön gewölbt, auf geradem, aber ziemlich kurzem Stamm. Äste steil aufrecht oder schräg aufgerichtet. Rinde an älteren Bäumen feinrissig, dunkelgrau, nicht abblätternd, mit feinem Leistenmuster überzogen. Trieb kräftig, bräunlich. Knospen länglich-oval, ziemlich dick. Blätter alle gegenständig, langgestielt, etwa 10-15 cm lang und fast ebenso breit, mit 5-7 ungleich großen Lappen handförmig geteilt, untere Blattlappen deutlich kleiner als die vorderen, jeweils in mehrere, sehr schlanke und lange Blattzähne ausgezogen, auf der Oberseite frischgrün oder dunkelgrün, matt, unterseits etwas heller und mitunter leicht bläulich-grün, Blattstiel mit Milchsaft; Herbstlaub gelb. Blüten zahlreich in aufrechten, rispigen Blütenständen, die schon lange vor dem Laubaustrieb aufblühen und erst nach der Belaubung verschwinden. STANDORT: Verbreitet in frischen bis mäßig feuchten Schlucht- und Auenwäldern oder in verschiedenen anderen Laubwaldgesellschaften. VERBREITUNG: Überall in Europa verbreitet und häufig in Parkanlagen angepflanzt. Ursprüngliche Vorkommen wesentlich seltener. BLÜTEZEIT: März bis April. ALLGEMEINES: Der Kolchische Ahorn (*Acer cappadocicum*) unterscheidet sich durch Blätter, deren Lappen jeweils nur in einer langen Spitze auslaufen. Er steht nur in großen Parks und Gärten. Beim Lobels Ahorn (*Acer lobelii*) treten zusätzlich nur wenige Zähne auf. Diese Art ist in Süditalien heimisch und wird nur selten angepflanzt. Der Kretische Ahorn (*Acer sempervirens*) ist halbimmergrün und hat kleine, ovale Blätter mit drei undeutlichen Lappen. Man findet ihn nur in großen Sammlungen. Der Französische Ahorn (*Acer monspessulanum*) trägt gleichförmig dreilappige Blätter und kommt wild in trockenwarmen Wäldern, vom Main-Nahe-Gebiet bis zur unteren Mosel, vor. Er gehört zu den nahezu unbekannten in Mitteleuropa einheimischen Ahorn-Arten.

Tatarischer Ahorn
Acer tataricum

MERKMALE: Laubabwerfender, mehrstämmiger 4-6 (-10) m hoher Strauch oder Baum mit glatter, dunkelgrauer Rinde. Äste aufrecht bis ausgebreitet, rotbraun berindet. Junge Zweige lang zottig behaart, später verkahlend. Laubblätter einfach, kreuzgegenständig angeordnet, mit 2,5-4 cm langen, zottig behaarten Stielen, 6-9 cm lang und 2-4 cm breit, eiförmig bis rundlich, am oberen Ende spitz, an der Basis herzförmig, oberseits kahl, unterseits auf den Nerven dicht filzig behaart, fiedernervig, hellgrün, am Rand doppelt unregelmäßig gekerbt bis gezähnt. Blüten zwittrig oder männlich, unscheinbar, grünlich-weiß, 3-5 mm im Durchmesser, sich erst nach dem Laub entfaltend, vierzählig, mit kurzen, drüsig behaarten Stielen, einzeln in den Achseln kleiner lanzettlicher Tragblätter sitzend, zusammen vielblütige, lang gestielte Rispen bildend. Griffel in zwei lang geflügelte Früchte zerfallend; Flügel weinrot, 2-3 cm lang, schief verkehrt-eiförmig, fast parallel stehend. STANDORT: In lichten Wäldern, auf felsigen Hängen und an Flußufern. Liebt feuchte, kalkhaltige, nährstoffreiche Böden in warmen Lagen. Vom Tiefland bis in die Bergregion. VERBREITUNG: Südosteuropa, Kleinasien, Mittelrußland. In Kultur weitverbreitet von England über Norwegen bis Nordrußland. BLÜTEZEIT: Mai bis Juni.

Französischer Ahorn
Acer monspessulanum

MERKMALE: Laubabwerfender, 4-6 (-10) m hoher Strauch oder Baum mit grau berindetem Stamm. Laubblätter einfach, kreuzgegenständig. 2-5 cm lang und 3-6 cm breit, etwas lederartig, oberseits kahl, dunkelgrün glänzend, unterseits in den Winkeln der Nerven dicht zottig behaart, matt graugrün, dreilappig; seitliche Lappen waagrecht abstehend bis schräg nach oben gerichtet, alle am oberen Ende stumpf, ganzrandig. STANDORT: In lichten Wäldern und an Felshängen. VERBREITUNG: Südeuropa, West-Asien, Nord-Afrika. BLÜTEZEIT: April bis Mai.

Feld-Ahorn
Acer campestre

MERKMALE: Meist kleinerer, laubwerfender Baum, nur selten Wuchshöhe über 10 m erreichend, mit kugelig-rundlicher, häufig etwas ausladender Krone auf deutlichem, gekrümmtem Stamm, Rinde oft korkig. Äste kurz, unregelmäßig gegabelt, schräg nach oben gehend. Trieb bräunlich. Zweige rissig und oft mit Korkleisten versehen. Knospen eiförmig, rötlich-braun, an der Spitze fein behaart. Blätter gegenständig, ziemlich regelmäßig fünflappig, einzelne Lappen zum Grund hin kleiner werdend, vorne abgerundet und mit undeutlichen Zähnen, daher fast ganzrandig erscheinend, oberseits matt dunkelgrün, unterseits etwas heller, kahl, langgestielt. Blattstiel mit Milchsaft. Blüten erscheinen zusammen mit den Blättern, unscheinbar gelblich-grün in Rispen. Früchte mit waagrecht gegenüberstehenden Flügeln, je etwa 5 cm lang. STANDORT: Liebt nährstoffreiche Lehm- oder Mullböden in krautreichen Eichen-Hainbuchenwäldern. Von der Ebene bis in etwa 900 m Höhe. VERBREITUNG: In Europa weit verbreitet und ziemlich häufig. Nur gelegentlich als Ziergehölz angepflanzt, wichtiges Flurgehölz. Allgemeines: Der verwandte Schneeball-Ahorn (*Acer opalus*) ist ein kleinerer Baum bis höchstens 20 m Wuchshöhe, oder auch ein mittelgroßer Strauch.

Silber-Ahorn
Acer sacharinum

MERKMALE: Sommergrüner, laubwerfender Baum bis etwa 25-30 m Wuchshöhe, im Ursprungsgebiet oft noch höher. Krone ziemlich licht, doch regelmäßig und kaum lückig, zum oberen Kronenbereich hin verbreitert und hoch gewölbt. Rinde auch an älteren Bäumen glatt, grau bis braungrau, allenfalls mit einem feinen Netzwerk aus Leisten und flachen Rinnen überzogen, in sehr feinen Plättchen abschuppend. Blätter gegenständig, langgestielt, tief eingeschnitten fünflappig bis fünfteilig, einzelne Blattlappen ungleich groß, ihrerseits mehrfach lappig eingeschnitten bis grob gezähnt, auf der Oberseite frisch- oder mittelgrün matt, auf der Unterseite auffällig silbrig-weißlich behaart, nicht verkahlend, etwa 10-15 cm lang und um 10 cm breit. Fruchtflügel sichelförmig geschwungen, schließen einen spitzen Winkel ein. Herbstlaub kräftig gelb, seltener auch in Rottönen gefärbt. VERBREITUNG: Nordamerika.

Götterbaum
Ailanthus altissima

MERKMALE: Sommergrüner, laubwerfender Baum mit Wuchshöhen um 20-25 m, mit hoher, meist etwas unregelmäßig gestalteter, gewölbter, nicht allzu ausladender Krone auf geradem und kräftigem Stamm. Rinde auch an älteren Exemplaren ziemlich glatt, jedoch mit auffälligem Muster aus weißen Längsstreifen versehen. Blätter wechselständig, sehr variabel in der Größe, etwa zwischen 40 und 60 cm lang, wegen ihrer beachtlichen Größe mitunter mit einem Trieb verwechselt, unpaarig gefiedert, jedes der 11-18 Fiederblättchen etwa 5-15 cm lang, von ovalem Umriß, vorne verschmälert und zugespitzt, am Grund breit-keilförmig, ganzrandig bis auf 1-3 ungleich große Zähne in der rückwärtigen Blatthälfte. Blüten in locker verzweigten Rispen. Früchte gewöhnlich in rispigen Büscheln am Baum. VERBREITUNG: Ursprünglich nur in Ostasien beheimatet, seit langem jedoch als Zierbaum in großen Gärten und Parkanlagen. BLÜTEZEIT: Juli bis August.

Eschen-Ahorn
Acer negundo

MERKMALE: Kleinerer, sommergrüner, laubwerfender Baum bis etwa 15 m Wuchshöhe, selten größer. Krone kuppelförmig gewölbt, aber meist etwas lückig, offen und unregelmäßig erscheinend. Stamm schlank und ziemlich gerade. Äste kurz, steil aufgerichtet oder ausgebreitet, mitunter aufsteigend. Rinde auch an älteren Exemplaren glatt, graubraun bis grau-schwärzlich, kaum gefurcht oder gemustert. Triebe ziemlich dünn und schlank, nicht gekrümmt oder gebogen wie bei anderen Arten, manchmal etwas bereift. Knospe im Unterschied zu anderen *Acer*-Arten sehr klein, nur wenige Millimeter lang, auffallend weiß, nur mit zwei Knospenschuppen geschützt. Blätter gegenständig, etwa 7-15 cm lang, unpaarig gefiedert (Ausnahme innerhalb der Gattung *Acer*!), Fiederblättchen zu 5, seltener auch zu 7, meist sehr kurz gestielt bis fast sitzend, nur die Endfieder deutlicher gestielt, je etwa 5-10 cm lang, zugespitzt und am Rand unregelmäßig scharf gezähnt oder nahezu ganzrandig, meist hellgrün, sehr dünn und deswegen auch meist etwas schlaff hängend. Fiederteilung bei manchen Blättern nicht vollständig, diese dann gelegentlich mit dreilappiger Endfieder. Blüten getrenntgeschlechtig. Geschlechter auf verschiedenen Individuen (zweihäusige Art, ebenfalls eine Ausnahmeerscheinung innerhalb der Gattung), ohne Kronblätter, in lockeren Rispen, die mit dem Laubaustrieb erscheinen. Flügelfrüchte sehr schmal, schließen einen spitzen Winkel ein, sichelförmig einwärts gekrümmt, hellbräunlich. VERBREITUNG: Ursprünglich nur in Nordamerika, dort vor allem in den östlichen Teilen des Kontinents verbreitet, mit abweichenden Rassen jedoch auch in den westlichen USA (zum Beispiel Kalifornien) vertreten. BLÜTEZEIT: April bis Mai. ALLGEMEINES: Der Eschenahorn wird in verschiedene Sorten mit einfarbigen oder panaschierten Blättern recht häufig als Parkbaum angepflanzt. Es handelt sich um eine ziemlich raschwüchsige Art.

Gemeine Roßkastanie

Aesculus hippocastanum

MERKMALE: Im Freistand meist sehr stattlicher, ansehnlicher Baum von etwa 20-25 m Wuchshöhe, mit sehr dichter, schöner, regelmäßig gestalteter und sehr hochgewölbter Krone. Stamm bei alten Bäumen sehr mächtig, meist gerade und bis in die obere Kronenregion klar zu verfolgen. Äste im unteren Kronenbereich sehr kräftig, abstehend oder steil aufwärts gerichtet. Zweige unregelmäßig abgehend, abstehend oder zum Teil auch herabhängend. Rinde bei sehr jungen Bäumen glatt und hell bräunlich, später zunehmend grau-rötlich oder dunkler braun und in einzelne, grobrissige Platten gefeldert, die sich an den Enden aufbiegen. Blätter sehr groß, handförmig geteilt mit 5-7 Blättchen von breit keilförmige Umriß, am Grund nicht gestielt, etwa 25 cm lang und an der breitesten Stelle bis 10 cm breit. Seitliche Blättchen meist kleiner. Blattstiel kräftig, grünlich, bis 20 cm lang. Blätter oberseits meist matt dunkelgrün, unterseits etwas heller und schwach glänzend. Im Herbstlaub leuchtend goldgelb, hinterlassen nach dem Laubfall auf den Zweigen große, deutliche Blattnarben von hufeisenförmigem Umriß, an denen der Sitz der einzelnen Leitbündel genau zu erkennen ist. Blüten sehr zahlreich in großen, auf echten, bis 30 cm hohen Rispen, Kronblätter reinweiß, mit gelblichem oder rötlichem Saftmal. Kapselfrucht stachelig, mit 1-3 großen, rotbraunen Samen, den Kastanien. VERBREITUNG: Ursprünglich nur in den Bergwäldern der Balkanhalbinsel heimisch, seit langem schon in allen Teilen Europas, mit Ausnahme Nordeuropas, eingeführt und als Park- und Zierbaum sehr beliebt. BLÜTEZEIT: Mai. ALLGEMEINES: Die Einzelblüten der komplexen Blütenstände zeigen eine interessante blütenökologische Anpassung. Nur bei gelbem Saftmal wird auch gleichzeitig Nektar erzeugt. Bei rotem Saftmal ist die Quelle versiegt. Blüten mit rotem Saftmal-Signal werden von den Bestäuberinsekten, meist Bienen oder Hummeln, nicht mehr angeflogen. Sie setzen auch keinen Duft mehr frei.

Gemeine Stechpalme, Stechhülse
Ilex aquifolium

MERKMALE: Immergrüner, dicht verzweigter, aufrecht wachsender, 2-10 (in Kultur bis 24) m hoher Strauch oder Baum mit schmal kegelförmiger Krone. Laubblätter einfach, wechselständig, eiförmig bis länglich-elliptisch, am oberen Ende spitz, am Grund keilförmig verschmälert, derb ledrig, kahl, oberseits dunkelgrün glänzend, unterseits hellgrün, matt, am Rand gewellt, mit mehreren abstehenden, gelbgrünen Blattdornen besetzt. Blüten unscheinbar, zweihäusig, 6-8 mm im Durchmesser, vierzählig, kurz gestielt; männliche Blüten zu dreien. Frucht eine viersamige kugel- bis birnenförmige, korallenrote Steinfrucht von 7-10 mm Durchmesser. STANDORT: In lichten Wäldern, in Gebüschen, an Waldrändern und Hecken. Vom Tiefland bis in die Bergregion vorkommend. VERBREITUNG: Mittel- und Südeuropa, Kleinasien, Persien bis China. BLÜTEZEIT: April bis Juni.

Morgenländische Platane
Platanus orientalis

MERKMALE: Sommergrüner, meist sehr ansehnlicher Baum bis ungefähr 30 m Wuchshöhe. Krone meist sehr breit und mehrfach gewölbt, daher etwas unregelmäßig erscheinend und stellenweise auch lückig. Untere Äste häufig stark herabhängend, berühren mitunter den Boden. Äste des mittleren und oberen Kronenbereichs steil aufrecht oder gerade abstehend. Blätter wechselständig, 12-18 cm lang und fast ebenso breit, handförmig meist in 5, seltener auch sieben Lappen geteilt, die sehr tief bis über die Mitte der Blattspreite hinaus eingeschnitten sind. Weibliche Blüten zahlreich in kugeligen Blütenköpfen, männliche Blüten ebenfalls in kugeligen Köpfen. VERBREITUNG: Ursprünglich in der Türkei und auf dem Balkan. In Mitteleuropa nur sehr selten, in Südeuropa jedoch ziemlich häufig als Schattenspender angepflanzt. Als Nutzholz unbedeutend. BLÜTEZEIT: Mai.

Gemeine Platane, Hybrid-Platane
Platanus x hybrida

MERKMALE: Sehr ansehnlicher, stattlicher Laubbaum mit Wuchshöhen über 30 m. Krone sehr breit und hochgewölbt, oft auch mehrteilig, bei alten Bäumen von gewaltigem Umfang. Stamm gewöhnlich ziemlich gerade und fast immer bis zur Hälfte der Krone zu verfolgen, diese daher sehr hochstämmig. Rinde anfangs graubraun oder hellbraun, später in dünnen, sehr großen, rundlichen Stücken und Platten abspringend. Blätter wechselständig, 15-20 cm lang und mitunter etwas breiter als lang, insgesamt von rundlichem Umriß, jedoch handförmig in meist 3-5 (-7) ungleich große, breit dreieckige Lappen geteilt, höchstens bis zur Spreitenmitte eingeschnitten. Blüten in kugeligen Blütenköpfen. Männliche Blütenstände gelblich, weibliche Blütenstände gelblich und karminrot. Fruchtstände ebenfalls kugelig, braun, zu 1 oder 2 an langen, hängenden Stielen. VERBREITUNG: In Mitteleuropa sehr häufig als Park-, Allee- und Straßenbaum gepflanzt. BLÜTEZEIT: Mai.

Purgier-Kreuzdorn

Stechpalme

Gemeiner Schneeball

Pfaffenhütchen

Roter Hartriegel

Seidelbast

Efeu

Faulbaum

Verbotene Früchte

Nicht alles, was so einladend und attraktiv am Geäst prangt, ist auch tatsächlich eine empfehlenswerte Wildfrucht und für den Menschen genießbar. Die Natur hat es so praktisch eingerichtet, daß außer dem Menschen auch andere Konsumentengruppen auf ihre Kosten kommen und auf eine reiche Ernte hoffen können. Die Früchte des Pfaffenhütchens, die etwa so giftig sind wie Tollkirsche oder Roter Fingerhut, werden von Vögeln sehr gerne gefressen und auf jeden Fall auch völlig schadlos überstanden. Ähnlich ist es mit den Saftfrüchten von Purgier-Kreuzdorn, Faulbaum, Rotem Hartriegel oder dem so häufigen Efeu: vor allem Drosseln halten hier gerne Ernte, während wir nach dem Verzehr dieser Früchte schwere Vergiftungen und Schädigungen vor allem der Verdauungsorgange zu erwarten hätten. Beim Roten Holunder sind eigentlich nur die Samen für Menschen giftig. Sicherheitshalber sollte man aber von einer Nutzung der hübschen korallroten Steinfrüchte absehen. Als sehr stark giftig gelten die Beerenfrüchte des Seidelbastes und der Stechpalme, aber auch die artenreichen Heckenkirschen oder die Früchte des Schneeballs.
Es mag banal klingen, verdient aber dennoch Beachtung: Früchte erscheinen meist in völlig anderen Farben als die Blüten der betreffenden Arten. Offensichtlich richten sich die Farbsignale an verschiedene Empfänger: Die Blüten legen es darauf an, von anfliegenden Insekten gesehen und besucht zu werden, damit eine erfolgreiche Bestäubung zustandekommt. Die Früchte richten sich dagegen an ganz andere Konsumentengruppen, an die Vögel und die Kleinsäuger, die sich gerne über das Fruchtfleisch hermachen, die Samen jedoch wieder ausscheiden und somit für die räumliche Verbreitung der Art sorgen. Bemerkenswerterweise leuchten die Früchte mit knalligem Hell- oder Karminrot auch genau in dem Bereich der Farbspektren, in dem Vogel- und Säugeraugen besonders gut wahrnehmen. Die blauschwarze oder mattschwarze Tracht mancher Früchte scheint diesem Zusammenhang zu widersprechen. Seit kurzem weiß man aber, daß die Oberfläche gerade dieser Früchte kurzwelliges Licht besonders stark reflektiert. Vogelaugen sind im Unterschied zu unseren Augen aber auch noch im blaunahen Bereich des Ultraviolettlichtes sehtüchtig. Ihnen müssen die wachsig bereiften Früchte der Blauen Heckenkirsche oder die mattschwarzen Angebote des Efeus besonders grell in die Augen dringen. Folglich bleiben auch diese für uns ungeeigneten Früchte selbst im dichten Gezweig der Gehölze nicht lange unentdeckt. Angesichts der einladenden Farben fragt man sich natürlich, warum denn manche Früchte giftig und deshalb für uns verboten sind. Dahinter steckt ein bemerkenswertes Konzept der Natur. Pflanzen schützen sich mit besonderen und eventuell sehr giftigen Inhaltstoffen gegen Fraßfeinde. Eine absolute Versicherung gegen Pflanzenfresser ist das nicht, aber eine wirksame Einschränkung der Konsumentengruppen. Die Giftfrüchte sind für Vögel genießbar, für Schadinsekten jedoch untauglich - eine sinnvolle Aufteilung der vorhandenen, aber nicht unerschöpflichen Nahrungsressourcen.

Blaue Heckenkirsche

Rote Heckenkirsche

Mistel

Wohlriechendes Geißblatt

Roter Holunder

Korallenbeere

Gemeiner Stechdorn, Christusdorn
Paliurus spina-christi

MERKMALE: Dichter, aufrechter oder ausgebreitete, bisweilen auch überhängender, bis 3 m hoher Strauch mit grau- oder rotbrauner Rinde. Laubblätter wechselständig, fast zweizeilig, meist kurz gestielt, 2 bis 4 cm lang und 1,5-3,5 cm breit, schief-oval oder eirund, ganzrandig oder undeutlich gezähnt, oberseits sattgrün, unterseits hellgrün. Nebenblätter in kurze, rotbraune, ungleiche Dornen umgewandelt; der eine davon länger, gerade und schräg aufrecht abstehend, der andere kürzer und zurückgebogen. Blüten klein mit je fünf Kelch-, Kron- und Staubblättern, grünlich-gelb, in achselständigen, wenigblütigen Trugdolden. STANDORT: In Laubwäldern, Gebüschen, Hecken sowie auf Buschweiden. Überwiegend an steinigen und trockenen Orten. VERBREITUNG: Vorwiegend in Südeuropa. Von Italien über die Balkanhalbinsel, Kleinasien bis nach China vorkommend. BLÜTEZEIT: Von Mai bis August.

Purgier-Kreuzdorn
Rhamnus cathartica

MERKMALE: In seiner Wuchsform vielgestaltiger, bis 3 m hoher Strauch oder seltener bis 8 m hoher, krummstämmiger Baum mit unregelmäßiger, lockerer Krone. Zweige rechtwinklig abstehend, gegenständig, glänzend, kahl, die Sprosse häufig in Dornen endigend. Laubblätter gegenständig, kreisrund bis elliptisch, in einen langen Stiel verschmälert, bisweilen auch breit-keilförmig. Blätter 3-6 cm lang und 1-3,5 cm breit mit 3-4 stark gebogenen Nervenpaaren, am Rand fein und regelmäßig gesägt, anfangs dünn und weich, später derb. Blüten zu 2-8 in blattachselständigen Trugdolden, unscheinbar. STANDORT: In Laubwäldern, Gebüschen, an Waldrändern, Feldrainen und felsigen Hängen sowie in Flußniederungen. Verbreitet an sonnigen und trockenen Orten, mit Vorliebe in Südlagen. Gern auf Kalk. In den Alpen bis 1500 m. VERBREITUNG: Fast ganz Europa. BLÜTEZEIT: Von Mai bis Juni.

Felsen-Kreuzdorn
Rhamnus saxatilis

MERKMALE: Niederliegender oder aufstrebender, bis 1,5 m hoher Strauch mit zahlreichen, sparrig abstehenden, meist dornigen Ästen. Einjährige Zweige leicht behaart, mit rotbrauner, später silbergrauer oder olivbrauner, rissiger und leicht abblätternder Rinde. Laubblätter klein, 1-3 cm lang und 0,5-1,5 cm breit, länglich-elliptisch bis länglich-eiförmig, vorne zugespitzt, am Grund leicht keilig, mit 2-4 bogig gekrümmten Seitenaderpaaren, oberseits hellgrün. Blüten in wenigblütigen, blattachselständigen Büscheln, vierzählig, unscheinbar, gelblich-grün. STANDORT: In Laub- und Kiefernwäldern, in Gebüschen, Hecken, auf Kahlschlägen, an trockenen, felsigen Hängen. Von der Ebene bis in Höhen von etwa 1300 m zu finden. VERBREITUNG: Mittel- und Südeuropa. Die Nordgrenze des Verbreitungsgebiets wird in Süddeutschland erreicht. BLÜTEZEIT: April bis Mai. Im Gebirge auch noch im Juni.

Gemeiner Judendorn
Ziziphus jujuba

MERKMALE: Sommergrüner, sparriger, ästiger Strauch oder bis 8 m hoher Baum mit sehr biegsamen, dünnen, zickzackförmig wachsenden Zweigen. Knospen rotbraun mit zwei oder mehreren undeutlich bewimperten Schuppen. Junge Triebe olivgrün oder bräunlich, mit vielen feinen Rindenporen besetzt. Laubblätter zweizeilig, wechselständig, länglich-eiförmig bis lanzettlich, 2-6 cm lang und 1,5-3 cm breit, vorne stumpf mit aufgesetztem Stachelspitzchen, gegen den Grund zu verschmälert, am Rand stumpf gesägt bis gekerbt; mit 2-5 mm langem Blattstiel. Blätter an der Basis schief, meist deutlich dreinervig, derb, kahl. Nebenblätter in zwei Dornen umgewandelt, die sehr ungleich sind, der eine schlank und bis 3 cm lang, der andere kürzer und hakig gekrümmt, bisweilen auch fehlend. Blüten meist zwittrig, gelb, zu 2-5 in blattachselständigen, büscheligen und sehr kurz gestielten Trugdolden angeordnet. Fruchtknoten meist zweifächrig, seltener drei- bis vierfächerig, mit meist zweispaltigem Griffel. Steinfrucht kugelig bis länglich-eiförmig, 2 bis 3 cm lang, zuerst dunkelrot, später braunschwarz, fleischig, eßbar, mit hartem Kern. Am Grund oft vom Achsenbecher umgeben. STANDORT: An sonnigen, steinigen Hängen, an Waldrändern und in Gebüschen. Im Mittelmeerraum ist der Judendorn häufig angepflanzt und verwildert. VERBREITUNG: Von Südeuropa und dem östlichen Mittelmeergebiet durch ganz Vorderasien bis China, Korea und Japan verbreitet. In Südtirol und in der Südschweiz teilweise eingebürgert. BLÜTEZEIT: April und Mai. ALLGEMEINES: Der Judendorn oder die Jujube, wie seine andere deutsche Bezeichnung lautet, wird bereits seit der Römerzeit in Südosteuropa angepflanzt. Die süßlichen, bräunlichen, dattelähnlichen Früchte sind eßbar, werden aber wegen des hohen Zuckergehaltes meist zu kandierten Früchten verarbeitet. Im Mittelmeergebiet wurden die Früchte der Gemeinen Jujube als Brustbeeren bezeichnet und in Form eines Teeaufguß bei Katarrhen verabreicht.

Faulbaum, Pulverholz
Frangula alnus

MERKMALE: Dornloser, 1-3 m hoher, locker verzweigter Strauch oder schmächtiger Baum mit glatter Rinde, fast waagrecht abstehenden und locker beblätterten Zweigen. Rinde in der Jugend grün, später graubraun mit langen, quergestellten, grauweißen Rindenporen. Laubblätter wechselständig, breit-elliptisch bis verkehrteiförmig, etwa 2-7 cm lang und 5 cm breit, mitunter auch kleiner, vorne zugespitzt oder gestutzt, ganzrandig und leicht gewellt, mit 7-9 gegen den Blattrand zu stark gebogenen Nerven. Blüten zwittrig, in zwei- bis sechsblütigen, blattachselständigen Trugdolden angeordnet, fünfzählig, trichterförmig, grünlich-weiß. Früchte kugelig, zuerst rot, zur Reifezeit schwarz-violett. STANDORT: In lichten Laubwäldern, feuchten Gebüschen, an Wasserläufen, auf Mooren. Von den Niederungen bis in mittlere Gebirgslagen. VERBREITUNG: Fast ganz Europa. BLÜTEZEIT: Von April bis August.

Ölbaum-Kreuzdorn
Rhamnus oleoides

MERKMALE: Immergrüner, dorniger, reich verzweigter, kahler Strauch bis 1 m, manchmal auch bis 2 m Höhe. Zweige grau, bisweilen rötlich-braun berindet, oft ineinander verflochten. Blätter wechselständig oder gebüschelt am Ende von Kurztrieben, verkehrt-eiförmig, 1-4 cm lang und 10-30 mm breit, ganzrandig oder am oberen Ende mit höchstens zwei Zähnen, etwas ledrig, oberseits grün und glänzend, unterseits matt. Blüten grünlich-gelb, sehr klein, eingeschlechtig, zu wenigen in Blattachseln stehend. Kelch etwa 2 mm lang, becherförmig, mit vier lanzettlichen Zipfeln. Kronblätter winzig oder fehlend. Frucht eiförmig bis kugelig, beerenartig, zwei- bis dreisamig, wenig fleischig, 5-6 mm lang, zunächst grünlich, reif gelb bis schwarzrot. STANDORT: Trockene, sonnige, steinige Hänge. VERBREITUNG: Gesamtes Mittelmeergebiet, bis in Portugal. BLÜTEZEIT: März bis Mai.

Zwerg-Kreuzdorn
Rhamnus pumila

MERKMALE: Niederliegender, 5-20 cm hoher, stark verzweigter Zwergstrauch mit gedrungenem Stamm und querrunzeliger, dunkelgrauer Rinde. Äste knorrig, unregelmäßig gebogen, brüchig, dem Boden eng angeschmiegt, Zweige ohne Dornen. Laubblätter an den Zweigenden gehäuft, wechselständig, dünn, 1,5-3 cm lang, kurz gestielt, eilanzettlich bis schmal verkehrteiförmig. Der Blattrand ist fein und scharf gezähnt. Nebenblätter lineal und länger als der Blattstiel. Blüten klein, unscheinbar. Frucht kugelig, blauschwarz . STANDORT: An Felswänden, zwischen Felsblöcken sowie auf Geröllfeldern. Vom Hügelland bis 2600 m in den Alpen aufsteigend. Mit Vorliebe auf Kalk. VERBREITUNG: Von den Pyrenäen ostwärts über die Alpenkette bis Kärnten anzutreffen. In Italien bis in den mittleren Apennin verbreitet. BLÜTEZEIT: Von Mitte Mai bis Ende Juli, in Höhenlagen auch später.

Alpen-Kreuzdorn
Rhamnus alpina

MERKMALE: Laubabwerfender, schlanker, vom Grund an ästiger, bis 3,5 m hoher Strauch mit wechselständigen, dornenlosen Ästen. Junge Zweige glänzend, kahl, graubraun, etwas gestreift, mit deutlichen Rindenporen. Laubblätter 5-12 cm lang und 2-6 cm breit, breit-lanzettlich bis eiförmig, am Grund und an der Spitze abgerundet, fein gezähnt, unterseits auf den Nerven etwas behaart. Der Blattstiel ist etwa so lang wie die lanzettlichen Nebenblätter. Blüten in fünf- bis achtblütigen (meist siebenblütigen) blattachselständigen Büscheln, vierzählig, gelbgrün, zweihäusig. Frucht bis 10 mm im Durchmesser, schwarzblau, eiförmig bis kugelig, glänzend gelb, mit drei schwachen Längsfurchen. STANDORT: An Waldrändern, an Bachläufen, als Unterwuchs in lichten Laubwäldern, auf felsigen Hängen. Meist auf Kalk. VERBREITUNG: Vorwiegend in den Gebirgen Südwesteuropas zu finden. BLÜTEZEIT: Mai bis Juli.

Selbstkletternde Jungfernrebe

Parthenocissus quinquefolia

MERKMALE: Schlanke, holzige Kletterpflanze, die sich häufig 6-12 m hochrankt. Frühjahrstriebe zunächst hellrot, später dunkelgrün; ältere Zweige bisweilen mit Luftwurzeln. Ranken mit 5-12 Verzweigungen und je einer Haftscheibe, Blätter und Ranken regelmäßig zweizeilig angeordnet und nach oben an Größe zunehmend. Laubblätter drei- bis siebenzählig, gefingert oder gefiedert, meist aber fünfzählig; Blättchen oval-elliptisch bis verkehrt-eilänglich, mit grobkerbig gesägtem oder gezähntem Rand, die einzelnen Zähne sind breit und scharf zugespitzt; auf der Oberseite matt dunkelgrün, unterseits weißlich-grün; das Laub verfärbt sich im Herbst tiefrot. Blüten sehr klein, unscheinbar, grünlich, mit fünf ausgebreiteten Kronblättern. Blüten in kleinen Trugdolden angeordnet, diese den Laubblättern gegenüberstehend. Beeren erbsengroß, kugelig, etwa 6 mm im Durchmesser, blauschwarz, mit 2-3 herzförmigen Samen. STANDORT: Häufig an Mauern, Zäunen, Ruinen, Gartenlauben oder auf Friedhöfen angepflanzt. Raschwüchsig und anspruchslos, braucht aber sonnige Lagen. VERBREITUNG: Stammt aus dem östlichen Nordamerika; von Kanada bis Florida und Mexiko zu finden. Diese dekorative Kletterpflanze wurde 1622 in Europa eingeführt und ist bis heute in Mittel- und Südeuropa sehr verbreitet. BLÜTEZEIT: Juli. ALLGEMEINES: Zweigstücke, die bei Gartenarbeiten in den Boden gelangen, regenieren sehr rasch, dadurch kommt es häufig zur Verwilderung des Strauches. Die lichtfliehenden Ranken legen sich, sobald sie in die Nähe eines Gegenstandes kommen, seitlich an, bilden Haftscheiben und sondern einen zähflüssigen, später erstarrenden Kitt aus, der eine untrennbare Verbindung mit der Unterlage herstellt, so daß beim Entfernen der Ranken das Mauerwerk oft beschädigt wird. *Parthenocissus inserta* ist dem Wilden Wein sehr ähnlich. Seine Ranken besitzen keine Haftscheiben; sie wickeln sich um Zweige, verdicken sich in Rissen und Vertiefungen der Unterlage und geben so der Pflanze Halt.

Echte Weinrebe

Vitis vinifera

MERKMALE: Etwa 10-20 m hoch kletternder Strauch mit tiefgreifendem, reich verästeltem Wurzelstock und holzigem, bis 1,5 m im Umfang messenden Stamm mit bräunlicher, sich in Streifen ablösender Rinde. Zweige rotbraun bis braungelb, meist kahl, nur selten filzig behaart, mit feinen Furchen und kleinen, punktförmigen Rindenporen. Knospenschuppen nur zwei, diese dünnhäutig und hellbraun. Laubblätter im Umriß rundlich-herzförmig, meist deutlich drei- bis fünflappig, mit einer engen Einbuchtung am Blattstiel, 5-15 cm im Durchmesser, am Grund herzförmig, die Lappen grob gezähnt, sich teilweise sogar deckend, oberseits kahl, unterseits weißwollig bis fast filzig; den meisten Blättern steht eine Ranke gegenüber. Blattstiel 4-10 cm lang. Blüten in zusammengesetzten dichten Rispen angeordnet; schwach duftend. Kelch kurz, fünflappig. Kronblätter etwa 5 mm lang, gelbgrün, ebenso wie die Kelchblätter früh abfallend. Früchte länglich bis kugelig, 6-20 mm lang, dunkelblau, violett, grün oder gelblich, saftig, süß oder säuerlich, teilweise bereift. Samen stets 3-4, birnenförmig, hartschalig, auf einer Seite mit zwei länglichen Furchen oder Gruben. STANDORT: Zerstreut in Auenwäldern der Ebene und des Hügellandes. Meist auf trockenen oder mäßig feuchten Böden. VERBREITUNG: Mittelmeergebiet, Mittelfrankreich, Südwestschweiz, Oberrheinische Tiefebene, Flußgebiet der Donau und des Neckars, ebenso im südlichen Rußland und in Kleinasien angepflanzt. Wild in Mitteleuropa nur im Bereich der großen Ströme Rhein und Donau. BLÜTEZEIT: Juni bis August. ALLGEMEINES: Die Echte Weinrebe oder der Weinstock ist eine alte Kulturpflanze, die schon seit mehr als 5000 Jahren bekannt ist. So fand man bei Ausgrabungsarbeiten in den Trümmern der babylonischen Stadt Ur und in den Ruinen altminoischer Städte, deren Alter man auf 3500 v.Chr. datiert, Samen der Weinrebe. Auch im alten Ägypten war der Wein schon bekannt, wie Krüge und Wandfresken sowie andere Darstellungen zweifelsfrei belegen.

Gemeiner Efeu
Hedera helix

MERKMALE: Immergrüne, mit Haftwurzeln kletternde, verholzte Pflanze. Stamm verzweigt, am Boden kriechend oder an einer Stütze emporwachsend; bei älteren Exemplaren verläßt er sie und treibt freie Zweige. Laubblätter wechselständig, ledrig, in der Jugend behaart, später kahl, auf der Oberseite dunkelgrün, glänzend, mit fächerstrahliger Nervatur. Blätter sehr unterschiedlich gestaltet; im Schatten tief oder seicht drei- bis fünfeckig gelappt, mit herzförmigem Grund, meist weiß geadert, stark glänzend, sehr derb. Die oberen Blätter, im vollen Sonnenlicht, eirautenförmig bis elliptisch, ungelappt, lang zugespitzt, ganzrandig, in der Farbe mattgrün. Blätter an nichtblühenden Zweigen zweizeilig angeordnet. Blüten zwittrig, fünfzählig, unscheinbar, grünlich, zu einfachen, halbkugeligen Dolden vereinigt. Tragblätter klein und häutig. Blütenstiel mit Sternhaaren besetzt, bis 2 cm lang. Kelchsaum sehr kurz mit fünf deutlichen Zähnen. Fünf dickfleischige Kronblätter, diese außen braun, innen grün, eiförmig spitz, 3-4 mm lang, bald abfallend. Ebenso fünf Staubblätter. Fruchtknoten mit deutlichem, 4 mm breiten, scheibenförmigem Nektarium (Zuckerabsonderndes Gewebe zur Insektenanlockung). 3-5 kurze Griffel, bis zur Spitze zu einer Säule verwachsen. Frucht kugelig, erbsengroß, etwa 10 mm im Durchmesser, mit 3-5 Samen; diese nierenförmig, dunkelbraun, zuletzt blauschwarz, dreikantig, spitz. STANDORT: Häufig in steinigen Wäldern, an Felsen, an alten Bäumen, in Gebüschen, an Schutthängen, an den Mauern alter Gebäude, Ruinen und Schlösser, auf Friedhöfen und in Gärten. Von der Ebene bis auf 1800 m aufsteigend. Mit Vorliebe auf Kalk. Ähnlich wie die Buche bevorzugt der Efeu ein mildes, ozeanisches Klima. VERBREITUNG: In West-, Mittel- und Südeuropa verbreitet. Nördlich noch bis Großbritannien, Norwegen und Südschweden anzutreffen. Östlich bis Rußland, zum Schwarzen Meer, im Süden bis Griechenland und Sizilien beheimatet. Fehlt in Nordafrika und Kleinasien. BLÜTEZEIT: Gewöhnlich im Spätherbst, von August bis September. Die Früchte reifen erst im darauffolgenden Jahr. ALLGEMEINES: Der Efeu ist der einzige einheimische Wurzelkletterer, bei dessen Wurzeln es zu einer Arbeitseinteilung in Nähr- und Haftwurzeln gekommen ist. Man kennt Exemplare, die über 400 Jahre alt sind und einen Stammdurchmesser von fast 1 m erreichen. Zu den berühmtesten und wohl auch ältesten Efeubäumen zählt der Wittenberger Efeu, der angeblich schon zu Zeiten Martin Luthers wuchs. Als Schattenpflanze erfreut sich der Efeu bei Gärtnern allgemeiner Beliebtheit. Er eignet sich bestens zum Bewuchs von Mauern und Gitterwerken, als Einfassungspflanze und auch als Ampelpflanze fürs Zimmer. Allerdings erträgt er auf Dauer keine hohen Temperaturen. Die im Fachhandel angebotenen Zuchtformen werden ausschließlich vegetativ vermehrt, da sich auf diese Weise Blattform und Blattmusterung besser erhalten lassen. Meist geschieht diese Art der Vermehrung durch Ableger. Zu diesen gehören der Baumartige, der Fußförmige und der Zwerg-Efeu.

Gemeiner Seidelbast
Daphne mezereum

MERKMALE: Sommergrüner, 30 bis 150 cm hoher, wenig verzweigter, aufrechter Strauch, mit rutenförmigen, sehr biegsamen Zweigen. Die an den Zweigenden büschelig gehäuften, länglich-lanzettlichen Blätter sind 3-8 cm lang und 1-2,5 cm breit, sitzend, ganzrandig, mit keilförmig verschmälertem Grund, oberseits mit lebhaft grüner Färbung, unterseits graugrün. Die stark duftenden purpurrosa bis karminroten Blüten (selten weiß) sind in Gruppen zu 2-3 im oberen Teil der Zweige, in den Achseln der abgefallenen, vorjährigen Laubblätter, in seitenständigen, ungestielten Büscheln zu einer unterbrochenen Ähre angeordnet. Die erbsengroßen, korallenroten, glänzenden Steinfrüchte stehen zur Fruchtzeit ährig unter dem Laubblattschopf. STANDORT: Meist auf tiefgründigen, gut durchfeuchteten Ton- und Lehmböden. Verbreitet vom Tiefland bis ins Gebirge (2000 m). VERBREITUNG: Fast in ganz Europa.

Seidenhaariger Seidelbast
Daphne sericea

MERKMALE: Immergrüner, bis 1,5 m hoher, unregelmäßig-gabelig verzweigter Strauch. Zweige niederliegend oder aufrecht, jung behaart. Blätter wechselständig, länglich bis verkehrteiförmig, spitz oder stumpf, 2-6 cm lang, 6-20 mm breit, am Rand etwas umgerollt, ledrig, unterseits dicht anliegend weiß behaart, oberseits fast kahl, glänzend. Blüten rosa bis lila, bis 14 mm lang, außen dicht weiß behaart, stark duftend, zu 5-15 köpfenartig an den Zweigenden gehäuft, umgeben von kleinen, eiförmigen, seidig weiß behaarten Hochblättern, halb so lang wie der Achsenbecher. Die vier Kelchzipfel stumpf. Fruchtknoten oberständig. Frucht beerenartig, rötlich-braun. STANDORT: Macchien, Wälder, vor allem im Küstenbereich, bevorzugt auf Kalk. VERBREITUNG: Östliches Mittelmeergebiet, westlich bis in Italien. BLÜTEZEIT: Februar bis April. ALLGEMEINES: Alle Seidelbastarten sind giftig!

Herbst-Seidelbast
Daphne gnidium

MERKMALE: Immergrüner, aufrechter, wenig verzweigter, bis 1,5 m hoher Strauch. Zweige dünn, im oberen Teil regelmäßig, dicht beblättert. Blätter wechselständig, linealisch bis länglich, sehr spitz, 2-5 cm lang, 3-10 mm breit, ledrig, grün, unterseits heller und mit weißlichen Drüsen, kahl. Blüten gelblich-weiß, 2,5-4 mm lang, zu vielen zwischen den Blättern am Ende der Zweige. Blütenstiel und Blütenbecher behaart. Kronblätter wie bei allen Seidelbast-Arten fehlend. Blütenhülle aus einem röhrigen Achsenbecher und dem gefärbten vierzipfeligen Kelch bestehend. Acht kurze Staubblätter in zwei Reihen. Frucht orange bis rot, beerenartig, eiförmig, 7-8 mm lang, einsamig. STANDORT: Garriguen, immergrüne Macchien, als Unterwuchs in Wäldern. Auf allen Bodenarten. VERBREITUNG: Gesamtes Mittelmeergebiet, Süd- und Westeuropa. BLÜTEZEIT: Juni bis Oktober.

Felsen-Seidelbast
Daphne petraea

MERKMALE: Rasenbildender, immergrüner Zwergstrauch von 10-20 cm Wuchshöhe, mit reicher gabeliger Verästelung und kurzen, bogig gekrümmten, brüchigen und reichlich mit Blattnarben bedeckten Ästen. Zweige mit graubrauner Borke, nur an den Triebspitzen rosettig beblättert und zwischen den Blättern flaumig behaart. Laubblätter lineal-lanzettlich bis spatelig, 8 bis 12 mm lang und 2-3 mm breit, kahl, ledrig, an der Spitze stumpf und ohne Stachelspitzchen, oberseits glänzend, unterseits weiß punktiert, sitzend, mit fast dreikantigem Mittelnerv. Blüten rosa, sitzend, flaumig behaart, meist zu 3-5, in endständigen oder achselständigen Köpfen angeordnet. STANDORT: Selten und vereinzelt in Felsspalten senkrechter Dolomitwände, mitunter auch im Felsschutt vorkommend. Meist auf Kalk. Von der Bergstufe bis in Höhen von 2000 m. VERBREITUNG: Nur in Norditalien. BLÜTEZEIT: Juni und Juli.

Lorbeer-Seidelbast
Daphne laureola

MERKMALE: Immergrüner, aufrechter Strauch, 40 bis 120 cm hoch, wenig verzweigt. Junge Triebe mit gelbgrüner, später hellbrauner Rinde. Laubblätter wechselständig, lanzettlich bis länglich-oval, oberhalb der Mitte am breitesten, ganzrandig, mit keilförmigem Grund, 3-12 cm lang und 1-3,5 cm breit, ledrig, oberseits dunkelgrün und mattglänzend, auf der Unterseite heller, kahl. Blüten gelblich-grün, 6-12 mm lang, in meist fünfblütigen, selten zehnblütigen, blattachselständigen, sitzenden oder kurz gestielten, zuletzt überhängenden Trauben. Nur schwach duftend. Früchte eiförmig, leicht zugespitzt, blauschwarz. STANDORT: In mäßig feuchten, steinigen, lichten Laubwäldern und Gebüschen, meist auf Kalk. Vorwiegend im Bergland; bis etwa 1000 m aufsteigend. VERBREITUNG: West- und Südeuropa, von der Iberischen Halbinsel bis Schottland, im Süden bis Sizilien, ostwärts bis Rumänien und Bulgarien.

Gestreifter Seidelbast
Daphne striata

MERKMALE: Niedriger, 10-35 cm hoher, buschiger Zwergstrauch mit zunächst niederliegenden, bisweilen aber auch bogig aufsteigenden Stämmchen. Äste zahlreich, meist stark gabelig verzweigt, kurz, mit graubrauner Rinde. Laubblätter verkehrt-eiförmig bis spatelig, 1,5-2 cm lang und 3-5 cm breit, an der Spitze abgerundet, mit aufgesetztem Stachelspitzchen, sitzend, dünn, ledrig, kahl, auf der Oberseite frischgrün, unterseits etwas heller. Blüten hellrot, zu 8-12, seltener bis zu 15 Blüten, in endständigen, ungestielten Köpfchen angeordnet. STANDORT: An steinigen Hängen, in lichten und sonnigen Nadelwäldern, im Legföhrengebüsch, Zwergstrauchheiden, in Trockenrasen sowie im Schutt, an Felshängen und auf Weiden. VERBREITUNG: Von den Westalpen über die Schweiz, Bayern, Tirol und den Südalpenraum bis Kärnten und die Steiermark verbreitet. BLÜTEZEIT: Mai bis Juli.

Königsblume
Daphne blagayana

MERKMALE: Bis 30 m hoher, wenig verästelter Zwergstrauch mit niederliegenden Stämmchen und aufsteigenden, schwach flaumig behaarten Ästen, die nur an der Spitze beblättert sind. Laubblätter an den Zweigenden rosettig genähert, fast sitzend, kahl, länglich-elliptisch bis verkehrt-eiförmig, immergrün, ledrig, etwas glänzend, meist 3-6 cm lang, an der Spitze mit aufgesetztem Stachelspitzchen, am Grund schwach keilförmig. Blüten gelblichweiß, 2-2,5 cm lang, kurz gestielt, zu 10-20 in endständigen, reichblütigen Köpfen angeordnet. STANDORT: Im Unterwuchs lichter Laub- und Nadelwälder, auf Waldwiesen, an buschigen, steinigen Abhängen sowie an Waldrändern. In der Steiermark und in Bosnien bis 1000 m aufsteigend. Meist auf Kalk-, Serpentin- oder Dolomitunterlagen. VERBREITUNG: Von der Steiermark bis Albanien, östlich bis Rumänien und Bulgarien. BLÜTEZEIT: April und Mai.

Rosmarin-Seidelbast
Daphne cneorum

MERKMALE: Immergrüner, 10-30 cm hoher, locker verzweigter Zwergstrauch. Äste niederliegend bis aufsteigend, schwach bogig, schlank, flaumig behaart, mit graubrauner Rinde. Laubblätter gleichmäßig an den Zweigen verteilt, lanzettlich bis spatelförmig, 1-2 cm lang und 3 bis 5 mm breit, mit keilförmigem Grund, sitzend, mit aufgesetzter kleiner Spitze, ledrig, kahl, oberseits dunkelgrün, unten blaugrün. Blüten leuchtend tief rosarot, zu 5-10 in endständigen, gedrungenen Köpfen. Schwach nach Nelken duftend. Früchte eiförmig, rötlichbraun oder orangegelb, in geringer Zahl, oft bis zur Reife im Blütenbecher eingeschlossen. STANDORT: Meist auf steinigen, kalkhaltigen und trockenen Böden. In lichten Wäldern, in Gebüschen, an sonnigen Hängen und auf Bergmatten. In den Alpen bis 2000 m. VERBREITUNG: Von Nordspanien über Frankreich und Mitteldeutschland bis Polen verbreitet, ebenso auf der Balkanhalbinsel und in Italien.

Roter Hartriegel
Cornus sanguinea

MERKMALE: Etwa 2-4 m hoher Strauch mit rutenförmig aufsteigenden, teilweise auch überhängenden Ästen. Rinde durch Längs- oder Querrisse in kleine Felder geteilt, unangenehm riechend. Einjährige Zweige angedrückt, kurzhaarig, glänzend rot oder rotbraun, später verkahlend und von olivbrauner Farbe. Laubblätter gegenständig, auf oberseits rinnigen, kurzhaarigen, 10 mm langen Stielen, oval oder elliptisch, am Grunde abgerundet, vorne zugespitzt, bis 10 cm lang, oberseits hellgrün, unterseits mattgrün und locker kraushaarig. Blüten in schirmförmigen, 6-8 cm breiten Trugdolden, diese an den Zweigenden stehend. STANDORT: Als Unterwuchs in lichten, feuchten Laub- und Mischwäldern, in Gebüschen, Auen, an Flußufern, auf trockenen Hängen, in Mooren. Meist auf lockeren, kalkreichen Böden. VERBREITUNG: In fast ganz Europa. BLÜTEZEIT: Von Mai bis Ende Juni, häufig im Herbst mit einer Nachblüte.

Gelber Hartriegel, Kornelkirsche
Cornus mas

MERKMALE: Mittelgroßer, 2-5 m hoher, laubwerfender Strauch oder bis 10 m hoher Baum mit dünner, rissiger, kleinschuppiger und abblätternder Rinde. Junge Zweige meist kantig, olivgrün braunrot, fein behaart. Laubblätter gegenständig, auf langen, oberseits rinnigen Steilen, oval bis eiförmig-elliptisch, am Grund abgerundet, vorne spitz zulaufend, 4-10 cm lang, auf der Oberseite mattgrün, behaart. Blattunterseite hellgrün, in den Nervenwinkeln stark behaart. Blüten in kugeligen, 10-25blütigen Trugdolden, goldgelb. Frucht kirschähnlich, hängend, glänzend, scharlachrot, länglich-elliptisch, bis 15 mm lang, eßbar. STANDORT: In trockenen Laubwäldern, Gebüschen, auf sonnigen, steinigen Hängen, auf Felsen. Von der Ebene bis in die Bergstufe. Meist auf Kalk. VERBREITUNG: In fast ganz Europa. Nördlich der Mittelgebirgsregion nicht ursprünglich, sondern als Ziergehölz angepflanzt. BLÜTEZEIT: März bis April.

Erdbeer-Hartriegel
Cornus capitata

MERKMALE: Immergrüner oder, außerhalb des natürlichen Verbreitungsgebiets, halb-immergrüner Strauch oder kleinerer Baum bis etwa 12 m Wuchshöhe, mit sehr breit ausladender, etwas unregelmäßig gestalteter Krone. Stamm meist schon ziemlich dicht über dem Boden gegabelt. Äste weit ausgebreitet, abstehend oder schräg aufgerichtet. Rinde bräunlich-grau, in kleinen Platten oder Feldern abschuppend. Blätter gegenständig, länglich-oval, vorne verschmälert, am Grund keilförmig oder abgerundet, weich ledrig, am Rand deutlich gewellt mit wenigen, kaum erkennbaren, entfernt stehenden Zähnen, auf der Oberseite blaßgrün bis mittelgrün, auf der Unterseite leicht bläulichgrün, beidseits sehr fein samtig behaart. Die Frucht ist eine Steinfrucht, die anfangs hellgrün ist, bei der Reife rot umfärbt und wie eine Erdbeere aussieht. VERBREITUNG: Ursprünglich nur in Südwestasien, in milden Gebieten Europas gelegentlich als Ziergehölz verwendet.

Mistel
Viscum album

MERKMALE: Kleiner (bis 1 m im Durchmesser), gabelästiger, fast kugeliger, wintergrüner, auf Bäumen schmarotzender Strauch. Kurzer, dicker Stamm mit gelblich-grünen Zweigen, die leicht in den Gelenken der Sproßverzweigungen abbrechen. Laubblätter gegenständig, sitzend, ledrig, parallelnervig, von zungenförmiger bis länglich-eiförmiger Form, gelbgrün, 2-5 mal so lang wie breit, stumpf, nach dem Grund zu verschmälert, ganzrandig und kahl. Blüten unscheinbar, eingeschlechtig, zweihäusig, in Büscheln zu 3-5 in sitzenden Trugdolden angeordnet; diese in den Achseln kleiner Hochblätter stehend. Die männlichen Blüten ohne Kelch, mit gelbgrüner, vierteiliger Blütenhülle, größer und auffälliger als die weiblichen. Stets vier Staubblätter, diese ohne Staubfaden, sitzend, mit den Blütenhüllblättern vollständig verwachsen. Bei der weiblichen Blüte kleine und schmale, drei- bis vierteilige Blütenhülle. Fruchtknoten unterständig mit kurzem Griffel. Narbe dick und polsterförmig. Scheinbeere (die Blütenachse ist an der Fruchtbildung beteiligt) erbsengroß, zuerst grün, später opalartig durchscheinend, weiß oder gelblich, mit zähem, schleimigem Fruchtfleisch. Meist 1-2 ovale oder kantige Samen. STANDORT: Auf verschiedenen Laub- und Nadelhölzern schmarotzend. Von der Ebene bis in die Voralpen zu finden. VERBREITUNG: Süd- und Mitteleuropa, nördlich bis Skandinavien, östlich bis Rußland, Asien und Westpersien. BLÜTEZEIT: Von März bis Mai. Die Beeren reifen im November und Dezember. ALLGEMEINES: Unter Berücksichtigung der Anpassung der Mistel an bestimmte Wirtspflanzen und aufgrund von Besonderheiten der Pflanzengestalt unterscheidet man gewöhnlich drei Rassen. Laubholz-Mistel, welche ausschließlich auf Bäumen wie Pappeln, Weiden, Birken, Hainbuchen, Kastanien und Linden vorkommt, ferner die Tannen-Mistel, die nur bei der Weißtanne auftritt, und die Föhren-Mistel, die nur auf der Waldkiefer und der Fichte zu finden ist.

Europäische Riemenblume
Loranthus euopaeus

MERKMALE: Auf Bäumen schmarotzender, 20-50 cm hoher Strauch mit gabelig verzweigten, leicht zerbrechlichen, stielrunden, dunkelbraunen Zweigen. Laubblätter sommergrün, fast gegenständig, dick, kurz gestielt, verkehrt-eiförmig bis länglich-elliptisch, stumpf, in den Blattstiel verschmälert, ganzrandig, dunkelgrün. Blüten zweihäusig verteilt, die weiblichen in endständigen, lockeren Ähren, die männlichen in Trauben. Scheinfrucht beerenartig, etwa 10 mm lang, mit saftreichem und klebrigen Fruchtfleisch. STANDORT: Zerstreut auf verschiedenen Eichenarten. In West- und Südeuropa bevorzugt auf der Flaum-Eiche (*Quercus pubescens*) oder auf der Zerr-Eiche (*Quercus cerris*), im ganzen gemäßigten Europa vereinzelt auch auf der Stiel-Eiche (*Quercus robur*). Mitunter auch auf Kastanien und Oliven schmarotzend. VERBREITUNG: Von Südosteuropa über Österreich bis Böhmen, Mähren und Sachsen. BLÜTEZEIT: Mai und Juni.

Gewöhnlicher Buchsbaum
Buxus sempervirens

MERKMALE: Sehr dichter, bis 1 m hoher Strauch oder bis 6 m hoher Baum mit kleiner, ziemlich offener und spitz zulaufender Krone. Rinde hellbraun, meist tief in kleine kantige Felder zerrissen. Äste kurz, dick, aufrecht, anfangs behaart, später verkahlend, olivgrün, vierkantig und dicht beblättert. Knospen zylinderisch, hell orangebraun, dicht behaart. Laubblätter gegenständig, auf kurzen Stielen, eirund bis länglich-elliptisch, im unteren Drittel am breitesten, ganzrandig, stumpf oder ausgerandet, am Rand löffelartig gewölbt, meist 1,5-3 cm lang und bis 2,5 cm breit, ledrig, hart, immergrün, oberseits glänzend dunkelgrün, unterseits matt bleichgrün, längs der Hauptnerven mit einem Streifen heller Pünktchen. Mittelader stark hervortretend. Ohne Nebenblätter. Blüten in blattachselständigen Knäueln, eingeschlechtig, einhäusig, meist eine weibliche Blüte in der Mitte und 5-6 männliche Blüten ringsum angeordnet, diese mit vier gleichen Blütenhüllblättern, oder mit verschieden gebauten Blütenhüllblättern, dann die jeweils gegenüberstehenden gleich, eiförmig, etwa 2 mm lang und von grünlich-gelber Farbe. Frucht verkehrt-eiförmig bis kugelig, dreifächrig, 7 bis 8 mm lang, mit ledrig runzeliger Oberfläche, zuletzt schwarzbraun. Samen länglich, dreikantig, glänzend schwarz. STANDORT: Zerstreut in Laubmischwäldern, im Gebüsch, auf Felsschutt. Mit Vorliebe an warmen und trockenen Stellen. Von der Ebene bis in die Bergstufe verbreitet, im Schweizer Jura bis 800 m, in Griechenland am Olymp noch in 2000 m Höhe anzutreffen. Bevorzugt auf Kalk- oder Urgestein. VERBREITUNG: Süd- und Mitteleuropa. Nördlich bis zum zentralen Bergland Frankreichs, in Deutschland nur im Moselgebiet und an einigen Stellen in Baden. Früher häufig zur Beeteinfassung in Kloster und Bauerngärten angepflanzt. In der Barockzeit für verschiedene Formhecken und Gartenornamentik verwendet. Läßt sich durch Schnitt sehr gut formen. BLÜTEZEIT: März und April.

Gewöhnliche Pimpernuß
Staphylea pinnata

MERKMALE: Strauch oder kleiner Baum von 1,5-5 m Wuchshöhe, mit kahlen, anfangs grünen, später glänzend braunen Zweigen, Laubblätter gegenständig, langgestielt, unpaarig gefiedert. Anzahl der Fiederblättchen meist 5-7, elliptisch bis schmal-eiförmig, bis 18 cm lang, vorne in eine schmale Spitze ausgezogen, mit kleingezähntem Blattrand. Oberseite der Blätter sattgrün, auf den Nerven mit kurzen, weißlichen Haaren besetzt. Blüten in langgestielten, hängenden, traubigen Rispen, gelblich-weiß. Kapselfrucht kugelig bis birnenförmig, 3-4 cm lang, häutig aufgeblasen, blaßgrün. STANDORT: Meist an sonnigen und trockenen Orten vom Flachland bis etwa 600 m in den Alpen aufsteigend. Kalkliebend. VERBREITUNG: Von den Karpaten über die Balkanhalbinsel entlang dem Alpennordrand westwärts bis zum Schweizer Jura und zur Oberrheinischen Tiefebene verbreitet. BLÜTEZEIT: Mai und Juni.

Pfaffenhütchen, Gemeiner Spindelstrauch
Euonymus europaea

MERKMALE: Sommergrüner, sehr ausschlagfähiger, 1-7 m hoher Strauch oder kleiner Baum mit breit gewölbter Krone. Äste sehr dicht, sparrig abstehend, grau- oder rotbraun berindet. Laubblätter einfach, 3-10 cm lang und 2-3,5 cm breit, länglich-lanzettlich oder länglich-eiförmig, am oberen Ende spitz bis stumpf, am Grund keilförmig, am Rand fein kerbig gesägt, kahl, oberseits blaugrün, unterseits heller. Frucht eine vierklappige Kapsel mit rundlichen Segmenten, 1-1,5 cm lang, rosen- oder karminrot, zwei- bis viersamig. Samen nach dem Aufspringen der Kapsel an einem Faden aus der Frucht heraushängend, giftig! STANDORT: Häufig in Au- und Laubwäldern, in Gebüschen, an Felsen, auf Weiden, an Ufern, in Hecken und an Mauern. Von der Ebene bis in Höhen von 1200 m anzutreffen. Liebt nährstoffreiche, kalkhaltige, feuchte und tiefgründige Lehmböden. VERBREITUNG: Fast in ganz Europa.

Breitblättrige Steinlinde
Phillyrea latifolia

MERKMALE: Kleinerer, immergrüner Baum mit Wuchshöhen um 7-10 m. Krone sehr stark buschig verzweigt, ziemlich dicht und von rundlich-kugeligem Aussehen. Stamm sehr kurz, meist schon dicht über dem Boden stärker verzweigt. Rinde auch bei älteren Bäumen ziemlich glatt. Blätter fast gegenständig, ungeteilt, entweder länglich-oval und am Rand scharf gezähnt oder länglich-lanzettlich und angenähert ganzrandig bis flach wellig, etwa 3-7 cm lang und 1-3 cm breit, auf der Oberseite dunkelgrün bis fast schwärzlich und glänzend, auf der Unterseite heller grün und matt. Blüten sehr klein, in vielen, achselständigen, dichtgedrängten Büscheln. Frucht eine kleine, kugelige, zur Reifezeit bläuliche oder schwärzliche Steinfrucht. VERBREITUNG: Überall in den immergrünen Gehölzbeständen der Mittelmeerländer vorkommender Baum oder Strauch. BLÜTEZEIT: Juni.

Warzen-Spindelstrauch
Euonymus verrucosa

MERKMALE: Sommergrüner, 30 cm bis 2 m hoher Strauch mit lockeren, sparrig abstehenden Ästen. Laubblätter klein, bis 6 cm lang und 3,5 cm breit, länglich-elliptisch oder verkehrt-eiförmig, mit keilförmigem Grund und fein gesägtem Blattrand, vorne spitz zulaufend, auf dem Mittelnerv, an der Spreitenbasis und am Rand mit Haaren besetzt. Blüten in blattachselständigen, ein- bis dreiblütigen Trugdolden, diese auf etwa 3-4 cm langen Stielen. Kapsel mit abgerundeten Kanten, 10-12 mm lang, rosenrot oder gelbrot. STANDORT: In Laub- und Nadelwäldern, in Gebüschen, an Waldrändern, auf Fels. Meist auf kalkhaltigen, tiefgründigen und gut durchfeuchteten Böden. Von der Ebene bis in die Bergstufe anzutreffen. VERBREITUNG: In Europa zerstreut. In West- und Ostpreußen, Tirol, Schlesien, Böhmen sowie in der Steiermark, Kärnten, in Istrien, Dalmatien und Teilen von Rumänien. BLÜTEZEIT: Von Mai bis Mitte Juni.

Baum-Wolfsmilch
Euphorbia dendroides

MERKMALE: Kugeliger, reich regelmäßig verzweigter, rotberindeter Strauch von bis zu 2 m Umfang mit basal bis 15 cm dickem Sproß und weißem Milchsaft. Blätter an den Zweigenden gebüschelt, lanzettlich bis schmal-elliptisch, stumpf mit aufgesetzter Spitze, bis 6,5 cm lang und 8 mm breit. Doldenstrahlen in endständiger, fünf- bis achtstrahliger Dolde, gabelig verzweigt, mit kürzeren und breiteren Tragblättern. Obere Hüllblätter breit, gelb. Scheinblüte becherförmig, gelblich-grün mit einem heraushängenden Fruchtknoten mit drei gabeligen Narben, am Rand mit vier rundlichen, meist gelappten, gelblichen bis rötlichen Nektarschuppen und zahlreichen Staubblättern im Inneren. Kapsel kahl, dreifächrig. Die Blätter fallen bei Trockenheit ab. STANDORT: Meernahe steinige Hänge, Felsen. VERBREITUNG: Zentrales Mittelmeergebiet, Balearen bis Kreta. BLÜTEZEIT: März bis Mai.

Strauch-Eibisch
Hibiscus syriacus

MERKMALE: Sommergrüner, buschiger, 50-300 cm hoher Strauch. Äste aufrecht bis ausgebreitet dicht verzweigt, hellgrau berindet. Junge Zweige kurz flaumig behaart, später verkahlend. Laubblätter locker wechselständig angeordnet, ungeteilt, 5-10 cm lang, 4-6 cm breit, ei- bis rautenförmig, dreilappig, grau grün, kahl, am Rand grob gezähnt, mit 2-5 cm langen, kahlen Stielen. Blüten violett bis weiß, mit purpurfarbener bis dunkelroter Zeichnung im Zentrum, 4-6 cm im Durchmesser, breit glockenförmig, einzeln in den Achseln von Laubblättern an den Enden der Äste stehend. Fraucht eine dicht mit gelben Haaren besetzte, grünlich-braune Kapsel. STANDORT: In lichten Wäldern und an Flußufern. Liebt humusreiche, feuchte Böden in sonnigen Lagen. VERBREITUNG: China, Indien, in Europa verwildert. Gelegentlich als Ziergehölz in zahlreichen Farbvarianten angepflanzt. BLÜTEZEIT: Juni bis Oktober.

Parrotie
Parrotia persica

MERKMALE: Sommergrüner, laubwerfender Strauch oder kleiner Baum bis etwa 10 m Wuchshöhe. Krone meist ziemlich breit und ausladend, von kugeligem, dichten Aussehen. Rinde braungrau oder leicht rötlich, löst sich in größeren, rundlichen Platten ab und hinterläßt hellgelbe, lederbraune Flecken. Blätter länglich-oval, verkehrt-eiförmig oder auch fast kreisrund, 5-20 cm lang und etwa 3-7 cm breit, am Grund keilförmig, vorn stumpf und abgerundet, ungleich gekerbt oder leicht gewellt, manchmal auch nahezu ganzrandig, etwas runzelig, ziemlich derb und lederig-fest, auf der Oberseite dunkelgrün glänzend, auf der Unterseite heller und nach dem Austrieb fein bräunlich behaart. VERBREITUNG: Die Parrotie ist im nördlichen Iran sowie im Kaukasus beheimatet. Man findet dieses dekorative Laubgehölz gelegentlich in größeren Parkanlagen. BLÜTEZEIT: Januar bis März.

Amberbaum
Liquidambar styraciflua

MERKMALE: Sommergrüner, laubwerfender Baum bis etwa 25 m Wuchshöhe, Krone anfangs noch schmal und kegelförmig, später wesentlich breiter und gewölbt. Stamm gewöhnlich nicht sehr hoch, sondern schon in geringer Höhe über dem Boden verzweigt. Rinde bei jungen Bäumen glatt und grau, bei älteren in kleine, eckige Felder aufgelöst und zuletzt recht rauh mit einem dichten Netzwerk von Furchen und Leisten. Blätter handförmig fünf- bis siebenlappig, etwa 10-15 cm lang und nahezu ebenso breit. Einzelne Lappen schmal dreieckig mit langer Spitze, am Rand fein gesägt mit vorwärts weisenden, leicht einwärts gekrümmten Zähnen. Blattoberseite glänzend grün und kahl, Blattunterseite heller, mit langen Haarbüscheln in den Winkeln der größeren Blattnerven. VERBREITUNG: Der Amberbaum stammt ursprünglich aus den östlichen und südöstlichen USA. In Mitteleuropa angepflanzt.

Katsurabaum, Kuchenbaum
Cercidiphyllum japonicum

MERKMALE: Sommergrüner, laubwerfender Baum bis etwa 12 m Höhe, selten auch darüber. Krone länglich-kegelförmig, endet meist in einer schlanken, dünnen Spitze, am Grund ein- oder mehrstämmig. Die Äste bauen den Baum sehr regelmäßig auf. Sie sind schlank und ragen steil auf. Blätter gegenständig, 6-12 cm lang und bis 6 cm breit, ganzrandig, breit oval bis rundlich, vorne sehr kurz zugespitzt, am Grund tief herzförmig eingeschnitten, auf der Oberseite grün oder graugrün und kahl, auf der Unterseite deutlich bräunlich-grün. Zweihäusiger Baum. Männliche Blüten bestehen fast nur aus Büscheln rötlicher Staubblätter und stehen zu mehreren in den Achseln der Knospen. Weibliche Blüten ebenfalls büschelig und achselständig. VERBREITUNG: Der Katsurabaum ist in Japan und China heimisch. BLÜTEZEIT: April. ALLGEMEINES: Der Katsurabaum färbt schon sehr früh im Herbst leuchtend hellgelb um. Das zerfallende Laub duftet nach Lebkuchen.

Kaukasische Flügelnuß
Pterocarya fraxinifolia

MERKMALE: Sommergrüner, 15-20 m hoher Baum mit dichter, gewöhnlich stark gewölbter, rundlicher Krone, ein- oder mehrstämmig. Stamm verhältnismäßig kurz und schon bald in mehrere kräftige Äste gegabelt, diese bogig aufsteigend. Blätter unpaarig gefiedert, wechselständig, sehr groß, bis 60 cm lang. Fiederblättchen in 7-20 Paaren, zwischen 12 und 18 cm lang und um 5 cm breit, gerade abstehend oder leicht nach vorne gerichtet, vorne zugespitzt, am Rand gesägt, auf der Oberseite glänzend und kräftig grün. Einhäusig. Männliche Blüten in dicken, gelben, bis 12 cm langen Kätzchen. Weibliche Blüten in schlanken, vielblütigen, grünlichen Kätzchen bis 15 cm Länge. Früchte mit breitem Flügelrand, hellgrün. VERBREITUNG: Die Flügelnuß ist in den Bergwäldern vom Kaukasus bis zum nördlichen Iran verbreitet, in Parkanlagen und großen Gärten angepflanzt. BLÜTEZEIT: April bis Mai.

Echter Walnußbaum, Walnuß
Juglans regia

MERKMALE: Sommergrüner Baum mit recht breiter, kugeliger, gewölbter Krone. Wuchshöhe kann 25 m durchaus überschreiten. Stamm meist schon in geringer Höhe über dem Boden in mehrere, ungefähr gleich starke Äste gegabelt, diese bogig aufwärts geschwungen und in zahlreiche, oft gekrümmte und gedrehte kleinere Äste geteilt. Blätter wechselständig, unpaarig gefiedert, zwischen 20 und 40 cm lang. Fiederblättchen in 3-4 Paaren, bis 15 cm lang, länglich, elliptisch, deutlich gestielt, matt, etwas derb und lederig, meist ganzrandig oder nur undeutlich gezähnt. Einhäusig. Männliche Blüten in 3-10 cm langen, gelben oder gelbgrünen Kätzchen. Weibliche Blüten unauffällig. VERBREITUNG: Die Walnuß ist eigentlich nur in Südosteuropa auf dem Balkan beheimatet. Ihr natürliches Verbreitungsgebiet erstreckt sich jedoch quer durch Zentralasien. BLÜTEZEIT: April bis Mai.

Schwarznußbaum, Schwarznuß
Juglans nigra

MERKMALE: Sommergrüner Baum mit recht breiter, meist auch hochgewölbter Krone von ziemlich regelmäßigem, geschlossenem Umriß. Stamm sehr ansehnlich und dick, gerade. Äste gabeln den Stamm gewöhnlich erst in einiger Höhe über dem Boden. Sie bilden einen gleichmäßigen Kranz und sind recht kräftig. Blätter unpaarig gefiedert, wechselständig, 30-50 cm lang. Einzelne Fiederblättchen in 7-11 Paaren, 6-10 cm lang, vorne zugespitzt, am Rand unregelmäßig, aber deutlich gezähnt, auf der Oberseite kahl, auf der Unterseite drüsig behaart, sehr kurz gestielt oder fast sitzend, untereinander gegenständig. Männliche Blüten in kegelförmigen, dicken, abstehenden Kätzchen, diese zu 2-5 an den vorjährigen Trieben. Weibliche Blüten immer endständig, meist zu 5, unauffällig grünlich. Steinfrucht 3-5 cm lang, rundlich oder länglich-birnenförmig, kräftig grün, glatt, öffnet sich nicht. VERBREITUNG: Im östlichen Nordamerika. BLÜTEZEIT: Mai bis Juni.

Gemeine Buche, Rot-Buche

Fagus sylvatica

MERKMALE: Meist stattlicher, großer Baum bis etwa 30 m Wuchshöhe. Krone bei jüngeren Bäumen schlank, bei älteren ziemlich breit und kuppelförmig aufgewölbt, besonders im Freistand oft prächtig entwickelt. Stamm mindestens bis in die Hälfte der Krone klar zu verfolgen und erst dann in stärkere Äste geteilt. Äste meist steil aufrecht und an den Enden nur wenig überhängend. Rinde glatt, bleigrau, bei älteren Exemplaren ein wenig aufgerauht, aber niemals rissig oder grob schuppig, allenfalls ein wenig wellig oder gezeichnet. Triebe bräunlich purpurn, glatt, kahl, mit zerstreuten Lentizellen, öfter hin und her gebogen, etwas glänzend. Knospen sehr schlank und schmal, zugespitzt, von der Achse weit abstehend, mit zahlreichen Knospenschuppen. Blätter wechselständig, 5-10 cm lang, länglich-elliptisch oder eiförmig, in der Mitte oder im Vorderteil am breitesten, am Grund keilförmig verschmälert, am Rand leicht gewellt und mit langen, weißlichen Wimperhaaren besetzt. Stiel kurz, behaart. Männliche Blüten zu mehreren in Büscheln. Weibliche Blüten in einer vierklappigen Hülle eingeschlossen. Bucheckern (Nußfrüchte) bis 2 cm lang, scharf dreikantig, glänzend braun. STANDORT: Wichtiger waldbildender Baum, bevorzugt auf gut duchfeuchteten, nährstoffreichen Böden in sommerkühlen Klimalagen, auch auf Sand- und Kalkböden, von der Ebene bis in etwa 1550 m Höhe. VERBREITUNG: Überall in Europa mit Ausnahme des Südostens verbreitet und häufig. BLÜTEZEIT: April bis Mai. ALLGEMEINES: Die Rot-Buche ist im derzeitigen Klima Mitteleuropas der von Natur aus am besten geförderte Laubbaum. In Südosteuropa wird die Rot-Buche von der verwandten Orientalischen Buche (*Fagus orientalis*) abgelöst, die sich durch eine deutlich gefurchte Rinde von ihr unterscheidet. Die Laubblätter sind im Durchschnitt auch etwas länger und verkehrt-eiförmig. Bei dieser Art tragen auch die männlichen Blüten eine unscheinbare Blütenhülle. Sie wird nur wenig in Parks oder großen Sammlungen angepflanzt.

Eß-Kastanie, Edel-Kastanie
Castanea sativa

MERKMALE: Stattlicher, bis fast 30 m hoher, sommergrüner Laubbaum. Krone anfangs kegelförmig, mit zunehmendem Alter säuliger und zuletzt hoch und breit gewölbt, mit dicken, verhältnismäßig kurzen Ästen. Äste überwiegend quirlständig angebracht, so daß sich verschiedene Verzweigungsetagen aufbauen. Stamm ziemlich dick, meist schon in geringer Höhe über dem Boden verzweigt, häufiger drehwüchsig. Rinde anfangs glatt und rötlichgrau, später dunkler braungrau, mit dichtem Netzwerk erhabener Leisten und vertiefter Furchen überzogen. Triebe ziemlich kräftig und dick, bräunlich-rotbraun, oval. Blätter wechselständig bis zweizeilig, 10-30 cm lang, länglichlanzettlich, an der Basis keilförmig zusammengezogen oder herzförmig eingeschnitten, vorne spitz; Seitennerven laufen in einer kräftigen, zahnartigen, nach vorne weisenden Spitze aus, lederig und derb, auf der Oberseite glänzend dunkelgrün, auf der Unterseite hellgrün. Männliche Kätzchen sehr zahlreich, etwa 15 cm lang, hellgelb. Weibliche Blüten meist an deren Basis in Gruppen zu 2-5. Fruchthülle 3-4 cm groß, gelbgrün, außen sehr stachelig, zerspringt beim Fallen in vier Klappen. In jeder Hülle 2-3 Nüsse, glänzend braun, wohlschmeckend. STANDORT: Die Eß-Kastanie bevorzugt ein mildes, wintermildes, humides Klima und wächst gern auf mittelgründigen, zuweilen kalkreichen Böden. VERBREITUNG: Überall in Südeuropa, Nordafrika und Westasien in zum Teil großen Beständen anzutreffen. Vielfach auch in milden Klimalagen in Parks und Gärten angepflanzt und stellenweise verwildert. In Mitteleuropa seit der Römerzeit eingebürgert. BLÜTEZEIT: Juni bis Juli. ALLGEMEINES: Die etwa ab Ende September reifenden Früchte (Eß-Kastanien, Maronen) lassen sich zu verschiedenen und sehr delikaten Gerichten zubereiten. Beim Rösten der reifen Maronen ist es wichtig, die harte Samenschale mit einem Messer ein wenig aufzuschlitzen, weil die Samen sonst in der Glut regelrecht explodieren können.

Antarktische Scheinbuche
Nothofagus antarctica

MERKMALE: Kleinerer, sommergrüner Baum mit Wuchshöhen um 10 m, selten auch darüber, im Ursprungsgebiet jedoch bis 35 m erreichend. Krone ziemlich unregelmäßig aus gedrehten, aufrechten Ästen. Rinde anfangs glatt, später fein längsrissig. Blätter wesentlich kleiner als bei der einheimischen Rot-Buche, nur etwa 3 cm lang und ungefähr 2 cm breit, länglichoval, vorne deutlich abgerundet, ohne Spitze, am Blattgrund abgestutzt oder ebenfalls leicht gerundet, auffallend zweizeilig gestellt. Blattrand fein gewellt und unregelmäßig gekerbt oder sehr seicht gebuchtet. Blattoberseite dunkelgrün glänzend, mitunter auch leicht runzelig. Blattunterseite erheblich heller, matt oder nur wenig glänzend. Blüten sehr unscheinbar, einzeln oder zu wenigen in den Blattachseln an der Basis der Seitentriebe. Frucht ähnlich einer Buchecker, aber wesentlich kleiner. VERBREITUNG: Im südlichen Südamerika. In Europa als Ziergehölz. BLÜTEZEIT: Mai.

Stiel-Eiche, Sommer-Eiche

Quercus robur

MERKMALE: Sommergrüner, oft sehr stattlicher Laubbaum bis nahezu 45 m Wuchshöhe. Krone breit und hoch, besonders im Freistand schön kugelig gewölbt, teilweise mit weit ausladenden Ästen, insgesamt aber unregelmäßiger als bei der vorigen Art. Stamm oft schon in geringer Höhe über dem Boden in mehrere Äste gegabelt und deswegen nicht bis in den mittleren Kronenbereich zu verfolgen, gewöhnlich auch etwas knorrig und unregelmäßig. Äste mehrfach gekrümmt oder gedreht, sehr massiv. Rinde hellgrau oder hell braungrau, auch an jüngeren Bäumen in ein dichtes Netzwerk von Furchen und Leisten gegliedert. Triebe grünlichbraun, anfangs noch flaumig behaart, später jedoch zunehmend verkahlend, manchmal auch leicht bereift. Knospen kugelig-oval, um 8 mm lang, spitz, mit sehr zahlreichen Knospenschuppen. Blätter 10-12 cm lang und etwa 8 cm breit, verkehrt-eiförmig, vorne abgerundet und am Grund deutlich geöhrt, beidseits mit etwa 5-7 rundlichen Lappen, die ungefähr bis zur Hälfte der Blattspreite eingeschnitten sind und sich nicht exakt gegenüberstehen, so daß das Blatt im Unterschied zur vorigen Art leicht asymmetrisch erscheint. Oberseite matt dunkelgrün, auf der Unterseite heller, oft am Rand auch etwas gewellt. Eicheln lang-eiförmig (1,5-2 cm lang), in flachem Becher, meist zu 2-3 auf 4-6 cm langem Stiel (namengebendes Merkmal). STANDORT: Stiel-Eichen wachsen besonders gern auf frischen oder grundfeuchten Böden. Sie ertragen größere klimatische Extreme als die nahe verwandte Trauben-Eiche. VERBREITUNG: Überall in Europa, besonders aber im Flachland, von Nordrußland bis nach Südwestspanien verbreitet. Wichtiger europäischer Waldbaum. In vielen Gegenden Europas forstlich kultiviert. BLÜTEZEIT: Mai bis Juni. ALLGEMEINES: Die Stiel-Eiche entspricht in Wuchsform und Blattschnitt am ehesten dem Typ der Deutschen Eiche. Beachtlich ist das Alter, das diese Bäume erreichen und das sich an der Obergrenze der für einen Laubbaum möglichen Lebensspanne bewegt: Eichen werden wesentlich älter als Buchen oder auch Linden und können rund 1000 Jahre alt werden, wobei sie dann oft ihre typische Kronengestalt aufgeben. Die älteste deutsche Eiche bei Erle im nördlichen Münsterland soll ein Alter von rund 1400 Jahren aufweisen. Viele alte Eichen stehen unter Naturschutz und können nur mit großem finanziellem Aufwand erhalten werden. Wenn man die genau vermessenen Jahresringbreiten eines Holzes aufträgt, erhält man ein Bild, das einer Fieberkurve ähnelt. Für Bäume der gleichen Art und des gleichen Wuchsgebietes fällt diese Kurve sehr ähnlich aus. Daher kann man Kurvenbilder von Hölzern verschiedenen Alters aneinanderreihen. Eine 1984 gefällte 300jährige Eiche liefert eine Kurve für die Jahre 1684-1984. Durch Vergleich der Ringbreitenfolgen genau datierbarer Hölzer lassen sich vollständige Kurvenbilder über viele Jahrhunderte zurück erstellen. So wurden für Mitteleuropa je eine 2000jährige Tannen-, Buchen- und Eichenchronologie erarbeitet. Mit ihrer Hilfe kann man unbekannte Hölzer datieren, zum Beispiel Balken historischer Bauwerke oder Hölzer antiker Möbel.

Trauben-Eiche, Winter-Eiche
Quercus petraea

MERKMALE: Sommergrüner, recht stattlicher Baum mit Wuchshöhen um 40 m. Krone ziemlich hochgewölbt und breit, bei Bäumen im Freistand dicht geschlossen und gleichmäßig belaubt. Stamm gerade und bis in den mittleren Kronenbereich klar zu verfolgen. Äste ebenfalls ziemlich gerade und steil aufsteigend, von der ersten Abgabelungsstelle strahlenförmig abgehend. Rinde bei jungen Bäumen anfangs noch recht glatt, später mittelgrau oder braungrau, von feinen Furchen und Rissen dicht überzogen. Triebe schlank, braungrau oder graupurpurn, kahl oder leicht bereift. Knospen dick eiförmig, 6-8 mm lang, mit zahlreichen, hell- oder rotbraunen Schuppen, gehäuft an den Enden der einzelnen Zweige. Blätter 8-12 cm lang und etwa 5 cm breit, verkehrt-eiförmig, vorne gerundet und am Grund keilförmig verschmälert, ziemlich regelmäßig und fast zweiseitig symmetrisch in 5-9 Paar rundliche, nicht allzu tief eingeschnittene Lappen geteilt, auf der Oberseite matt dunkelgrün, auf der Unterseite heller, beidseits kahl, etwas dicklich, ziemlich flach, auf kurzem, nur etwa 1-2 cm langem Stiel. Eicheln in Gruppen zu 2-6 zusammen, sitzend oder sehr kurz (etwa 5-10 mm) gestielt, reifen im 1. Jahr heran. Becher 1,2-1,7 cm breit, schließt nur etwa 1/4 der Eichel ein. STANDORT: Trauben-Eichen bevorzugen lockere, meist mittelgründige Stein- und Lehmböden in wintermilden Klimalagen und sind wichtige Waldbäume der tieferen Gebirgslagen und des Hügellandes. In der Ebene und in Auenwäldern werden sie durch die Stiel-Eiche (*Quercus robur*) ersetzt. VERBREITUNG: In Mittel- und Südeuropa weit verbreitet und stellenweise bestandsbildend, vielfach auch forstlich kultiviert. BLÜTEZEIT: Mai. ALLGEMEINES: Fast alle Eichenarten enthalten in der Rinde große Mengen Gerbstoff, der früher vor der Einführung von Chemieprodukten in der Gerberei von großer Bedeutung war. Besonders hoch ist der Gerbstoffgehalt in der Rinde junger Eichen. Diese wurden nach dem Hieb mit Spezialmessern an Ort und Stelle geschält. Die geschälte Rinde mußte dann eine Weile getrocknet werden, ehe sie als Eichenlohe an die Lohmühlen weiterging und von dort den Gerbereien zugeführt wurde. Wegen des großen Bedarfs an jungen Eichenstämmen blieben die Umtriebszeiten für dorfnahe Eichenwälder daher ziemlich kurz. Als charakteristische Betriebsform hatte sich daraus der Eichenschäl- oder Lohwald herausgebildet, der heute im Waldbild Mitteleuropas nur noch in Resten oder Ansätzen zu finden ist. Eichenholz gehört wegen seiner Dichte, Festigkeit und Beständigkeit zu den gefragtesten einheimischen Edelhölzern. Es ist so hart und gerbstoffreich, daß es Jahrtausende überdauern kann, ohne zu faulen. Aufgrund seines Aufbaus zählt man es zu den ringporigen Hölzern. Die großen Poren, also die im Frühholz angelegten Wassertransportbahnen, kann man im Anschnitt mit bloßem Auge erkennen. Eichenblätter tragen nicht selten die durch bestimmte Insekten hervorgerufenen Galläpfel, die besonders gerbstoffreich sind. Aus solchen Eichengallen wurde früher die urkundenechte Eichengallustinte hergestellt.

Stein-Eiche
Quercus ilex

MERKMALE: Immergrüner Laubbaum mit Wuchshöhen um 20-25 m. Krone sehr breit und ausladend, besonders im Freistand sehr schön gewölbt, häufig mehrteilig, da der kurze Stamm sich bereits in geringer Höhe über dem Boden gabeln kann. Äste sehr dick, im mittleren und oberen Kronenbereich ziemlich gerade aufsteigend. Rinde tief dunkelbraun oder schwärzlich, in kantige, ziemlich dünne, plattig gefelderte Teile aufgelöst. Blätter etwa 4-10 cm lang und um 6 cm breit, in Form und Blattrandgestaltung sehr variabel, meist jedoch länglich-eiförmig mit schlanker Spitze und abgerundeter Basis, ganzrandig-wellig oder seicht zugespitzt, ziemlich lederig und derb, auf der Oberseite glänzend dunkelgrün, auf der Unterseite bleibend graufilzig. Eicheln zu 1-3 stehend, 2-3 cm lang, vom Becher halb umgeben. VERBREITUNG: Im Mittelmeergebiet. Außerdem in wintermilden Klimalagen. BLÜTEZEIT: Juni bis Juli.

Kork-Eiche
Quercus suber

MERKMALE: Immergrüner Laubbaum mit vergleichsweise niedriger, sehr breiter und ausladender, aber meist rundlich gewölbter Krone auf ziemlich kurzem, oft etwas gelehntem, schiefem Stamm. Wuchshöhe bis etwa 20 m, meist aber nur 6-10 m. Äste kurz und auffallend dick, häufig gedreht und bogig aufgehend, gabelig verzweigt. Ältere Bäume mit korkiger, dicker, weißgrauer, etwas schwammiger Rinde und weit gestelltem Korkleistenmuster. Die dicken Korklagen können alle sieben Jahre abgeschält werden. Blätter 4-7 cm lang, ungefähr 3 cm breit, oval oder länglich, vorne spitz, seicht gebuchtet und an jeder Seite mit 5-6 dornigen Zähnen, auf der Oberseite glatt und dunkelgrün, auf der Unterseite grünlich-grau behaart, insgesamt sehr derb und lederig-zäh, am Rand oft auch etwas wellig geschwungen. Eicheln oval, um 3 cm lang. VERBREITUNG: Im westlichen Mittelmeergebiet.

Sumpf-Eiche
Quercus palustris

MERKMALE: Sommergrüner Laubbaum, bis etwa 25 m Wuchshöhe. Krone bei jüngeren Exemplaren recht schlank und gerundet, bei älteren Bäumen schmal und leicht gewölbt. Stamm im unteren Teil fast immer astfrei, erst im oberen Teil ziemlich dicht und regelmäßig beastet. Rinde zunächst glatt und hellgrau, später dunkler mit deutlichem Streifenmuster und an den älteren Bäumen mit breiten, nicht allzu tiefen und glatten Furchen. Blätter von rundlichem oder elliptischem Umriß, 8-17 cm lang und fast ebenso breit, auf jeder Seite in 3-4 sehr tief eingeschnittene Lappen geteilt, wovon das mittlere Paar am größten ausfällt; jeder Blattlappen seinerseits in mehrere lange Grannenzähne geteilt. Blattlappen weit abstehend, jedoch überwiegend nach vorne weisend. Einbuchtungen reichen bis weit über die Hälfte der Spreite zur Mittelrippe. Eicheln breit halbkugelig, ein Drittel in niedrigem Becher. VERBREITUNG: Ursprünglich nur im nordöstlichen Nordamerika.

Zerr-Eiche
Quercus cerris

MERKMALE: Sommergrüner Laubbaum mit Wuchshöhen bis etwa 35 m. Krone zunächst sehr offen und schlank, mit steil aufrechten, dünnen, ziemlich regelmäßig angeordneten Ästen, bei älteren Bäumen dagegen stärker gewölbt und von kugeligem Umriß, mit strahlig nach oben gehenden Hauptästen. Blätter 8 - 11 cm lang und etwa 5 cm breit, länglich, von schmal-ovalem Umriß, an beiden Seiten mit 7-9 ungleich großen Lappen, die durch spitz zulaufende Buchten getrennt werden, Blattspreite bis etwa zur Hälfte eingeschnitten, Lappen rundlich oder fein zugespitzt, mit kleiner Zahnspitze, häufig auch völlig stumpf. Eicheln werden fast ganz von den breiten, grob geschuppten Bechern eingehüllt. STANDORT: Die Zerr-Eiche bevorzugt mildhumose Böden in trockenen und warmen Klimalagen. VERBREITUNG: Die eigentliche Heimat dieser Eichenart sind der östliche Mittelmeerraum sowie Südosteuropa.

Scharlach-Eiche
Quercus coccinea

MERKMALE: Sommergrüner Laubbaum bis etwa 25 m Höhe. Krone bei jüngeren Bäumen kegelförmig und recht dicht beastet, bei älteren Exemplaren zunehmend gewölbt, und im unteren Abschnitt nur noch mit wenigen Ästen, im oberen mit zahlreichen, meist steil aufgehenden Ästen und Zweigen. Blätter 8-12 cm lang und fast ebenso breit. Von elliptischem Umriß, jedoch an jeder Seite in drei ungleich große Lappen geteilt, diese ihrerseits mit mehreren Stachelspitzen versehen. Buchten zwischen den Blattlappen reichen bis fast an die kräftige Mittelrippe heran. Auf beiden Seiten glänzend, oberseits dunkelgrün, unten deutlich heller mit undeutlichen Achselbärten. Eichel ungefähr 1-2 cm breit, fast bis zur Hälfte in einem breiten, grobschuppigen Becher. VERBREITUNG: Die Scharlach-Eiche ist im östlichen und zentralen Nordamerika beheimatet, in Europa als Zierbaum angepflanzt.

Rot-Eiche
Quercus rubra

MERKMALE: Stattlicher, sommergrüner Laubbaum, der bis 35 m Wuchshöhe erreichen kann. Krone bei jungen Exemplaren noch kegelförmig, später wesentlich breiter und im Alter sehr ausladend und kuppelförmig gewölbt. Stamm in geringer Höhe über dem Boden in größere, kräftige Äste geteilt. Blätter 10-25 cm lang und etwa 10 cm breit, von ovalem Umriß oder verkehrt-eiförmig, an der Basis keilförmig verschmälert, vorne schlank zugespitzt, beidseits in 3-4 (-5) Lappen geteilt, die Buchten dazwischen etwa 4-5 cm tief und die Blattspreite daher bis etwa zur Hälfte teilend. Jeder Lappen läuft in drei ziemlich schlanke Spitzen oder Zipfel aus, die mit einer kleinen Borste enden. Eicheln breit eiförmig, in einem sehr flachen Becher. Herbstfärbung nur bei jüngeren Bäumen auffallend rot, bei älteren ungleichmäßig gelblich und braun. VERBREITUNG: Ursprünglich nur im östlichen Nordamerika beheimatet, in Europa als Park- und Zierbaum angepflanzt.

Hänge-Birke, Weiß-Birke, Warzen-Birke, Sand-Birke

Betula pendula

MERKMALE: Sommergrüner, bis etwa 20 m hoher Baum mit anfangs schmaler, spitzkegeliger, später rundlich gewölbter und unregelmäßiger Krone. Stamm gerade oder gekrümmt, mitunter auch einseitig geneigt. Untere Äste verhältnismäßig kurz, abstehend. Äste des mittleren und oberen Kronenbereiches steil aufsteigend. Zweige sehr lang und schlank, an älteren Bäumen von den Ästen schleierartig herabhängend. Rinde glatt, silbrig weiß, mit einzelnen, grauweißen Querbinden, zuletzt vor allem an der Stammbasis mit groben, knorrigen, tiefrissigen, schwarzen Leisten gefeldert. An den jüngeren Ästen ist die Rinde gewöhnlich rosaweiß, an den Zweigen sogar glänzend dunkelrot-bräunlich. An den Trieben mit kleinen, warzenartigen Erhebungen (Drüsen) besetzt, daher häufig auch Warzen-Birke genannt. Knospen bräunlich oder glänzend grün, um 4 mm lang, leicht zugespitzt. Blätter 2-6 cm lang, rundlich-oval oder von dreieckigem Umriß, mitunter auch rhombisch, lang gestielt, doppelt gesägt, beidseits kahl, fühlen sich sehr dünn und leicht an. Einhäusig. Männliche Kätzchen 3-6 cm lang, anfangs bräunlich, später hellgelb. Weibliche Kätzchen zunächst grünlich, zur Reifezeit hell- oder mittelbraun. STANDORT: Pionierart auf lockeren, lichten Rohböden, erträgt keine Überschattung. VERBREITUNG: Überall in Europa häufig und weit verbreitet, besonders in Sandfluren, auf Schlägen, an Waldrändern oder in Feldgehölzen. In Südeuropa nur in den höheren Gebirgslagen anzutreffen. BLÜTEZEIT: März bis Mai. ALLGEMEINES: Die Weiß- oder Hänge-Birke, regional auch als Sand-Birke bezeichnet, ist mit Abstand die häufigste Birkenart in Europa. Der Grund für ihre weite Verbreitung von Südeuropa bis in den hohen Norden, beziehungsweise in entsprechende Höhenlagen der alpinen Gebirge Europas, liegt in ihrer Anspruchslosigkeit gegenüber klimatischen Härten. Offenbar spielt dabei die auffallende weiße Rinde eine wichtige Rolle, die einen erheblichen Teil der

auftreffenden Strahlung reflektiert. Dies mag insbesondere an stark und anhaltend besonnten Stellen ein sehr wirksames Anpassungsmerkmal sein. Birken breiten sich auf brachliegendem Ödland oder in Schlägen ungemein rasch aus. Auch diese Tatsache wird rasch verständlich, wenn man einmal die Zahl der von einem einzigen Baum in Gang gesetzten Verbreitungseinheiten überschlägig betrachtet. Die zur Blütezeit eher unauffälligen weiblichen Kätzchen vergrößern sich während der Fruchtreife über den Sommer etwas und nehmen im Frühherbst eine kräftige bräunliche Färbung an. Zu diesem Zeitpunkt sind die Samen reif. Die Kätzchen brechen auseinander und setzen die winzigen Nußfrüchte mit ihren beiden seitlich anhängenden Flügen frei. Je Kätzchen sind dies einige Hundert, bei einem mittelgroßen Baum jedoch schon einige Millionen, da die weiblichen Kätzchen in guten Samenjahren ziemlich dicht sitzen. Die flugfähigen Samen werden vom Herbstwind zum Teil über größere Entfernungen verstreut und keimen im nachfolgenden Frühjahr an zusagenden Stellen aus.

Papier-Birke
Betula papyrifera

MERKMALE: Die ursprünglich aus Nordamerika stammende, jedoch von Neufundland bis Britisch-Kolumbien verbreitete Papier-Birke besitzt wiederum eine hellfarbene, jedoch etwas gelbliche oder hellrosa gefärbte Rinde. Die Blätter sind wesentlich größer als bei den einheimischen Birken, etwa 6-12 cm lang, etwas derb, oberseits matt dunkelgrün, mit langer, schlanker Spitze. VERBREITUNG: Nur in größeren Sammlungen und in botanischen Gärten; bisher noch wenig angepflanzt, obwohl sie recht dekorativ aussieht. Trotz klimatischer Vergleichbarkeit gibt es in Europa wesentlich weniger Birkenarten als in Nordamerika, weil hier viele Arten während der Eiszeit ausgestorben sind. In Europa konnten die voreiszeitlichen Birkenarten wegen der west-östlich verlaufenden hohen Faltengebirge nicht vor der Vereisung ausweichen. In Amerika dagegen war eine Wanderung nach Süden möglich.

Schwarz-Birke
Betula nigra

MERKMALE: Hoher, meist mehrstämmiger, zierlicher Baum mit buschiger, schmal ansteigender Krone, am breitesten an der Spitze, leicht überhängend. Rinde in großen Streifen dick und kraus abrollend, aber nicht ablösend, an jungen Stämmen blaßbraun-rötlich bis grau-dunkelbraun, später schwärzlichbraun und zuletzt sehr grob rissig und borkig. Blätter länglich-oval, etwa 8 x 3 cm groß oder noch größer, an der Basis keilförmig, am Rand doppelt gesägt, oberseits glänzend grün, unten grau oder blaugrün, anfangs behaart, später verkahlend; Laub im Herbst gelb. Fruchtzapfen walzenförmig behaart und aufrecht stehend, Fruchtschuppen schmal, mit drei fast gleich großen Zipfeln. STANDORT: An Flußufern, in Sümpfen und Überschwemmungsgebieten, in Gärten auch in trockenen Lagen. VERBREITUNG: In den östlichen USA, von Minnesota bis Florida anzutreffen. In Parks und Gärten angepflanzt.

Gold-Birke
Betula ermanii

MERKMALE: Kleinerer bis mittelgroßer Baum bis etwa 20 m Höhe, dabei aber mit sehr schlanker, etwas säulenförmiger Krone, nach oben mehr spitzkegelig. Rinde im Unterschied zur nahe verwandten Weiß-Birke mehr gelblich oder gelblich-rosa, an älteren Exemplaren kräftiger rosa oder graurötlich, rollt sich in breiten Querbinden ab, die noch eine Zeitlang streifig vom Stamm herabhängen. Jüngere Zweige und Triebe sind wie bei den einheimischen Birkenarten stumpf braun. Blätter länglich-oval, lang zugespitzt, etwa 5-8 cm lang und 4-6 cm breit, undeutlich doppelt oder etwas unregelmäßig gesägt, jederseits mit 7-11 Seitenadern, auf der Unterseite mit hellen Achselbärten zwischen den Hauptnerven. STANDORT: Humusarme, wechselfeuchte Sand- und Lehmböden. VERBREITUNG: Ursprünglich nur in Nordostasien beheimatet, heute als Ziergehölz in großen Parks und Gärten in der gemäßigten Zone. Fossile Vorfahren in Mitteleuropa nachgewiesen.

Eingriffeliger Weißdorn

Schlehe

Vogel-Kirsche

Hunds-Rose (Hagebutte)

Mehlbeere

Deutsche Mispel

Rauschbeere

Quitte

Mahonie

Kornelkirsche

Eßbare Früchte

So vielgestaltig wie die Blüten und Blätter der Gehölze, so typenreich sind auch ihre Früchte. Die meisten davon sind so unverwechselbar und charakteristisch, daß man sie sogar als Bestimmungshilfen für einzelne Arten verwenden kann, wenn die übrigen Merkmale einmal nicht ausreichen sollten. Haselnüsse wird man immer wiedererkennen, auch wenn sie nicht mit so üppigen Farben im Gezweig prangen wie etwa die Früchte der Vogel-Kirsche oder die üppigen Beeren der Moosbeere, eines Zwergstrauches mit fadendünnen, kriechenden Zweigen. Nicht alles, was so einladend und vielversprechend an den Zweigen hängt, sind auch wirklich richtige Früchte im botanischen Sinne, also die vergrößerten und herangereiften Fruchtknoten der Blüten. Bei manchen Rosengewächsen finden sich nämlich bemerkenswerte Abwandlungen der sonst so einheitlich verlaufenden Fruchtentwicklung. Hier bilden nämlich nicht die Gewebe des Fruchtknotens, sondern andere Blütenteile das leuchtend gefärbte, saftig angeschwollene und meist auch recht wohlschmeckende Verpackungsmaterial der Samen: Bei der Quitte geht das Fruchtfleisch aus Achsenmaterial der Blüte hervor - die eigentliche Frucht ist wie bei allen anderen apfelfrüchtigen Vertretern dieser Pflanzenfamilie das sogenannte Kerngehäuse mit den dunklen Samen (Kernen). Auch die Hagebutte ist eine Sonderbildung, nämlich der krugförmig vergrößerte Blütenboden der Rosenblüte. Bei Weißdorn, Mispel und Mehlbeere finden wir vergleichbare Verhältnisse. Andere Gehölzfrüchte sind dagegen echte Steinfrüchte, darunter die Kornelkirsche, die Vogel-Kirsche und die Schlehe. Auch die Früchte des Schwarzen Holunders sind Steinfrüchte, obwohl sie vereinfachend als Holunderbeeren bezeichnet werden. Richtige Beeren sind natürlich Rauschbeeren und die saftreichen Früchte der Mahonien. Während die Früchte von Moosbeere, Holunder, Kornelkirsche oder Quitte ziemlich regelmäßig geerntet werden, verwendet man heute die kleinen Apfelfrüchtchen von Weißdorn oder Mehlbeere nur noch selten. Die schmucken Steinfrüchte der Schlehe sollte man nicht vor dem ersten kräftigen Herbstfrost ernten. Sie enthalten große Mengen unangenehm schmeckender Gerbstoffe, die erst durch die Kälteeinwirkung gebunden werden. Rauschbeeren sind entgegen weitverbreiteter Angaben nicht giftig und rufen auch keine Rauschzustände hervor. Sie schmecken allerdings etwas fad und sind wohl deshalb weniger beliebt. Beeren sind im allgemeinen immer mehrsamig. Ausnahmsweise kommen auch einsamige Beerenfrüchte vor. Sofern der innere Teil der Fruchtwand verholzt, spricht man von einer Steinfrucht: Die beliebte Walnuß ist daher keine Nußfrucht.

Moosbeere

Schwarzer Holunder

Haselnuß

Moor-Birke
Betula pubescens

MERKMALE: Strauch oder kleinerer Baum, höchstens etwa 20-25 m Höhe erreichend. Äste ausgebreitet und häufig etwas gedreht, steil aufgerichtet und im oberen Kronenbereich weiter ausladend. Krone wird dadurch unregelmäßig und mehrteilig. Zweige anfangs rötlich-braun, etwas glänzend, stehen besenartig aufrecht. Rinde am Stamm glatt und weißgrau bis hellbräunlich, stellenweise auch silberweiß. Blätter nur einfach gesägt, im Umriß rundlicher, auf der Unterseite in den Achseln der größeren Blattnerven mit feinem Flaum, immer in der Mitte der Blattspreite am breitesten. STANDORT: Bevorzugt staunassen, feuchten und nur mäßig nährstoffreichen Boden. VERBREITUNG: Vor allem in Bruch- und Moorwäldern in Nord- und Mitteleuropa, bis Sibirien, im Süden vor allem im Gebirge bis etwa 1600 m Höhe. Formenreich. Kommt häufig mit der Hänge-Birke zusammen vor. BLÜTEZEIT: April bis Mai.

Strauch-Birke
Betula humilis

MERKMALE: Niedriger, 0,5-3 m hoher, reichästiger Strauch mit brauner Rinde. Laubblätter rundlich bis eiförmig, deutlich länger als breit, oft etwas asymmetrisch, 1-4 cm lang und 0,5-2,5 cm breit, stumpf oder leicht zugespitzt, grob und ungleich, einfach bis doppelt gesägt, jederseits mit 4-6 Seidenaderpaaren, auf beiden Seiten hellgrün, auf der Unterseite in den Nervenwinkeln mit einzelnen Haaren oder kahl, Blattstiel nur 2-5 mm lang. Alle Kätzchen aufrecht, die männlichen meist etwas schlanker als die weiblichen. Fruchtkätzchen kurz gestielt, eirund bis zylinderisch, 10 - 15 mm lang und etwa 5-8 mm im Durchmesser. Seitenlappen der Fruchtschuppen fast gleich lang mit dem Mittellappen, nur wenig abstehend. Fruchtflügel viel schmäler als die einsamige Nußfrucht. STANDORT: Auf Moorwiesen, in Erlenbrüchen, in Flach- und Hochmooren. VERBREITUNG: Mitteleuropa. BLÜTEZEIT: April und Mai.

Zwerg-Birke
Betula nana

MERKMALE: Kleiner, niederliegender Zwergstrauch. Äste knorrig, mit braun- oder schwarzgrauer, wenig abblätternder Rinde. Laubblätter sehr kurz gestielt, fast kreisrund, etwas breiter als lang, an der Spitze abgerundet oder gestutzt, mit tief gekerbtem Blattrand, 4 bis 12 mm lang und 5-15 mm breit, mit unterseits deutlich hervortretendem Adernetz, oberseits dunkelgrün, unterseits hellgrün, etwas klebrig. Blütenstände auf der gleichen Pflanze (einhäusig). Männliche Kätzchen ungestielt, aufrecht und walzenförmig, etwa 0,5-1,5 cm lang. Weibliche Kätzchen aufrecht. Fruchtflügel viel schmäler als die Frucht. STANDORT: Zerstreut oder sehr selten in Hochmooren, Moorwiesen und Torfbrüchen. VERBREITUNG: In Skandinavien, Schottland und den arktischen Gebieten der Sowjetunion. In Deutschland vereinzelt im Alpenvorland und im norddeutschen Flachland, im Erzgebirge, im Böhmerwald sowie in Westpreußen. BLÜTEZEIT: April und Mai.

Grau-Erle
Alnus incana

MERKMALE: Strauch oder kleinerer Baum zwischen 3 und 15 m Höhe, gelegentlich auch noch höher (bis 20 m). Krone breit kegelig oder säulenförmig, jedoch nicht hoch gewölbt, sondern etwas zugespitzt. Äste sehr locker angeordnet, quirlständig oder etwas unregelmäßig. Rinde glatt, dunkelgrau-grünlich, nach oben immer etwas heller, mit zahlreichen Lentizellen. Blätter wechselständig, voneinander etwas entfernt stehend und nicht überlappend, vorne scharf zugespitzt, oval oder rundlich, etwa 7-10 cm lang, deutlich gezähnt, auf der Oberseite mattgrün, auf der Unterseite graugrün. Männliche Kätzchen zu 3-4, während des Aufblühens 5-8 cm lang. Weibliche Kätzchen in Gruppen zu 2-8, zur Reifezeit zapfenartig verholzt und etwa 1 cm lang. STANDORT: Die Grau-Erle liebt kiesig-sandige Lockerböden mit zeitweiliger Überflutung. VERBREITUNG: Überall im mittleren und nördlichen Europa. BLÜTEZEIT: März bis April.

Schwarz-Erle
Alnus glutinosa

MERKMALE: Sommergrüner Baum bis etwa 25 m Wuchshöhe. Krone von Anfang an breit angelegt, später rundlich gewölbt oder mit kurzer Spitze. Rinde bräunlich-grau, in längliche oder annähernd quadratische Felder aufgebrochen. Blätter wechselständig, 4-10 cm lang, im Umriß breit keilförmig, nur wenig zugespitzt oder (häufiger) ausgerandet, am Rand seicht doppelt gesägt und leicht wellig, beidseits mit 5-8 Blattnerven, in deren Achseln auf der Unterseite gelbliche Haarbüschel stehen. Einhäusig. Männliche Kätzchen anfangs purpurn, um 3 cm lang, in kleinen Gruppen zu 2-3. Weibliche Kätzchen etwa 1-1,5 cm lang, zu 2-8 in kleinen Gruppen, während des Winters purpurn, beim Aufblühen grünlich. Fruchtende Kätzchen bis 3 cm lang, stark verholzt. STANDORT: Bevorzugen sickerfeuchten, zeitweise überfluteten Boden. VERBREITUNG: Überall in Europa. BLÜTEZEIT: März bis April.

Grün-Erle
Alnus viridis

MERKMALE: Vielästiger, 0,5-2,5 m hoher, selten auch bis 5 m hoher Baum. Rinde glatt, an älteren Ästen bräunlich oder aschgrau. Laubblätter eiförmig, kurz zugespitzt, gestielt, am Grund abgerundet, am Rand mit sehr feinen, scharfen Zähnen, in der Jugend klebrig, ausgewachsen, beidseitig kahl, bis 6 cm lang und 4,5 cm breit, mit 5-6 Seidenaderpaaren. Männliche Kätzchen weißlich behaart, ungestielt, lebhaft gelb gefärbt, bis 6 cm lang. Weibliche Blütenstände zart, aufrecht, rötlich-grün, etwa 1 cm lang, aus 5-8 Einzelblüten zusammengesetzt. Die Fruchtzapfen sind 10-15 mm lang, anfangs grün und sehr klebrig, werden dann fast schwarzbraun und holzig. STANDORT: Meist auf sauren und feuchten Böden; bevorzugt in schattigen Nordlagen. Besonders auf Urgestein. VERBREITUNG: Alpen, nördliches Alpenvorland, in den Gebirgen Zentraleuropas, den Karpaten sowie auf einigen Gebirgsstöcken des Balkans. BLÜTEZEIT: April und Mai.

Hainbuche, Weißbuche

Carpinus betulus

MERKMALE: Ansehnlicher, wichtiger Laubbaum mit breiter und hoher, besonders im Freistand schön gewölbter, oft aber etwas unregelmäßiger Krone, Höhe bis 20 m. Stamm selten gleichmäßig rund, sondern meist von ovalem Querschnitt, besonders bei älteren Bäumen verdreht oder spannrückig, gewöhnlich schon in geringer Höhe in stärkere Äste gegabelt. Rinde heller oder dunkler grau, anfangs glatt, später mit einem feinen Netzwerk gemustert oder mit flachen Leisten überspannt. Äste steil aufrecht, etwas geschwungen. Triebe dunkelgrau-bräunlich, zerstreut behaart. Knospen sehr schlank, den Achsen dicht anliegend. Blätter wechselseitig, länglich-eiförmig, 4-10 cm lang, vorne kurz zugespitzt, an der Basis abgerundet, meist leicht asymmetrisch, scharf doppelt gezähnt, einzelne Blattzähne sehr klein, beiderseits etwas glänzend, auf der Oberseite frisch- oder dunkelgrün. Blattstiel etwa 1 cm lang. Im Herbst kräftig gelb oder braungelb verfärbt. Einhäusig. Männliche Kätzchen 3-5 cm lang. Weibliche Blütenstände zur Fruchtzeit mit dreilappigen, bleichgrünen Hochblättern, die kleine Nußfrüchte einschließen. STANDORT: Wichtiger Waldbaum auf grundfrischen, nährstoffreichen, humosen Böden. Bestandsbildend in krautreichen Laubwäldern oder Hecken, von der Ebene bis etwa 1300 m Höhe. VERBREITUNG: Von den Pyrenäen bis Südskandinavien und östlich bis zur Türkei überall verbreitet und häufig; oft auch angepflanzt. BLÜTEZEIT: April bis Mai. ALLGEMEINES: Die Hain-Buche wird im Unterschied zu anderen Laubgehölzen besonders in der Nieder- und Mittelwaldwirtschaft wegen ihrer Schnitt- und Hiebverträglichkeit sehr gefördert. Auf vielen Flächen ihrer natürlichen Verbreitung ist sie jedoch verschwunden, weil ihre Standorte in der Vergangenheit bevorzugt in Ackerland umgewandelt worden sind. Ihre eigentümliche dreilappige Fruchthülle, die dem bleichgrünen Fruchtbecher der Haselnuß entspricht, dient im Frühjahr und im Sommer der Photosynthese und damit der Ernährung der heranreifenden Samen; später wird sie zum Flugorgan umfunktioniert. Mit winterlichen Stürmen können die Samen über 1 km weit verweht werden. Die verwandte Orient-Weißbuche (*Carpinus orientalis*) ist ein Strauch oder kleinerer Baum bis etwa 10 m Wuchshöhe. Sie trägt kleine, nur etwa 4-6 cm lange, eiförmige oder länglich-ovale Blätter, die sehr engständige Seitennerven aufweisen und am Rand scharf doppelt gesägt sind. Ziemlich häufig in den Bergwäldern der verschiedenen Balkanländer und in Kleinasien. Westlich bis Süditalien und Sizilien. Nur selten angepflanzt. Das Holz der Hainbuche ist sehr fest und hart. Früher wurde es bevorzugt für Nockenwellen, Kamm- und Zahnräder im Mühlenbau verwendet, heute macht man noch Schäfte für Werkzeug daraus. In manchen Gegenden nennt man die Hainbuche auch Hagebuche - ein Baumname, der in sehr ähnlicher Form schon im Althochdeutschen auftritt. Er erinnert daran, daß dieses Gehölz bis heute in windoffenen Gegenden für die Umhegung ('Hag') von bäuerlichen Gärten als lebender Zaun verwendet wird. Der Name Weißbuche bezieht sich auf das helle Holz.

Hopfenbuche
Ostrya carpinifolia

MERKMALE: Sommergrüner großer Strauch oder mittelgroßer Baum, bis 20 m hoch, im Alter mit rundlicher, ziemlich ebenmäßiger Krone. Zweige anfangs behaart, später kahl, sehr biegsam, rund, mit helleren Korkporen besetzt. Rinde auch an älteren Zweigen und Ästen glatt, olivgrün bis braungrau. Winterknospen abstehend, mit verklebten Knospenschuppen. Blätter 5-10 cm lang und bis 6 cm breit, im Aussehen der Hainbuche sehr ähnlich, an der Spitze jedoch weniger schlank. Männliche Blüten in langen Kätzchen. Reifer weiblicher Fruchtstand im Aussehen ähnlich einem Hopfen-Fruchtstand. VERBREITUNG: Verschiedene wärmeliebende Laubwaldgesellschaften in Südosteuropa, von Südfrankreich über die Südalpen und das östliche Mittelmeergebiet bis zum Kaukasus. BLÜTEZEIT: April bis Mai. ALLGEMEINES: Das harte, dichte Holz verwendet man zur Herstellung von Werkzeugen.

Wald-Haselnuß
Corylus avellana

MERKMALE: Sommergrüner, ausladender, 1-5 (in Kultur bis 10) m hoher, mehrstämmiger Strauch oder kleiner Baum mit meist buschförmiger Krone. Laubblätter einfach, wechselständig, 7-10 cm lang und 4-6 cm breit, rundlich bis breit-eiförmig, am oberen Ende in eine deutliche Spitze ausgezogen, am Grund herzförmig, am Rand doppelt gesägt und unregelmäßig schwach gelappt, oberseits dunkelgrün, zerstreut behaart, unterseits hellgrün, besonders auf den Nerven flaumig weichhaarig. Männliche Teilblütenstände zu 3-7 cm langen, länglich-walzenförmigen Kätzchen angeordnet. Weibliche Kätzchen unscheinbar, braun, eiförmig, 3-5 mm lang, aufrecht sitzend. Nuß anfangs gelblich, später eirund, spitz, zweikantig. STANDORT: In Wäldern, Gebüschen, Hecken, an Bachufern. Bevorzugt nährstoffreiche Kalkböden in halbschattigen Lagen. VERBREITUNG: Fast ganz Europa. BLÜTEZEIT: Januar bis April.

Baum-Hasel
Corylus colurna

MERKMALE: Kleinerer Baum von höchstens 20 m Wuchshöhe, seltener noch höher. Krone meist breit kegelförmig oder eiförmig mit schlanker, gut erkennbarer Spitze, Äste und Zweige schräg nach oben abgehend und ziemlich gerade verlaufend. Rinde blaßbraun, grauweiß oder zuweilen auch rötlich, kräftig gefurcht und rissig, ziemlich rauh, korkig auch auf jüngeren Exemplaren mit größeren, rundlichen Feldern abschuppend. Blätter wechselständig, etwa 8-12 cm lang und fast ebenso breit. Am Blattgrund herzförmig, vorne nur kurz zugespitzt und am Rand doppelt gezähnt oder wenig gelappt, auf der Oberseite glänzend grün, auf der Unterseite matt und etwas heller grün. Männliche Kätzchen 8-12 cm lang. Weibliche Blüten knospenförmig, zur Blütezeit nur an den lang herausragenden, meist karminroten Narben erkennbar. VERBREITUNG: In Südosteuropa und Kleinasien in Bergwäldern. BLÜTEZEIT: März bis April.

Weißer Maulbeerbaum, Weiße Maulbeere
Morus alba

MERKMALE: Sommergrüner, kleinerer Baum von ungefähr 10-15 m Höhe mit ziemlich schmaler, hoher, etwas brüchig wirkender Krone, nicht so breit und ausladend wie bei der Schwarzen Maulbeere. Äste ziemlich knorrig aussehend, dabei aber sehr wenig widerstandsfähig, lassen sich leicht abbrechen. Rinde braun-rötlich oder grünlich-grau, mit flachen, bogenförmig verlaufenden Vertiefungen. Triebe ziemlich gerade und dünn, zunächst fein samtig behaart, später verkahlend. Knospen schmalkegelförmig und wesentlich kleiner als bei der Schwarzen Maulbeere. Blätter 7-18 cm lang und etwa 8 cm breit, sehr variabel in der Form, entweder ungeteilt oder in mehrere Lappen geteilt, am Grund immer herzförmig eingeschnitten und am Rand grob gezähnt, dabei ziemlich weich, flach und dünn, auf der Oberseite leicht glänzend, grün und kahl, auf der Unterseite nahezu kahl oder allenfalls auf den größeren Blattrippen behaart. Blattstiel um 2 cm lang, stärker behaart, auf der Oberseite rinnig-grubig eingetieft. Männliche Blüten in langgestielten, hellgelben Kätzchen. Weibliche Blütenstände dagegen eher kopfig und aufrecht. Scheinbeeren weißlich oder hellrosa, genießbar, aber von undeutlichem, schwachem Aroma. VERBREITUNG: Die Weiße Maulbeere stammt ursprünglich aus China, wird aber im Mittelmeergebiet oder den wärmeren Gegenden Mitteleuropas schon seit Jahrhunderten angepflanzt. BLÜTEZEIT: Mai. ALLGEMEINES: Zur gleichen Familie gehört der eigenartige Osagedorn (*Maclura pomifera*), ein zweihäusiger Strauch oder kleiner Baum bis etwa 10 m Wuchshöhe. Die Blätter sind oval, mit schlanker, kurzer Spitze, ganzrandig, oberseits etwas glänzend. Die weiblichen Blütenstände sind kugelig und entwickeln sich zu Sammelfrüchten, die im Aussehen an eine große, runzelige Zitrone oder Apfelsine erinnern. Dieser Baum ist im zentralen Nordamerika heimisch und findet sich hin und wieder als Ziergehölz in Parks oder Gärten.

Schwarzer Maulbeerbaum
Morus nigra

MERKMALE: Sommergrüner Laubbaum mit niedriger, oft sehr breiter und weit ausladender Krone auf kurzem Stamm. Die Wuchshöhe beträgt meist nur etwa 8-12 m, doch wird der Baum gewöhnlich wesentlich breiter als hoch. Stamm oft gewunden und verdreht oder auch schief gewachsen. Untere Äste sehr massig, mehrfach gebogen und sehr knorrig aussehend. Blätter 7-18 cm lang und etwa 8 cm breit, breitoval und herzförmig, mit kurzer, schlanker Spitze, am Blattgrund tief und deutlich eingeschnitten, am Rand unregelmäßig gekerbt, gezähnt oder etwas gelappt, auf der Oberseite rauh behaart und hell- bis frischgrün, auf der Unterseite hellgrün und weich flaumhaarig. Einhäusig. Männliche Kätzchen kurz und dicklich, bleichgrün. Weibliche Blütenstände noch kürzer. Früchte dunkelrot oder schwarzrot. BLÜTEZEIT: Mai bis Juni. VERBREITUNG: Ursprünglich aus Zentralasien, in Indien und China bereits seit Jahrhunderten kultiviert.

Feige, Feigenbaum
Ficus carica

MERKMALE: Sommergrüner, laubwerfender Strauch oder kleiner Baum bis ungefähr 8 m Wuchshöhe. Krone an älteren Exemplaren meist sehr breit und ausladend, dabei aber auffallend niedrig und gewöhnlich auch recht unregelmäßig. Äste gehen vom knorrigen, oft gedrehten oder gebogenen Stamm schon in geringer Höhe über dem Boden ab. Sie sind sehr massiv und häufig gedreht oder bogig. Rinde glatt, hellgrau bis bleigrau, mit undeutlichem, dunklerem Linien- oder Netzmuster überzogen. Triebe sind ziemlich dick und steif, dunkelgrau-grünlich, gefurcht, überall mit auffallend dicken und breiten Blattnarben besetzt. Blätter sehr groß, ungefähr 20-30 cm lang und fast ebenso breit, wechselständig, ziemlich fest und lederig-steif, handförmig in 3-5 ungleiche große Lappen geteilt, diese abgerundet und stumpf oder allenfalls undeutlich gezähnt, auf der Oberseite dunkelgrün, rauhhaarig und nur wenig glänzend, auf der Unterseite heller grün und fast nur auf den deutlich hervortretenden, weißliche Blattnerven dichter weichhaarig. Blattstiel dicklich, 5-8 cm lang, mit breiter Basis. Blüten sehr klein und unscheinbar, in ein auffallendes, grünes, birnen- oder krugförmiges Gebilde eingeschlossen, das an der Spitze einen kleinen Zugang für bestäubende Insekten offenhält. Die Feige kann sich auch ohne Bestäubung oder Befruchtung entwickeln. Die Feigen reifen im Herbst des 2. Jahres zu grünen, violettgrünen oder schwärzlichen Scheinfrüchten heran. VERBREITUNG: Ursprünglich stammt der Feigenbaum aus Südwestasien, ist möglicherweise jedoch auch auf dem Balkan und in Südspanien zu Hause. Schon seit der Antike wird er fast überall im Mittelmeerraum angebaut und konnte dort stellenweise verwildern. In wintermilden Regionen gedeiht der Feigenbaum auch weit außerhalb seines natürlichen Verbreitungsgebietes. Ansehnliche Exemplare finden sich beispielsweise auf dänischen Ostsee-Inseln sowie in Südengland. Sie können dort sogar fruchten. BLÜTEZEIT: März bis Juli.

Torf-Gagelstrauch, Brabanter Myrte
Myrica gale

MERKMALE: Ästiger, aromatisch duftender, 0,5-2 m hoher, reichverzweigter Strauch. Äste aufrecht, dunkelbraun, spärlich flaumig behaart, mit goldglänzenden Harzdrüsen besetzt, manchmal auch kahl, dicht beblättert, Blätter wechselständig, sommergrün, derb bis lederig, 2,5-6 cm lang und 1-2 cm breit, länglich verkehrt-eiförmig bis lanzettlich, in eine Stachelspitze auslaufend, in der oberen Hälfte grob gezähnt, darunter ganzrandig und oft wellig, am Grund keilförmig verschmälert, oberseits dunkelgrün, glanzlos, unterseits hellgrün, grauflaumig und mit stark hervortretendem Mittelnerv, mit gelben, ölführenden, aromatisch duftenden Drüsen; Blattstiel 1-5 mm lang. Blüten meist eingeschlechtig und zweihäusig, seltener einhäusig verteilt, sehr selten auch zwittrig, windbestäubt, in aufrecht stehenden Kätzchen, die vor den Laubblättern erscheinen. Männliche Blüten in 1-1,5 cm langen Kätzchen ohne Blütenhülle, mit am Rand braun gewimperten Tragblättern und meist vier Staubblättern; Staubfäden kurz, am Grund verwachsen; Pollenkörner etwa 30 Mikrometer groß, an den Polen abgeplattet, mit drei Keimporen, die männlichen Kätzchen verdorren nach der Blüte und fallen ab. Weibliche Blüten in kurzen, 5-6 mm langen Kätzchen, mit hellbraunem Tragblatt und 2-4 kleinen Vorblättern; Fruchtknoten einfächerig, aus zwei Fruchtblättern bestehend, mit einer Samenanlage; Narben fadenförmig und purpurrot. Trockene Steinfrucht mit drei Spitzen, mit gelben Harzdrüsen besetzt. Samen oben spitz. STANDORT: Die Art wächst vorwiegend auf moorigen Sandböden, auf Heidemooren, in Pfeifengraswiesen und moorigen Waldwiesen, sowie in feuchten Kiefernwäldern und am Rande von Gräben. VERBREITUNG: Nur im nordwestlichen Teil Europas: nördlich bis zu den Orkney-Inseln, in Skandinavien, in den küstennahen Gebieten Westeuropas südwärts bis zum Golf von Biskaya. BLÜTEZEIT: April bis Mai, vor der Belaubung. ALLGEMEINES: Wie viele Moorpflanzen lebt der Gagelstrauch mit einem Pilz in Symbiose.

Flatter-Ulme

Ulmus laevis

MERKMALE: Sommergrüner Laubbaum bis etwa 30 m Wuchshöhe, treibt Ausläufer. Krone eigenartig unregelmäßig, annähernd kugelig, gewölbt, oft wenig geschlossen, mehrteilig oder ziemlich locker. Äste im unteren Kronenbereich verhältnismäßig kurz und waagrecht abstehend, im mittleren Kronenstück zunächst aufwärts gehend, dann aber übergebogen und hängend. Nur die Verzweigungen des Kronendachs gehen strahlig nach oben auseinander. Rinde an älteren Bäumen graubräunlich, mit breitem Leistenmuster überspannt und dazwischen tief gefurcht, dabei jedoch ziemlich glatt erscheinend. Furchen erfassen auch die unteren, größeren Äste, die an ihrer Ansatzstelle auffällig verbreitert sind. Triebe und jüngere Zweige rotbraun, samtig behaart. Blätter 7-12 cm lang und ungefähr 6-9 cm breit, von rundlichem Umriß oder eher oval, vorne kurz zugespitzt. Blattgrund auffallend schief und unsymmetrisch. Blattnerven auf der kürzeren Blatthälfte zu 12-18, auf der längeren mit zusätzlich 2-3 weiteren, verlaufen leicht bogig. Blattrand doppelt gesägt bis gezähnt, mit nach vorne weisenden oder etwas eingekrümmten Spitzen. Oberseite matt dunkelgrün, Unterseite fein graugrün behaart. Blattstiele sehr kurz, nur um 5 mm lang. Blüten büschelig, ziemlich lang gestielt. Früchte etwa 10-12 mm lang, länglich-oval, zur Reifezeit hängend. Samen in der Mitte, den Spalt nicht berührend. STANDORT: Zerstreut oder selten auf sommerwarmen Lehm- oder Sandböden in Auwäldern. VERBREITUNG: Überall in Europa verbreitet, aber nirgends häufig oder gar bestandsbildend, sondern immer nur vereinzelt oder in kleineren Gruppen anzutreffen. Stellenweise als Allee- und Straßenbaum gepflanzt. BLÜTEZEIT: März. ALLGEMEINES: Die in Nordamerika, Europa und Asien heimischen Ulmen werden immer häufiger zu Opfern der sogenannten Ulmenpest, einer Pilzinfektion unbekannten Ursprungs, die zuerst an Ulmen-Beständen in den Niederlanden entdeckt wurde und in den vergangenen Jahrzehnten rasch um sich gegriffen hat.

Berg-Ulme, Weiß-Rüster
Ulmus glabra

MERKMALE: Sommergrüner, bis 40 m hoher Laubbaum mit hoher, häufig sogar mehrteiliger Krone von verkehrt-eiförmigem Umriß, bei Bäumen im Freistand sehr breit entwickelt. Rinde auch an älteren Bäumen auffallend glatt und eben, mattgrau oder dunkler grau. Blätter verkehrt-eiförmig, länglich-oval und auch rundlich, etwa 10-16 cm lang und manchmal ebenso breit, mit langer, schlanker, aufgesetzt erscheinender Spitze, am Grund auffällig schief, ungleichmäßig doppelt gesägt. Blattoberseite matt dunkelgrün, Blattunterseite heller grün, auf den größeren Nerven fein weißhaarig. Früchte etwa 1,5-2 cm breit, mit breitem Hautsaum. Same mittelständig. STANDORT: Berg-Ulmen bevorzugen kühles und feuchtes Klima gerne auf lockeren, nährstoffreichen, sickerfeuchten Böden. VERBREITUNG: In Edellaubwäldern von Nordeuropa bis nach Westasien weit verbreitet. BLÜTEZEIT: Februar bis März.

Feld-Ulme, Rot-Rüster
Ulmus carpinifolia

MERKMALE: Sommergrüner Baum mit Wuchshöhen bis etwa 30 m. Krone recht vielgestaltig. Äste verhältnismäßig kurz, stark, nahezu waagrecht abstehend. Rinde braungrau, mit langen, recht tiefen Furchen und Buckelleisten. Blätter 6-10 cm lang und etwa 5-8 cm breit, überwiegend verkehrt-eiförmig oder länglich, mit verlängerter, schmaler Spitze und auffallend schiefem, unsymmetrischem Blattgrund. Blattrand undeutlich doppelt gesägt oder auch nur gekerbt mit kleinen, zur Spitze weisenden Zähnen. Blattoberseite meist glänzend, dunkelgrün. Unterseite heller, samtige Haarbüschel in den Winkeln der größeren Blattnerven. Früchte verkehrt-eiförmig oder länglich. Nuß deutlich oberhalb der Mitte. STANDORT: Feld-Ulmen bevorzugen sickerfeuchte, manchmal auch überflutete, nährstoffreiche Böden. VERBREITUNG: Vor allem in den großen europäischen Stromtälern anzutreffen. BLÜTEZEIT: März.

Südlicher Zürgelbaum
Celtis australis

MERKMALE: Sommergrüner Laubbaum bis etwa 20-25 m Höhe. Krone rundlich gewölbt, oft sehr breit ausladend oder nach einer Seite überhängend. Rinde auch an älteren Bäumen glatt und eben, bleigrau oder blaß bräunlich. Blätter 5-15 cm lang, lanzettlich-länglich oder langoval, mit sehr langer, schlanker Spitze und scharf gezähntem Blattrand. Blattgrund abgerundet und nahezu ganzrandig, insgesamt etwas wellig. Blattoberseite leicht rauhhaarig, matt dunkelgrün, Blattunterseite heller und fein weißlich behaart, besonders auf den Blattnerven. Blattspitzen häufig verdreht, besonders nach dem Austrieb. Steinfrüchte einzeln auf langen, blattachselständigen Stielen, kugelig-länglich, etwa 1 cm dick, zur Reifezeit braunrot bis schwarz, eßbar. VERBREITUNG: In Südwestasien und im Mittelmeergebiet. Besonders in Italien und in Frankreich, als Zier- oder Straßenbaum angepflanzt. BLÜTEZEIT: März bis April.

Großkelchiges Johanniskraut
Hypericum calycinum

MERKMALE: Immergrüner, buschiger, kahler, 20-60 cm hoher Strauch. Äste aufsteigend bis aufrecht, vierkantig, grünbraun berindet. Laubblätter einfach, dicht kreuz-gegenständig angeordnet, kurz gestielt bis fast sitzend, 45-85 mm lang und 15-40 mm breit, schmal-elliptisch bis schmal-eiförmig, am oberen Ende stumpf, am Grund stark verschmälert, derb ledrig, oberseits dunkelgrün, unterseits blaugrün, ganzrandig. Blüten leuchtend goldgelb, 5-7 cm im Durchmesser, fünfzählig, einzeln, seltener zu 2-3 an den Enden der Zweige sitzend. Die Frucht ist eine breit birnenförmige, 10-14 mm lange, braunrote, im reifen Zustand hängende Kapsel. STANDORT: In lichten Wäldern, auf steinigen Böschungen und an Flußufern. Liebt feuchte, sandige, nährstoffreiche Böden in schattigen Lagen. VERBREITUNG: Griechenland, Südostbulgarien, Türkei; häufig verwildert. BLÜTEZEIT: Juli bis September.

Balearen-Johanniskraut
Hypericum balearicum

MERKMALE: Das Balearen-Johanniskraut ist ein reich verzweigter, bis 120 cm hoher Strauch. Seine Zweige sind aufsteigend, dicht gegenständig beblättert, jung vierkantig und ebenso wie die Blätter mit großen, harzreichen Drüsen besetzt. Die Oberfläche erscheint dadurch warzig. Blätter sitzend, schmal-eiförmig, 10-12 mm lang, 6-8 mm breit, am Rand wellig. Blüten einzeln, endständig, leuchtend gelb, etwa 4 cm breit, wie bei allen Johanniskrautarten mit fünf freien Kelch- und Kronblättern. Kelchblätter bis 6 mm lang, zur Fruchtzeit abstehend. Staubblätter gelb, zahlreich, in fünf Bündeln. Fruchtknoten oberständig, fünfgriffelig. Die Frucht ist eine klebrig glänzende, eiförmige, spitze Kapsel. STANDORT: Lichte, trockene Wälder, auf Fels. VERBREITUNG: Nur auf den Balearen, außer auf Formentera. In Italien (Ligurien) mancherorts verwildert. BLÜTEZEIT: Mai bis September.

Bocks-Johanniskraut
Hypericum hircinum

MERKMALE: Immergrüner Strauch bis 1,5 m Höhe. Blätter gegenständig, sitzend, lanzettlich bis breit-eiförmig, 2-7,5 cm lang, zerrieben oft mit Bocksgeruch. Blüten gelb, in endständigen, lockeren Trugdolden. Kelchblätter eiförmig-lanzettlich, 3-6 mm lang, früh abfallend. Kronblätter länger als der Kelch, 10-18 mm lang, von den in fünf Bündeln stehenden Staubblättern überragt. Die drei Griffel drei- bis fünfmal so lang wie der oberständige Fruchtknoten. Frucht eine elliptische, ledrige, rote oder grüne Kapsel, 8-13 mm lang. STANDORT: Feuchte, schattige Plätze. Flußufer. VERBREITUNG: Gesamtes Mittelmeergebiet, in Westeuropa verwildert. BLÜTEZEIT: Mai bis September. ALLGEMEINES: Das verwandte Großblättrige Johanniskraut (*Hypericum androsaemum*) ist immergrün. Seine Kronblätter sind 6-12 mm lang und überragen den ausdauernden Kelch nicht. Die Frucht fleischig und rot bis schwarz.

Krähenbeerenblättriges Johanniskraut
Hypericum empetrifolium

MERKMALE: Niedriger, rasenartig wachsender Strauch bis 50 cm Höhe. Zweige entweder aufsteigend bis aufrecht oder niederliegend, sich kriechend bewurzelnd. Blätter zu dritt quirlständig sitzend, linealisch, 2-12 mm lang, an den Rändern nach unten eingerollt, kahl. Blattoberseite sattgrün, unterseits heller. Blüten gelb, in endständigen, langen Rispen oder einzeln. Die fünf Kelchblätter schmal-eiförmig, nur bis 3 mm lang, am Rand mit sitzenden, schwarzen Drüsen. Die fünf Kronblätter etwa 7 mm lang, den Kelch deutlich an Länge überragend. Kelch- und Kronblätter leicht abfallend. Staubblätter gelb, zahlreich, in drei Bündeln. Fruchtknoten oberständig. Frucht eine Kapsel mit schrägen, drüsigen Flecken. STANDORT: Steinige Böden, felsiger Untergrund. VERBREITUNG: Östliches Mittelmeergebiet. BLÜTEZEIT: Mai und Juni.

Salbeiblättrige Zistrose
Cistus salvifolius

MERKMALE: Reichverzweigter, buschiger, aufrechter, seltener niederliegender, 30-60 cm hoher Strauch. Laubblätter einfach, meist immergrün, gegenständig angeordnet, eiförmig bis elliptisch, am oberen Ende spitz bis stumpf, am Grund verschmälert oder herzförmig, runzelig, beiderseits dicht behaart, grün bis graugrün, am Rande leicht eingerollt. Blüten fünfzählig, weiß mit gelbem Grund, einzeln oder zu 2-4 büschelartig in den Achseln laubblattähnlicher Tragblätter sitzend. STANDORT: Auf trockenen, steinigen, nährstoffarmen, kalkhaltigen Böden in sonnigen Lagen. VERBREITUNG: Südeuropa, Syrien, Nordafrika. Nördlich bis Südfrankreich und Südschweiz. BLÜTEZEIT: April bis Juni.

Lack-Zistrose
Cistus ladanifer

MERKMALE: Sehr stark drüsig-klebriger, bis 2,5 m hoher Strauch mit harzig-aromatischem Geruch. Blätter gegenständig, fast sitzend, linealisch bis lanzettlich, 4-8 cm, manchmal auch bis 12 cm lang und 6-25 mm breit, oberseits dunkelgrün, glänzend und kahl, unterseits dicht weißfilzig. Blüten weiß, am Grunde oft dunkelrot oder gelb gefleckt, 7-10 cm im Durchmesser, einzeln stehend. Nur drei drüsigklebrige, kahle, am Rand lang weiß bewimperte Kelchblätter. Fünf Kronblätter. STANDORT: Kiefernwälder, Macchie, trockene Hügel. Auf sauren Böden, nie auf Kalk. VERBREITUNG: Westliches Mittelmeergebiet, Nordwestafrika, Kanaren. BLÜTEZEIT: April bis Juni.

Clusius-Zistrose
Cistus clusii

MERKMALE: Kleiner, vielästiger, bis etwa 1 m hoher Strauch mit aromatisch-harzigem Geruch. Junge Zweige und Blütenstiele lang weiß behaart. Blätter gegenständig, sitzend, schmallinealisch, am Rand nach unten eingerollt, 1-3 cm lang, 1-4 mm breit, oberseits dunkelgrün und kahl, unterseits weißfilzig und mit deutlichem Mittelnerv. Blüten weiß, 2-3 cm breit, bis 1,5 cm lang gestielt, zu 3-12 in doldenähnlichen Blütenständen am Zweigende. Nur drei weiß behaarte Kelchblätter. Fünf Kronblätter. STANDORT: Trockene, sonnige Hänge, auf Kalk. VERBREITUNG: Westliches Mittelmeergebiet, zentrales Mittelmeergebiet, bis nach Südost-Italien. BLÜTEZEIT: Juni und Juli.

Französische Zistrose
Cistus monspeliensis

MERKMALE: Bis 1 m hoher, reich verzweigter, aromatisch duftender, immergrüner Strauch mit braun-rötlicher Rinde. Blätter kreuzgegenständig, sitzend, lanzettlich, meist 4-8 cm lang, mit drei Hauptnerven; oberseits glänzend dunkelgrün, netzig gefeldert und leicht klebrig, unterseits heller, dicht sternhaarig, mit hervortretenden Adern. Blüten weiß, bis 3 cm im Durchmesser, zu 2-8 in endständigen, einseitswendigen, traubigen, jung eingerollten Blütenständen ohne Tragblätter. Fünf Kelchblätter, rot geadert, die äußeren etwas größer, Kronblätter zart, leicht ausgerandet. STANDORT: Macchien, auf saurem Untergrund. VERBREITUNG: Gesamtes Mittelmeergebiet, verstärkt im Westen. BLÜTEZEIT: April bis Juni.

Gelbe Zistrose
Halimium halimifolium

MERKMALE: Aufrechter, vielästiger, bis 1,5 m hoher, silbergrauer Strauch. Junge Zweige weiß silbrig, ältere braunrot. Blätter kreuzgegenständig, elliptisch oder lanzettlich-spatelig, 1-4 cm lang, 5-20 mm breit, jung weißfilzig, dann oberseits graugrün, mit schildförmigen Schuppen und Sternhaaren. Blütenstand rispig. Blüten goldgelb, am Grunde meist dunkel gefleckt, 3-4 cm breit. Fünf Kelchblätter, zwei sehr klein, innere 3-10 mm lang, dicht beschuppt, bisweilen behaart. Fünf breit-keilförmige Kronblätter. STANDORT: Auf Sand, Dünen, stets küstennah. Macchie, Garriguen, zum Teil bestandbildend. VERBREITUNG: Westliches Mittelmeergebiet, außer Frankreich. BLÜTEZEIT: März bis Juni.

Graubehaarte Zistrose
Cistus incanus

MERKMALE: 30-100 cm hoher Strauch mit aufrechten bis ausgebreiteten, behaarten Zweigen. Blätter 3-15 mm lang gestielt, eiförmig, elliptisch oder verkehrt-eiförmig, 2-5 cm, manchmal auch bis 7 cm lang, 8-30 mm breit, flach oder am Rand gewellt, unterseits erhaben, oberseits eingedrückt fiedernervig, beiderseits recht dicht sternhaarig filzig, graugrün. Blüten fünfzählig, rosarot, 4-6 cm breit, 3-15 mm lang gestielt, einzeln oder bis zu sieben doldig am Zweigende. Fünf eiförmig-lanzettliche, zugespitzte, behaarte Kelchblätter. Griffel fädig, so lang wie die Staubblätter. STANDORT: Garrigues, auf Kalk und Silikat. VERBREITUNG: Gesamtes Mittelmeergebiet, im Westen selten. BLÜTEZEIT: April bis Juni.

Schwarz-Pappel
Populus nigra

MERKMALE: Stattlicher Baum bis ungefähr 30 m Wuchshöhe, mit sehr hoher, gewölbter, oft sehr ausladender Krone, die besonders bei alten Bäumen mehrteilig und recht unregelmäßig aussehen kann. Stamm gewöhnlich sehr kräftig entwickelt, ziemlich bucklig und gewunden, meist etwas geneigt oder verdrückt, schon in geringer Höhe über dem Boden in wenige, sehr kräftige und massive Äste geteilt, die bogig oder steil schräg aufsteigen. Zweige und Triebe ziemlich dünn, hell bräunlich. Knospen eng angedrückt, blaßbraun. Blätter an Langtrieben etwa 5-9 cm lang gestielt, von dreieckigem Umriß oder eiförmig-rautenförmig mit schlanker, verlängerter Spitze, am Rand mit kleinen, nach vorne weisenden Zähnen. Blätter an Kurztrieben im allgemeinen kürzer. Alle Blätter beim Austrieb rötlich-grün, jedoch schon bald glänzend dunkelgrün. Männliche Kätzchen grauweiß mit rötlichen Staubgefäßen, um 5 cm lang. Weibliche Kätzchen grünlich. STANDORT: Bevorzugt feuchte, periodisch überschwemmte Böden über tiefgründigem Sand oder Kies. VERBREITUNG: Von Natur aus nur in den großen Flußtälern Mittel- und Südeuropas, jedoch vielfach angepflanzt und als Parkbaum verwendet. BLÜTEZEIT: März bis April. ALLGEMEINES: Die verwandte Westliche Balsam-Pappel (*Populus trichocarpa*) stammt aus Nordamerika und zeichnet sich durch eine schlankere Krone sowie rundlich-herzförmige Blätter aus, deren Blattgrund meist gerade abgeschnitten erscheint oder nur wenig keilförmig in den langen Blattstiel verschmälert ist. Hohe, meist schlanke Bäume mit sehr lichter, offener Krone. Häufig in Parkanlagen oder in Aufforstungsgebieten angepflanzt. Die Chinesische Großblatt-Pappel (*Populus lasiocarpa*) trägt auffallend großflächige Laubblätter, die durchschnittlich etwa 30 x 30 cm messen und damit wesentlich größer ausfallen als die Blätter aller anderen im Gebiet anzutreffenden Pappelarten. Außerdem fallen hier die roten Blattstiele auf. Als Zierbaum bisher noch nicht allzu häufig verwendet, sondern nur in großen Sammlungen und botanischen Gärten anzutreffen. Die Schwarz-Pappel ist recht häufig Partner bei Kreuzungen mit verschiedenen amerikanischen Pappel-Arten, vor allem mit der Rosenkranz-Pappel (*Populus deltoides*). Entsprechend formenreich ist das Sortenbild. Die sehr häufig angepflanzten Bäume ähneln jedoch in vielen Merkmalen ihren europäischen Eltern und können so vergleichsweise sicher erkannt werden. Die Berliner Lorbeer-Pappel (*Populus* x *berolinensis*) ist eine Hybrid-Pappel, an deren Entstehung wahrscheinlich die Schwarz-Pappel beteiligt ist. Auffallend ist ihre schmale, dichte Krone mit nahezu senkrecht aufstrebenden Ästen. Die Blattstiele sind rund, die Blattspreite schmal und keilförmig. Ähnelt im Aussehen der *Italica*-Form der Schwarz-Pappel, ist jedoch kleinblättriger. Die winzig kleinen Samen der Pappeln sind in flaumigen Samenhaarpaketen verborgen und werden so in großen Mengen vom Wind verbreitet. In ausgedehnten Pappelbeständen hat es zur Reifezeit mitunter den Anschein, als sei Neuschnee gefallen. Die Ausbreitungserfolge sind beachtlich.

Bastard-Schwarzpappel, Kanadische Pappel
Populus x canadensis

MERKMALE: Sommergrüne, meist starkwüchsige Bäume mit Höhen über 30 m und breiter, hoher, sehr offener Krone. Stämme am Grund oft knorrig und bucklig, bei ausgewachsenen oder älteren Bäumen bis über 10 m Höhe nahezu astfrei. Rinde hellgrau, meist tief gefurcht, Furchen oft ziemlich lang und breit. Blätter von dreieckigem Umriß, etwa 7-8 cm lang und breit, am Grund gestutzt oder leicht herzförmig, vorne mit schlanker, von der übrigen Blattfläche deutlich abgesetzter Spitze, am Rand etwas wellig durch flache, etwas ungleich große Zähne. Blattstiele 3-5 cm lang, meist deutlich abgeflacht. Männliche Kätzchen glänzen rötlich. Weibliche Kätzchen ziemlich dick und fest, glänzend grüngelb. VERBREITUNG: Überall in Europa in verschiedenen Sorten als Straßen- oder Parkbaum, auch in Schutzpflanzungen verwendet. BLÜTEZEIT: April bis Mai.

Pyramiden-Pappel, Italienische Pappel
Populus nigra var. italica

MERKMALE: Sommergrüne, hochaufragende Bäume mit Höhen von über 30 m und schmal pyramidenförmiger oder walzenförmiger Krone. Äste in sehr spitzem Winkel straff aufrecht. Borke aufgesprungen, mit starken Rippen. Blätter wechselständig, 4-8 cm lang, rautenförmig bis rhombisch, lang zugespitzt, an der Basis breit keilförmig. Rand im mittleren Bereich buchtig gesägt, sonst ganzrandig, Oberseite dunkelgrün, Unterseite graugrün, beiderseits kahl. Bäume zweihäusig; beide Blütenstände dichtblütig und hängend, mit handförmig zerschlitzten, kahlen Tragblättern; Männliche Kätzchen bis 7 cm lang, weibliche Kätzchen bis 12 cm lang, Fruchtknoten zweiblättrig; Samen mit Haarschopf. STANDORT: An Ufern und Landstraßen angepflanzt von der Ebene bis ins Gebirge, dann eher buschförmig. VERBREITUNG: Herkunft nicht sicher bekannt.

Zitter-Pappel, Espe
Populus tremula

MERKMALE: Sommergrüner Baum bis ungefähr 30 m Wuchshöhe. Krone anfangs sehr locker und licht durch weit gestellte Äste, später eher kegelförmig und zuletzt rundlich bis unregelmäßig mehrteilig. Rinde kahl, ziemlich glatt, etwas klebrig, grau-grün. Blätter 3-10 cm lang, lang gestielt, am Grund meist herzförmig, sonst überwiegend kreisrund oder eirund mit sehr kurzer, kaum angedeuteter Spitze, stumpf gezähnt oder seicht gebuchtet, auf der Oberseite matt graugrün oder reingrün, unterseits immer deutlich heller, aber kahl. Zweihäusig. Männliche Kätzchen grau-weiß mit purpurroten Staubgefäßen. Weibliche Kätzchen um 4 cm lang, grünlich, zur Fruchtzeit bis auf 12 cm verlängert. STANDORT: Lichte, nährstoffreiche Standorte. VERBREITUNG: In Europa verbreitet, in Schlagfluren, an Gehölzsäumen auf Blockhalden oder in Hecken von der Ebene bis weit über 1000 m im Gebirge ansteigend. BLÜTEZEIT: März bis April.

Silber-Pappel, Weiß-Pappel
Populus alba

MERKMALE: Sommergrüner Baum mit hoher, oft nach einer Seite überhängender, ziemlich breiter Krone auf kräftigem, geradem oder etwas gekrümmtem Stamm, am Grund häufig mit Schößlingen und Wasserreisern. Wuchshöhen bis 30 m. Rinde an jungen Exemplaren noch glatt und weißlich-grau bis graugrün, im Alter zunehmend rauh und dunkler grau, außerdem rissig gefurcht oder mit Leistenmuster. Triebe grün, dicht weißfilzig behaart. Knospen klein, eiförmig, braun-gelblich, behaart. Blätter wechselständig, 6-10 cm lang und bis 5 cm breit, an manchen Zweigen auch von angenähert kreisrundem Umriß, sonst eher oval und in 3-5 größere Lappen gegliedert, am Grund gerundet oder wie abgeschnitten erscheinend, lang gestielt, am Rand mitunter auch kurz gezähnt, beim Austrieb beidseits wollig-filzig behaart, später auf der Oberseite glänzend dunkelgrün und nur auf der Unterseite weißwollig, etwas derb und lederig. Zweihäusig. Männliche Kätzchen weißlich mit karminroten Staubgefäßen, etwa 4-6 cm lang, dicklich, hängend. Weibliche Kätzchen zur Blütezeit ebenso lang und grünlich-gelb, zur Fruchtzeit um 10 cm lang. Blüten erscheinen bereits vor dem Laubaustrieb. STANDORT: Die Silber-Pappel bevorzugt offene, feuchte Standorte auf lockeren Böden, vor allem Sandböden. VERBREITUNG: In Europa weit verbreitete Art in Auenwäldern, flußbegleitenden Gehölzen oder auch im küstennahen Pionierwald. BLÜTEZEIT: März bis April. ALLGEMEINES: Die Silber- oder Weiß-Pappel ist im größten Teil Europas zu Hause und von Natur aus eine der Leitarten der Weichholzauen zusammen mit strauch- und baumförmigen Weidenarten. Mit ihren auffallenden, zweifarbigen Blättern gehört sie zweifellos zu den attraktivsten einheimischen Laubgehölzen, ist jedoch als Zierbaum weitgehend unentdeckt geblieben. Die unten rechts abgebildete Grau-Pappel ist ein erbfester Bastard zwischen der Silber-Pappel und der Espe. Sie steht in ihren Merkmalen zwischen den Eltern.

Grau-Pappel
Populus x canescens

MERKMALE: Kräftiger, stattlicher Baum bis ungefähr 30 m Höhe, mit anfangs kegelförmiger, später eher rundlicher, gewölbter, recht breiter Krone auf hohem, dickem Stamm. Rinde bei jüngeren Bäumen mit Korkleisten, die sich mit zunehmendem Alter zu schwarzen, rauhen Wülsten vergrößern, grau oder dunkelgrau bis schwärzlich. Blätter von ungefähr dreieckigem Umriß, sonst mehr rundlich-oval, mit wenigen, großen, bogig verlaufenden Zähnen, am Grund wie abgeschnitten oder leicht herzförmig, auf der Oberseite glänzend dunkelgrün oder graugrün, auf der Unterseite dagegen filzig grauweiß behaart. Zweihäusig. Männliche Kätzchen weiß, mit karmin- oder purpurroten Staubgefäßen, etwa 3-4 cm lang. Weibliche Kätzchen zur Blütezeit grünlich und ebenso lang. STANDORT: Die Grau-Pappel liebt feuchte Lockerböden und siedelt deshalb gerne auf Flußschotter oder an Ufern. VERBREITUNG: In weiten Teilen Europas. BLÜTEZEIT: Februar bis April.

Silber-Weide, Weiß-Weide
Salix alba

MERKMALE: Großer, bis 25 m hoher Baum mit rissiger Borke und breit ausladenden Ästen, Verzweigung der jüngeren Triebe spitzwinklig. Triebe sind schmutzig braun, kurz, manchmal angeklebt behaart, matt, im Laufe des Sommers verkahlend. Die Blätter sind schlank lanzettlich, 5 bis 9 cm lang, beidseitig zugespitzt. Der Blattrand ist feindrüsig gesägt, die Drüsen sitzen auf der Spitze der Zähnchen. Blattstiel bis 5 mm lang, behaart, am Blattgrund mit zwei kleinen, wenig auffälligen Drüsen. die Blattoberseite ist grün, locker weiß und seidig behaart, Unterseite heller, dicht anliegende seidenhaarig, silberweiß glänzend. Die Kätzchen erscheinen nach Ausbruch der ersten, noch wenig behaarten Blätter. Männliche Kätzchen bis 2 cm lang gestielt, 3 bis 5 cm lang, meist überhängend. Staubfäden im unteren Teil behaart. Weibliches Kätzchen bis 5 cm lang, Fruchtknoten sehr kurz gesielt, dick, leicht konisch, kahl, Griffel mittellang, Narbenäste gespreizt, Tragblatt einfarbig hell, kahl, nur am Grund kurz kraushaarig, an der Spitze kahl. Männliche Blüten mit zwei Nektardrüsen, die vordere sehr klein, weibliche Blüten nur mit innerem Nektarium. STANDORT: In den Auenwäldern des Tieflandes als Flußbegleiter, höchstens bis 800 m aufsteigend. Auf nährstoffreichen, periodisch überschwemmten sandigen Böden. VERBREITUNG: Eurasiatische Weide; fast im ganzen europäischen Raum, einschließlich Mittelmeergebiet verbreitet. Fehlte ursprünglich in Irland, Schottland und Skandinavien. In diesen nördlichen Gebieten wird die Silberweide jedoch häufig kultiviert. BLÜTEZEIT: Ende April bis Mai, nach Blattaustrieb, etwa drei Wochen nach der Bruch-Weide. ALLGEMEINES: Die Silber-Weide ist ein stattlicher Baum und kann bis 100 Jahre alt werden. Viele Stockausschläge sorgen für den Nachwuchs. Sie erträgt starken Schnitt, die Steckhölzer bewurzeln gut. Die Langtriebe werden seltener für Flechtarbeiten verwendet, in der Nähe von Weinbergen liefert sie die Ruten zum Aufbinden der Rebenschößlinge.

Echte Trauer-Weide
Salix babylonica

MERKMALE: 10 bis 20 m hoher Baum mit weit ausladenden Ästen, Zweige lang rutenförmig, dünn, hellgrau, kahl, überhängend. Blätter kurz gestielt, lanzettlich bis 17 cm lang, 2,5 cm breit, lang zugespitzt und am Grund ebenso zusammenlaufend, Rand knorpelig gesägt, Oberseite dunkelgrün, Unterseite graugrün, beidseitig kahl. Blattstiel 5 mm lang, Nebenblätter nur sehr selten. Kätzchen zylindrisch, 4 bis 5 cm lang, hängend. Männliche Kätzchen mit zwei kahlen Staubfäden, weibliche Kätzchen mit kahlem Fruchtknoten und dicken Narben. Tragblatt einfarbig, hell, Außenseite locker behaart, Spitze nicht bärtig. Häufig findet man Kätzchen mit männlichen und weiblichen Blüten! STANDORT: Auf feuchten, lockeren Böden, entlang von Fließgewässern. Nur angepflanzt. VERBREITUNG: China und Japan. Die Westgrenze des ursprünglichen Areals liegt im Gebiet Ostturkestans. Als Zierbaum über die ganze Welt verbreitet. BLÜTEZEIT: April bis Mai.

Sal-Weide, Palm-Weide
Salix caprea

MERKMALE: Großer, bis zu 9 m hoher mehrstämmiger Strauch oder Baum. Am Stamm und an dickeren Ästen beobachtet man dunkle rautenförmige Aufbrüche in ganzen Reihen. Sie bilden ein gutes Merkmal für diese Weide! Junge Triebe sind dick, von oliver bis rötlicher Farbe, zuerst kurzhaarig, später verkahlend. Das entrindete Holz ist meistens glatt, nur ausnahmsweise mit einzelnen Striemen. Die Blätter sind breit-elliptisch, bis doppelt so lang wie breit, kurz, schief zugespitzt. Der Blattrand ist unregelmäßig schwach gesägt bis ganzrandig, an Kurztrieben meist glatt und wellig. Die Blattoberseite ist lebhaft grün bis oliv, kahl, leicht glänzend bis matt; nur der Hauptnerv ist leicht vorspringend und angedrückt behaart. Die Blattunterseite mit ihrem stark vorspringenden Nervennetz ist dauernd dicht weißlich behaart, im Griff weich. Der Blattstiel ist 1 cm lang, behaart, Nebenblätter sind meist vorhanden, 1 cm lang, herz- bis nierenförmig, gezähnt. Die Kätzchen erscheinen vor den Blättern; sie sind auffallend groß, vor dem Aufblühen sind sie in einen weißen Haarpelz gehüllt, der von den langbärtigen Tragblättern stammt und die jungen Blüten vor Frostschäden schützt. Die Kätzchen sind sehr kurz gestielt, die männlichen sind eiförmig, 2-3 cm lang, dichtblütig, die weiblichen sind länglich eiförmig, bis 4 cm lang. Das Tragblatt ist zweifarbig, am Grund hell, die Spitze dunkelbraun bis schwarz, dicht und lang weiß behaart, bärtig. STANDORT: Die Sal-Weide ist außerordentlich genügsam und kommt von der Hügelstufe bis in die alpine Region (2000 m) vor. Man findet sie in lichten Bergwäldern; in Kiesgruben und Kahlschlägen gehört sie zu den Erstbesiedlern. Sie bevorzugt helle Standorte auf mäßig feuchtem, gut, durchlüftetem Boden. VERBREITUNG: In ganz Europa von Skandinavien südwärts bis zu den Pyrenäen, dem Apennin und der südlichen Balkanhalbinsel, sowie im Kaukasus. Im Mittelmeergebiet nur in höheren Gebirgslagen. Auf Island fehlt die Sal-Weide. BLÜTEZEIT: März bis Mai.

Bruch-Weide, Knack-Weide
Salix fragilis

MERKMALE: Baum bis gegen 20 m hoch, mit mächtigen Ästen und rissiger Borke, seltener als Strauch. Blätter schlank lanzettlich, bis 16 cm lang, 2 bis 2,5 cm breit, lang, fein zugespitzt, vollständig kahl. Der Blattrand ist buchtig gesägt mit Drüsen, die deutlich in die Buchten gedrängt sind und nicht auf den Spitzen sitzen. Blattstiel 1 cm lang mit zwei bis vier Drüsen. Die Kätzchen sind 1 cm lang gestielt, die männlichen bis 6 cm lang, zylindrisch, die Staubfäden sind stark behaart; die weiblichen Kätzchen sind bis 7 cm lang, schlank zylindrisch, meistens hängend mit bewimperten jungen Blättchen. STANDORT: Sandig-kiesige nährstoffreiche Schwemmlandböden. VERBREITUNG: Verbreitungsgebiet der reinen Form vom Schwarzwald ostwärts bis Rußland. Südgrenze im Mittelmeergebiet; in Skandinavien bis Mittelschweden, ostwärts bis Ob und Altai. BLÜTEZEIT: Ende März bis Anfang Mai.

Purpur-Weide
Salix purpurea

MERKMALE: Großer, aufrechter Strauch, dicht buschig, bis 6 m hoch. Die Zweige sind dünn, biegsam und zäh, gelblich-braun oder purpurrot, kahl. Die Blätter sind schlank lanzettlich, an Langtrieben bis 12 cm lang, an Kurztrieben bis 7 cm lang. Das Blatt ist kurz zugespitzt und von der Mitte bis zur Spitze fein, scharf gesägt, gegen den Blattgrund ganzrandig, allmählich zusammenlaufend. Die Oberseite ist grün oder leicht bläulich, matt, Unterseite heller, graugrün, beidseitig kahl. Die Blattstellung am Trieb ist oft gegenständig. Die Kätzchen sind lang, schlank zylindrisch, oft gegenständig, bogenförmig. Männliche Kätzchen dichtblütig. Staubbeutel zuerst purpurn, blühend gelb. Die weiblichen Kätzchen sind bis 4 cm lang. STANDORT: Von der Ebene bis etwa 1200 m, an Wasserläufen, in Niederterrassen. VORKOMMEN: Eurasiatische Weide, in ganz Europa verbreitet. Fehlt in Skandinavien. BLÜTEZEIT: März bis April.

Moor-Weide, Kriech-Weide
Salix repens

MERKMALE: Die Äste sind im Boden ausgebreitet, unterirdisch kriechend. Die über dem Boden aufragenden Zweige sind steif aufgerichtet, selten über 50 cm hoch, gelbbraun oder rötlich, kahl. Die Blätter sind schlank lanzettlich, bis 5 cm lang, in der Mitte am breitesten, an Blattgrund und Spitze zugespitzt, ganzrandig. Blatt sattgrün, glänzend, zuerst behaart, Oberseite bald verkahlend, Unterseite langseidig behaart, spät verkahlend. Kätzchen eiförmig, männliche mit langen, kahlen Staubfäden; weibliche Kätzchen spitz eiförmig, bis 12 mm lang. STANDORT: Von der Hügelstufe bis an die Waldgrenze, auf Flach- und Hochmooren, in Streuwiesen und Magerweiden, meist auf kalkhaltigem Boden. VERBREITUNG: Fast ganz Europa, von Westeuropa ostwärts bis Ostasien. Auf der Iberischen Halbinsel nur im Norden, in Skandinavien nur im Süden. BLÜTEZEIT: April bis Mai.

Sand-Weide
Salix arenaria

MERKMALE: Kriechender, 0,1-1 m hoher Strauch mit niederliegenden Ästen und unterirdischem Stamm, Zweige dünn und aufrecht, grau bis rotbraun. Blätter 2-3 cm lang und 1-1,5 cm breit, etwa doppelt so lang wie breit, eiförmig, mit 4-6 seitlichen Nerven, beiderseits anliegend behaart und silbrig glänzend, ältere Blätter kahl; Blattrand nach unten eingerollt, mit vereinzelten Zähnen; Blattstiel bis 3 mm lang; Nebenblätter an Langtrieben meist vorhanden, lanzettlich, bis 1 cm lang. Die walzigen bis eiförmigen Blütenstände erscheinen kurz vor den Blättern. Männliche Kätzchen bis 1,5 cm lang und 0,5 cm breit; Tragblätter eiförmig bis rundlich, an der Spitze rotbraun, am Grund hell, besonders gegen die Spitze hin dicht und lang behaart; Staubblätter etwa dreimal so lang wie das Tragblatt. Staubfäden am Grund behaart; Nektardrüse länglich. Weibliche Kätzchen bis 3,5 cm lang und 1,5 cm breit, mit bis 1 cm langem Stiel; Tragblätter länglich verkehrt-eiförmig, etwa zwei Drittel so lang wie der Fruchtknotenstiel; Fruchtknoten dicht behaart, Griffel kurz oder fehlend. STANDORT: In tiefen Lagen in Flachmooren, nassen Wiesen, auf torfigen Böden und auf Sanddünen. VERBREITUNG: Als westeuropäische Pflanze vorwiegend in den Küstengebieten des Atlantik, der Nord- und Ostsee verbreitet. Vereinzelt tiefer in den Kontinent eindringend, z.B. vom Rheinland aufwärts bis in die Gegend von Bonn. BLÜTEZEIT: April bis Mai. ALLGEMEINES: Die Sand-Weide wird oft als Unterart der Kriechenden Weide aufgefaßt (*Salix repens* ssp. *arenaria*). Von der typischen Kriechenden Weide unterscheidet sie sich hauptsächlich durch die behaarten Staubfäden und Fruchtknoten, sowie dem Vorhandensein von Nebenblättern. Der Name Weide leitet sich vom althochdeutschen Wort wida, bzw. mittelhochdeutschen wide ab, was soviel bedeutet wie winden, drehen, biegen und wohl auf die Verwendung der Weidenruten hindeutet.

Aschgraue Weide, Grau-Weide
Salix cinerea

MERKMALE: Hoher Strauch mit dicken Ästen, in die Breite wachsend, oben abgeflacht. Blätter länglich elliptisch, verkehrt-eiförmig bis lanzettlich, 6 bis etwa 10 cm lang; Spitze kurz, oft schief, Rand wellig, zum Teil umgebogen, unregelmäßig kleingesägt, drüsig, am Grund meist kurz zusammengezogen. Zuerst beidseitig kurz behaart, später die Oberseite meist kahl, trüb graugrün, matt, Mittelnerv eingesenkt; Unterseite dicht grau weich flaumig, das Nervennetz deutlich vorspringend. Kätzchen kurz gestielt, spitz eiförmig bis kurz zylindrisch; männliche Kätzchen mit langen Staubfäden, an der Basis etwas behaart; weibliche Kätzchen mit auffällig langem Fruchtknotenstiel, dicht behaart, Fruchtknoten kegelförmig, Griffel kurz. STANDORT: Auf staunassem Boden. VERBREITUNG: In fast ganz Europa von Skandinavien bis Frankreich, Deutschland, Österreich, Schweiz, Italien, Korsika und Griechenland. BLÜTEZEIT: März bis April.

Lappländische Weide
Salix lapponum

MERKMALE: Kleiner, etwa 1 m hoher, aufrechter, selten niederliegender Strauch mit graubraunen Ästen. Blätter dick, etwa 3,5 cm lang und etwa 1,5 cm breit, lanzettlich oder verkehrt-eiförmig, vor allem auf der Unterseite filzig behaart. Blätter oberseits graugrün, fast ganzrandig. Männliche Kätzchen etwa 2,5 cm lang, sitzend; Tragblätter etwa 2 mm lang, lanzettlich bis verkehrt-eiförmig, oberseits braunschwarz, lang behaart; Staubbeutel anfangs purpurn, später gelb und nachher braun werdend; Nektardrüse bis 2 mm lang, schmal. Weibliche Kätzchen bis 9 cm lang und 1,5 cm breit, auffallend dichtblütig, an höchstens 1 cm langen Stielen; Fruchtknoten fast sitzend, lang und dicht behaart. STANDORT: In der Tundra und Waldtundra nur auf sauren Böden vorkommend. In Mooren, auf sumpfigen Wiesen, an Bachufern. VERBREITUNG: Nordeuropa und Nordasien. BLÜTEZEIT: Mai bis Juli.

Blau-Weide
Salix caesia

MERKMALE: Niedriger, bis 1 m hoher Strauch mit braunen, kahlen Zweigen. Blätter 1-4 cm, und 0,5-2 cm breit, eiförmig bis elliptisch, kurz zugespitzt, am Grund abgerundet oder leicht herzförmig, meist gefaltet, kahl, oberseits bleichgrün, unterseits blaugrün, Rand nach unten umgebogen, glatt. Männliche Kätzchen eiförmig, 1-1,5 cm lang; Tragblätter rotbraun, zerstreut behaart, später verkahlend; Staubfäden 3-5 mm lang, am Grund behaart, frei oder verwachsen; Staubbeutel kugelig, vor dem Aufblühen purpurrot, später violett. Weibliche Kätzchen 1-1,5 cm lang, dichtblütig; Fruchtknoten fast sitzend, dicht und kurz behaart, Narben rötlich, ausgerandet oder 2spaltig. STANDORT: In sandig-kiesigen Anschwemmungen von Gebirgswässern. VERBREITUNG: Endemit der Alpen. Von der Dauphine bis Vorarlberg, Tirol und Norditalien vorkommend. BLÜTEZEIT: Juni bis Juli.

Rosmarin-Weide
Salix rosmarinifolia

MERKMALE: Kleiner, meist niederliegender, bis 80 cm hoher, kriechender Strauch. Zweige aufrecht, dünn, kahl, meist braun, an der Basis oft mit zahlreichen kurzen Trieben. Blätter bis 2-5 cm lang und 3-8 mm breit, lanzettlich, oberseits sattgrün bis dunkelgrün, leicht glänzend, meist ganz verkahlend; unterseits blaß- oder graugrün, matt, nur selten verkahlend; Blattrand fast glatt. Männliche Kätzchen bis 1,4 cm lang und etwa 1 cm breit. Weibliche Kätzchen 3 cm lang und 2 cm breit. STANDORT: Von der Ebene bis ins Gebirge, in Flachmooren, Streuwiesen und Weiden. VERBREITUNG: Östliches Mitteleuropa und Osteuropa. Im Westen einzelne Vorkommen in Belgien und Norditalien, im Norden bis Schweden. Trockengebiete von Süd- und Mitteldeutschland. Niederösterreich, Ungarn, Tschechoslowakei, Polen, Baltikum und Rußland. Gelegentlich als Ziergehölz angepflanzt. BLÜTEZEIT: April bis Mai.

Mandel-Weide
Salix triandra L

MERKMALE: Bis 4 m hoher Strauch oder kleiner Baum. Die Borke älterer Äste löst sich in Fetzen ab, das darunter erscheinende Rindengewebe ist rostrot. Blätter lanzettlich bis 10 cm lang, am Grund kurz zusammengezogen, vorn lang zugespitzt; Rand flach, regelmäßig stark gesägt mit kleinen Drüsen. Oberseite sattgrün, leicht glänzend, Unterseite ebenfalls grün, weniger glänzend, beidseitig kahl. Die Kätzchen sitzen an den Kurztrieben, 2 cm lang gestielt, aufrecht stehend. Männliche Kätzchen bis 4 cm lang, leicht konisch, von der Basis her aufblühend. Weibliche Kätzchen bis 5 cm lang, sehr schlank; Fruchtknoten deutlich gestielt, kegelförmig, kahl, Narbe fast ohne Griffel waagrecht ausgebreitet. STANDORT: Vor allem im Flachland und in der Hügelstufe an Flußufern, an periodisch überschwemmten Bereichen. VERBREITUNG: In ganz Europa, außer Schottland, Nordirland, Nordskandinavien, Südspanien und Sizilien. BLÜTEZEIT: April bis Mai.

Netz-Weide
Salix reticulata

MERKMALE: Niederliegender Strauch mit sparrig abstehenden Ästen. Blätter 1-5 cm lang und 1-4 cm breit, elliptisch oder fast kreisrund. Blattoberseite dunkelgrün bis olivgrün, matt, Nervennetz tief eingesenkt, Blattunterseite grau bis weißgrün, zerstreut bis dicht lang und anliegend behaart; Blattrand nach unten umgebogen, glatt. Männliche Kätzchen dünn zylindrisch, dichtblütig; Tragblätter rotbraun, weißwollig behaart; Staubfäden am Grund behaart; Staubbeutel braun. Weibliche Kätzchen etwa 2 cm lang, dichtblütig, Fruchtknoten eiförmig, dicht grauhaarig, fast sitzend; Narbe zweispaltig. STANDORT: Im Gebirge und Hochgebirge von etwa 1700-2500 m, vereinzelt bis 3000 m, auf kalkhaltigen feinerde-armen, lang von Schnee bedeckten Rohschuttböden, als Pionier an Felsblöcken. VERBREITUNG: In den arktischen und alpinen Zonen Europas und Asiens. BLÜTEZEIT: Juli bis August.

Quendelblättrige Weide
Salix serpyllifolia

MERKMALE: Reich verzweigter, flach an den Untergrund gedrückter Spalierstrauch mit dicht beblätterten, braunglänzenden Zweigen. Blätter sehr klein, bis 1 cm lang und schmal elliptisch, manchmal leicht verkehrt-eiförmig, Spitze stumpf, nur selten etwas ausgerandet, ganzrandig, kahl. Oberseite dunkelgrün, etwas glänzend, Unterseite etwas heller, matt. Blattstiel 1 mm lang. Kätzchen sehr klein, mit wenigen Blüten, jeweils von einem Laubblättchen unterlegt oder von zwei Blättchen rosettenartig umfaßt. Männliche Kätzchen mit zwei bis sechs Blüten.Weibliche Kätzchen mit zwei bis sieben Blüten. STANDORT: Im Hochgebirge, über 2000 m hoch, auf humusarmen, oft basenreichen Rohböden. VERBREITUNG: Endemit der Alpen; Zentralalpen der Schweiz (im Wallis bis 3180 m Höhe!); Allgäuer, Bayerische und Berchtesgadener Alpen; Österreich, Südtirol, Karawanken. BLÜTEZEIT: Juli bis August.

Kraut-Weide
Salix herbacea

MERKMALE: Niederliegender Zwergstrauch mit größtenteils unterirdischem Stamm; nur die jüngsten, beblätterten Zweiglein erreichen die Oberfläche des Bodens und bilden einen satten Blätterrasen. Blätter fast kreisrund, um 20 mm lang, 17 mm breit, am Grunde keilförmig in den Blattstiel zusammenlaufend, der Rand ist gesägt bis gekerbt, Blattflächen beiderseits grün glänzend, kahl. Männliche und weibliche Kätzchen sind sehr klein, mit wenigen Blüten, von zwei Laubblättern rosettenartig umfaßt. Männliche Blüte mit zwei Staubgefäßen. Weibliche Blüten mit kurzen Griffel verjüngt, Narbenäste meist seitwärts gebogen. STANDORT: In den Alpen oberhalb der Waldgrenze von 1700-2300 m auf feuchten, meist sauren, kalkfreien Böden, in alpinen Rasen, oft in Nordlage. VERBREITUNG: Arktisch-alpine Weide. Nordeuropa, Pyrenäen, Zentralmassiv Alpen, Apenninen, Balkan-Gebirge, Karpaten, Ural, Altai, Ostsibirien. BLÜTEZEIT: Juni bis August.

Kurzzähnige Weide, Matten-Weide
Salix breviserrata

MERKMALE: Niederliegendes, selten leicht aufgerichtetes, dicht verzweigtes, sparriges Sträuchlein bis 30 cm hoch werdend. Triebe meist bogig aufsteigend; Zweige kurz knotig, braun, leicht glänzend; junge Triebe anfangs grau behaart später verkahlend. Rinde aufreißend und abschilfernd. Blätter bis 3 cm lang und 0,5-1,8 cm breit, elliptisch oder verkehrt-eiförmig, am Grund keilförmig in den sehr kurzen Blattstiel zusammenlaufend, kurz zugespitzt, zuerst beidseitig dicht hellgrau filzig, später nur die Oberseite wirr spinnwebig behaart (Lupe!), die Unterseite oft kahl, glänzend. Blattrand sehr fein, regelmäßig gesägt. Nebenblätter selten vorhanden, klein. Kätzchen aufgerichtet, lang gestielt. Männliche Kätzchen eiförmig, bis 12 mm lang. Staubfäden kahl, sehr lang, gelb bis purpurn, Staubbeutel violett. Weibliche Kätzchen gedrungen, zylindrisch bis 15 mm lang, Fruchtknoten sitzend, spindelförmig, dicht langseidig behaart, Griffel kurz, purpurn, die Narbe ist zweigeteilt, die Narbenäste gespreizt. Tragblatt zweifarbig, nur an der Basis hell, übriger Teil dunkel purpurn, Außenseite mit weißen Seidenhaaren, Spitze bärtig. Nektardrüse lang keulenförmig, purpurn. STANDORT: Hochgebirge, Alpen und Dolomiten, auf Kalkschutt und auf saurem Boden, auf Moränen, in sonnigen Lagen. VERBREITUNG: Endemit der Alpen. Pyrenäen, Apennin, von den Hautes Alpes bis zu den Niederen Tauern verbreitet. BLÜTEZEIT: Juni bis Juli, nach der Blattentfaltung. ALLGEMEINES: Die Art ist nahe verwandt mit der skandinavischen Myrten-Weide (*Salix myrsinites*). Die Kurzzähnige Weide kann sich großflächig ausbreiten und wirkt als Schuttfestiger. Die Kurzzähnige Weide kann leicht mit der Alpen-Weide verwechselt werden. Deutliche Unterschiede sind: Blatt oberseits fein, spinnwebig behaart (Lupe!), unterseits meist kahl, Rand fein gesägt, Fruchtknoten sitzend. Alpen-Weide: Blatt kahl, ganzrandig, Fruchtknoten deutlich gestielt.

Arktische Weide
Salix arctica

MERKMALE: Niedriger, reichverzweigter Strauch mit stielrunden, am Boden kriechenden Ästen. Zweige graubraun, in der Jugend behaart, später kahl. Blätter derb, etwas ledrig, gewöhnlich 1-4 cm lang, sehr veränderlich in der Form, meist elliptisch, oder verkehrt-eiförmig, seltener rundlich, am Grund keilförmig verschmälert oder leicht herzförmig, in der Jugend behaart, später kahl; Blattspitze spitz, abgerundet oder ausgerandet; Blattoberseite stumpfgrün, Unterseite blaugrün; Rand glatt. Männliche Kätzchen 1-2 cm lang; Staubfäden kahl. Weibliche Kätzchen 2-3 cm lang, bei der Fruchtreife bis zu 9 cm. Fruchtknoten kurzgestielt, grünbraun bis dunkelrotbraun, dicht oder spärlich behaart, Narben meist geteilt, spreizend. STANDORT: In Wiesengesellschaften, auf felsigen oder sandigen Böden. VERBREITUNG: In den arktischen Tundrenzonen von Europa, Asien und Nordamerika. BLÜTEZEIT: Mai bis Juli.

Alpen-Weide, Myrten-Weide
Salix alpina

MERKMALE: Niederes Sträuchlein mit bis 1 cm dicken, schwarzbraunen Ästen und bogig aufsteigenden Zweigen. Blätter elliptisch, bis 3 cm lang, Rand flach oder leicht umgebogen, Oberseite kahl, lebhaft grün, etwas glänzend. Unterseite zuerst entlang der Mittelachse seidig behaart, Rand bewimpert. Kätzchen kurz zylindrisch, 15-20 mm lang. Männliche Kätzchen mit kahlen, langen Staubfäden; weibliche Kätzchen etwas länger, Fruchtknoten deutlich gestielt, Griffel lang, gespalten, purpurn, Narbenäste gespreizt. Tragblatt zweifarbig, Basis hell, vorderer Teil purpurn bis schwarz, seidenhaarig. STANDORT: Alpen, von 1400-2000 m auf Kalk und Dolomitschutt, auf trockenem Rasen. VERBREITUNG: Ostalpin-karpatische Weide. Ötztaler Alpen bis zum Wiener Schneeberg, Tatra und Karpaten. Westlichster Fundort in den Münstertaler Dolomiten (Schweiz). BLÜTEZEIT: Juni bis Juli.

Schweizer Weide
Salix helvetica

MERKMALE: Selten über 80 cm hoher Strauch, oft bogig aufsteigend. Äste dick, kurz, Zweige kurz knotig, braun, leicht glänzend. Blätter schmal elliptisch bis lanzettlich, bis 5 cm lang; kurz zugespitzt, am Grund keilförmig in den Blattstiel laufend; Oberseite zuerst meist locker flaumig, verkahlend, später kahl, sattgrün glänzend. Unterseite dicht angedrückt weißfilzig. Kätzchen zylindrisch; männliche mit langen, kahlen Staubfäden, Staubbeutel oft orange bis rötlich; weibliche Kätzchen dicht weiß behaart, die schwarzen Spitzen der Tragblätter gut erkennbar. Fruchtknoten deutlich gestielt, kegelförmig, dicht wollig behaart, Griffel lang, Narbenäste gespreizt, oft orange. STANDORT: Hochgebirge auf feuchtem kalkfreiem Blockschutt, oft in Nordlage. VERBREITUNG: Alpin-pyrenäische Weide, auf 1700 bis 2300 m Höhe. Pyrenäen, Französische Alpen, Schweiz, Österreich. BLÜTEZEIT: Juni bis Juli.

Atlas-Zeder

Virginischer Wacholder

Gemeine Eibe

Rinden - die Haut der Gehölze

Auch die Gehölze haben eine Haut. Sie schließt sie nach außen ab, bewahrt sie vor gefährlichen Wasserverlusten und wehrt außerdem unerwünschte Eindringlinge wie Pilze oder Schadinsekten ab. Mit unserer eigenen Haut teilt sie mancherlei Gemeinsamkeiten - sie ist beispielsweise sehr verletzlich. Wird sie durch Schnitte, Quetschung oder Verbrennung stärker geschädigt, reagiert das betroffene Gehölz mit erheblichen Wachstumsstörungen oder sogar mit Absterben. Die Botaniker trennen die Begriffe Rinde und Borke sehr deutlich. Mit Rinde bezeichnen sie alle außen liegenden, abdichtenden und schützenden Gewebeschichten der Sproßachse. Bei jungen Pflanzen findet sich hier ein ziemlich einheitlich aufgebautes Gewebe, die sogenannte primäre Rinde. Nimmt das junge Stämmchen jedoch im Laufe der Jahre an Durchmesser zu, verändert sich das Bild: Der teilungsaktive Kambiumring, von dem das ge-

Schwarz-Kiefer

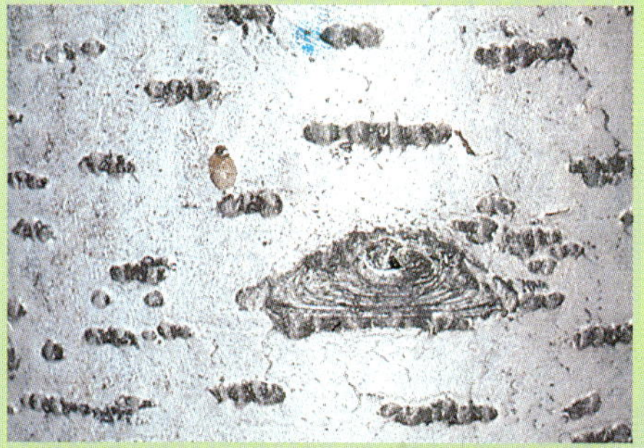

Nordmanns-Tanne

Zirbel-Kiefer

Araukarie

Sumpfzypresse

Morgenländische Platane

Stiel-Eiche

Kork-Eiche

samte Dickenwachstum ausgeht, schiebt alle außen liegenden Gewebeschichten gleichsam vor sich her und liefert von innen ständig neues Dichtungsmaterial nach. Zusammen bilden diese Gewebemassen die sekundäre Rinde. Bei den Gehölzen nennt man sie auch Bast. Meist können die Gewebe der sekundären Rinde dem zunehmenden Dickenwachstum nicht folgen und reißen auf - in feine Längsbänder wie beim Virginischen Wacholder, in unregelmäßige Felder wie bei den Kiefern oder gar in grobe Platten wie bei der Araukarie. Neue Gewebeschichten, die Korkkambien, werden jetzt aktiv und stopfen die Löcher von innen erneut. Wenn sich daraus sehr massive, schon bald wieder absterbende Schutzschichten entwickeln, spricht man von Borke. Ihre Netzmuster oder Linienornamente sind so typisch, daß man danach sogar die Gehölze bestimmen kann - etwa die Weiß-Birke, die Robinie oder die Stiel-Eiche. So löst sich z.B. die Borke in langen papierartigen Streifen ab, die Borke der Stiel-Eiche ist deutlich durch tiefe Längsrisse gekennzeichnet. Im Gegensatz dazu bleibt die Borke der Rot-Buche völlig glatt und dient so als ein Bestimmungsmerkmal. Bei einigen Gehölzen, beispielsweise bei der Nordmanns-Tanne, fällt der Unterschied zwischen junger und gealterter Rinde sehr stark auf. Die Gemeine Platane hat mit ihrer plattigen Borke die feingefelderte Außenlage einer ihrer Elternarten, der Morgenländischen Platane, auf interessante Weise abgewandelt. Bei der Kork-Eiche nutzt man die massive Gewebeproduktion des Korkkambiums - man kann hier den Kork abschälen, ohne den lebenden Bast des Baumes zu schädigen. Bei vielen Gehölzen tragen die Rinden noch zusätzliche Strich- und Leistenmuster, so etwa bei der Grau-Erle oder bei der Eberesche. Es sind die Lentizellen, die der Durchlüftung des Rindengewebes dienen.

Eberesche

Gemeine Robinie

Weiß-Birke

Grau-Erle

Korb-Weide, Hanf-Weide
Salix viminalis

MERKMALE : Großer Strauch, seltener bis 10 m hoher Baum mit schlanken, aufrechten Ästen. Zweige gelbgrün oder grau bis rotbraun, matt, in der Jugend grau behaart. Blätter bis 15 cm lang, lanzettlich bis lineal-lanzettlich, 2,5 cm breit, zum Teil hängend, lang zugespitzt, Oberseite trüb grün bis sattgrün, matt oder glänzend; Unterseite silbern glänzend, dicht mit kurzen silberweißen Härchen in Richtung der Seitennerven besetzt, der Blattrand ist stark nach unten gebogen und bildet eine Rinne. Kätzchen zylindrisch, dicht, bis 4 cm lang; männliche mit sehr langen, kahlen Staubfäden; weibliche Kätzchen straff aufrecht stehend, mit sitzendem, dicht hell behaartem, gedrungenem Fruchtknoten. STANDORT: In tieferen Lagen der Hügel- und Bergstufe auf nassen Böden und an Wiesenbächlein. VERBREITUNG: Europa und Asien. Von Frankreich ostwärts bis zum Ural. BLÜTEZEIT: März bis April.

Lorbeer-Weide
Salix pentandra

MERKMALE: Baum mit bis zu 15 m Wuchshöhe, selten Strauch. Stamm dunkelgrau, Borke längsrissig. Blätter bis 8 cm lang, lanzettlich, kurz zugespitzt, keilförmig in den Blattstiel laufend, Rand flach, regelmäßig fein, drüsig gesägt. Oberseite lebhaft dunkelgrün, stark glänzend, Unterseite heller, bläulich-grün, beidseitig kahl. Kätzchen zylindrisch, männliche Kätzchen mit 4 bis 8 (bis 12), in der unteren Hälfte behaarten Staubfäden, zwei Nektardrüsen; weibliche Kätzchen mit kurzgestieltem, kegelförmigem, kahlem Fruchtknoten, Griffel lang, gespalten, Narbenäste meist umgebogen. Tragblatt einfarbig hell. STANDORT: Auf sandigkiesigen, dauernd durchfeuchteten Anschwemmungen der Flüsse; auf Anschwemmungen der Gebirgsbäche. VERBREITUNG: Eurasiatische Weide; von England und Osteuropa bis Westsibirien. Selten in den Pyrenäen und Apennin, im Kaukasus. BLÜTEZEIT: Juni bis Juli.

Ohr-Weide
Salix aurita

MERKMALE: Bis 2 m hoher Strauch mit kurzen Ästen. Zweige rotbraun, kahl, oft glänzend. Blätter 2 bis 4 cm lang, verkehrt-eiförmig, am Grund keilförmig in den Blattstiel laufend, vorn breit abgerundet; kurze schiefe, oft gefaltete Spitze, Rand wellig, unregelmäßig grob gesägt bis ausgebissen gezähnt; Oberseite trübgrün, mit tief eingesenktem Nervennetz, kahl, Unterseite mit vorspringendem Nervennetz, graugrün, dicht flaumig behaart, selten verkahlend; Blattstiel 5 mm lang, behaart; Nebenblätter groß, breit herzförmig, gezähnt. Kätzchen sehr kurz gestielt, länglich eiförmig, 1,5 cm lang. Männliche Kätzchen mit langen, nur an der Basis behaarten Staubfäden; weibliche Kätzchen mit lang gestieltem, spindelförmigem, dicht behaartem Fruchtknoten. STANDORT: Auf nassen, sauren Torf- und Lehmböden. VERBREITUNG: Fast ganz Europa; fehlt in den Mittelmeerländern. BLÜTEZEIT: März bis Mai.

Heidelbeerblättrige Weide
Salix myrtilloides

MERKMALE: Kleiner, reich verzweigter Strauch, Äste im Boden, nur die Zweige 20 bis 30 cm lang emporragend. Die einjährigen Triebe braun, kahl, etwas glänzend. Blätter 1 bis 3 cm lang, kurz elliptisch bis rundlich, mit 6-8 Seitennerven, ganzrandig, bläulich-grün. Blattstiel bis 5 mm lang, keine Nebenblätter. Kätzchen um 2,5 cm lang, an beblätterten Kurztrieben. Männliche Kätzchen aufgerichtet, Staubfäden kahl. Weibliche Kätzchen bis 2 cm lang, etwas lockerblütig. Fruchtknoten lang gestielt, kahl, länglich ei-kegelförmig, grün. Griffel deutlich abgesetzt, kurz, Narben vierästig. Tragblatt einfarbig, dünnhäutig, gelblich-grün, oft purpurn gesäumt, spärlich behaart, schwach bärtig. Nektardrüse keulenförmig. STANDORT: Auf Hochmooren, in Torfsümpfen und in sumpfigen Wiesen. Nur auf sauren Böden. VERBREITUNG: Nordeuropa, Osteuropa, zerstreut und sehr selten in Mitteleuropa. BLÜTEZEIT: Mai bis Juli.

Schwarz-Weide
Salix nigricans

MERKMALE: Großer, bis 4 m hoher Strauch, selten baumförmig. Blätter in Form und Größe sehr veränderlich, in der Regel elliptisch, Rand deutlich gesägt, zugespitzt. Oberseite dunkelgrün, zerstreut behaart oder kahl, Unterseite graungrün, mit Wachsbelag, matt, die äußerste Blattspitze immer deutlich reingrün; auf den vorspringenden Blattnerven deutlich, sonst spärlich behaart. Kätzchen kurz gestielt, eiförmig bis spitz eiförmig; männliche Kätzchen mit langen, am Grunde behaarten Staubfäden, weibliche Kätzchen mit kahlen oder behaarten Fruchtknoten, schlank ei-kegelförmig. STANDORT: Hügelstufe bis Bergregion. Auf feuchtem, meist kalkhaltigem Boden; an schlammigen und kiesigen Bach- und Flußufern und Auenwäldern. VERBREITUNG: Eurosibirische Weide. Nordeuropa, Nordrußland, Nordwestdeutschland, weiter südlich in den Voralpen und am Alpenfuß. BLÜTEZEIT: April bis Mai.

Lavendel-Weide
Salix elaeagnos

MEKRMALE: Stattlicher, bis 6 m hoher Strauch, selten hoher Baum. Äste aufgerichtet. Zweige gelbgrün bis rostrot, jüngste Triebe zerstreut behaart. Blätter bis 15 cm lang, schmal lanzettlich, beide Enden lang zugespitzt, Rand stark umgebogen; Oberseite mit eingesenktem Mittelnerv, dunkelgrün, zuerst grau behaart, verkahlend, Unterseite mit stark vorspringendem Mittelnerv, dicht grau- bis weißfilzig. Kätzchen kurz gestielt, länglich walzenförmig, waagrecht ausgestreckt oder nach unter gebogen. Männliches Kätzchen bis 2,5 cm lang, Staubfäden kahl, in der unteren Hälfte zusammengewachsen; weibliches Kätzchen 3 bis 5 cm lang, Fruchtknoten gestielt, ei-kegelförmig, kahl, Griffel lang, mit der Narbe über das Tragblatt hervorragend. STANDORT: Von der Ebene bis in subalpine Flußanschwemmungen. VERBREITUNG: Mittel- bis Südeuropa. Von Spanien ostwärts bis zu den Gebirgen der Balkanhalbinsel.

Reif-Weide
Salix daphnoides

MERKMALE: Hohe, bis 10 m erreichende, zum Teil stattliche Bäume mit breiter, ausladender, offener Krone, aber auch strauchförmig. Die Borke ist hellgrau, leicht gelblich, etwas längsrissig. Zweige aufrecht bis abstehend; jüngere Zweige braun bis purpurn, leicht glänzend, meist mit hellem, blaßblauem, abwischbarem Wachsbelag (bereift!), anfangs zuweilen behaart, später kahl. Zweige brechen leicht ab. Blätter länglich bis lanzettlich, 6-8 cm lang und 2 cm breit, fein zugespitzt, zum Grund hin verschmälert, Rand flach und regelmäßig kleindrüsig gesägt, derb, in der Jugend seidig behaart, später verkahlend. Oberseite lebhaft grün, stark glänzend, kahl, mit hellgelb bis rötlichem Hauptnerv, Unterseite etwas heller, bläulichgrün, matt, kahl, der Hauptnerv stark vorspringend. Der Blattstiel ist bis 8 mm lang, an seinem Grund sind die beiden hellgrünen, 2-3 mm langen, eiförmigen, am Rande gesägten Nebenblättchen angewachsen, sie fallen mit dem Blatt zusammen ab. Die Reif-Weide weist besonders große Kätzchen auf; männliche Kätzchen zuerst dichtwollige Bällchen bildend, aus diesem Pelz brechen die sehr langen, kahlen Staubfäden hervor; weibliche Kätzchen grünlich, der Fruchtknoten, fast sitzend, ist seitlich stark zusammengedrückt, an seiner Basis breit, allmählich schmäler werdend; der Griffel lang, meist seitlich gewendet, mit zwei nebeneinander liegenden Narben. Das Tragblatt ist zweifarbig, nur an der Basis hell, oberer Teil dunkelbraun bis schwarz, sehr langbärtig. Nektardrüse lang, schlauchförmig. STANDORT: Subalpine Flußanschwemmungen, mit den Flüssen ins Flachland verfrachtet. VERBREITUNG: Mitteleuropäische Weide. Von Skandinavien südwärts bis Oberitalien und die nördliche Balkanhalbinsel. BLÜTEZEIT: März bis April, vor dem Blattaustrieb. ALLGEMEINES: Beste Erkennungsmerkmale sind der charakteristische bläuliche Reifbelag an jüngeren Trieben, die an der Blattstielbasis angewachsenen Nebenblätter und der sitzende, breit zusammengedrückte Fruchtknoten.

Hegetschweilers Bastard-Weide
Salix hegetschweileri

MERKMALE: Bastardform, ohne signifikante Merkmale. Strauch 2 bis 3 m hoch, dicht verzweigt. Äste bräunlich oder gelblich-grau mit dünner Rinde. Blätter elliptisch bis verkehrt-eiförmig, Blattrand mehr oder weniger stark gesägt oder ganzrandig, nur mit kleinen rundlichen Drüsen. Oberseite sattgrün, glänzend, Unterseite hell grünlich-grau oder bläulich, die Blattspitze selten grün, meistens von gleicher Farbe wie die ganze Unterseite. Männliche Kätzchen länglich eiförmig, weibliche Kätzchen kurz zylindrisch, Fruchtknoten kurz gestielt, kahl oder hell behaart, Griffel kurz, Narbenäste gespreizt. Tragblätter zweifarbig: Basis hell, vorderer Teil dunkelbraun, bärtig behaart. STANDORT: Subalpin, von 1400 bis 1800 m hoch, an Uferdämmen und in Flußanschwemmungen. VERBREITUNG: Sehr selten! In der Schweiz nur zwei sichere Fundorte im Gotthard- und Furkagebiet. BLÜTEZEIT: Juni.

Spieß-Weide
Salix hastata

MERKMALE: Aufrechter, manchmal bogig aufsteigender Strauch, um 1 m hoch. Die Äste sind graubraun, kahl, stark verzweigt, jüngere Zweige braun oder rötlich, kurz knotig, jüngste Triebe grünlich, manchmal flaumig behaart. Die Blätter sind elliptisch bis verkehrt-eiförmig, bis 7 cm lang, am Grunde keil- bis herzförmig, kurz zugespitzt oder stumpf, der Blattrand ist flach, unregelmäßig, nicht bis zur Spitze gesägt. Das ausgewachsene Blatt ist ganz kahl und in der Struktur dünn. Blattoberseite graugrün, matt oder sattgrün glänzend; Unterseite graugrün, je nach der Dichte des Wachsbelages erscheint das völlig flache, feinste Nervennetz dunkel graviert (wichtiges Erkennungsmerkmal). Die Haupt- und Seitennerven sind vorspringend. Die Nebenblätter sind meist gut ausgebildet. Die Kätzchen sind stark behaart und auffallend groß, zylindrisch. Männliche Kätzchen 3-4 cm lang, Staubfäden kahl, die weiblichen Kätzchen sind bis 5 cm lang. Der Fruchtknoten ist seitlich zusammengedrückt, kahl, aber von wolligen Haaren umgeben. Das Tragblatt ist zweifarbig, dicht kraushaarig, an der schwarzen Spitze bärtig. Nektardrüse keulenförmig. Zur Blütezeit durchbrechen die Staubfäden und die Narben den krausen weißen Haarpelz des Kätzchens und verleihen ihm ein besonders hübsches Aussehen. STANDORT: Von der Bergstufe bis ins Hochgebirge (bis auf 2400 m) auf feuchten Böden in Hochstaudengebüschen und Grünerlenbeständen, auf Schutthalden. VERBREITUNG: Eurosibirische Weide. Im Norden geschlossenes Areal; in europäischen und asiatischen Gebirgen: Sierra Nevada, Pyrenäen, Alpen und Voralpen, Französisches Zentralplateau, Vogesen, Harz, Apennin, Sudeten, Karpaten, Dinarisches Gebirge. BLÜTEZEIT: Juni bis Juli, mit Blattaustrieb. ALLGEMEINES: Die Wuchsform der Spieß-Weide variiert mit steigender Höhenlage. In niederen Lagen hochwachsend, in höheren Lagen sparrig, hochalpin meist als niederliegender Kriechstrauch.

Woll-Weide
Salix lanata

MERKMALE: Niedriger, sparriger Strauch von gedrungenem Wuchs mit dicken und knorrigen Ästen, diese dicht weißwollig behaart. Blätter 3-7 cm lang, breit elliptisch bis verkehrt-eiförmig oder fast rundlich, am Grund keilförmig verschmälert oder fast herzförmig, spitz, derb, fast ganzrandig oder etwas gewellt, selten feindrüsig gezähnt, in der Jugend auf beiden Seiten dicht weiß und lang seidig behaart, später verkahlend, oberseits trübgrün bis olivgrün, unterseits bläulich-grün und deutlich netznervig. Die großen, elliptischen Blütenstände sind goldgelb behaart. Männliche Kätzchen bis 5 cm lang; Tragblätter dunkelbraun, lang goldgelb behaart; Staubfäden kahl, Staubbeutel ellipsoid, gelb. Weibliche Kätzchen bis 8 cm lang; Fruchtknoten kurz gestielt, kahl, mit langem Griffel; Narben auffallend groß, ungeteilt. VERBREITUNG: Arktische Pflanze. Im Norden nimmt sie ein geschlossenes Areal ein, dass die Tundra umfaßt. BLÜTEZEIT: Mai bis Juli.

Bleiche Weide, Gelb-Weide
Salix starkeana

MERKMALE: Niedriger, kaum 1 m hoher Strauch mit dünnen Ästen. Zweige lang und dünn, gelb oder braun, kahl. Blätter bis 6 cm lang, breit elliptisch, kurz zugespitzt oder Spitze gefaltet. Rand flach, unregelmäßig gebuchtet oder gezähnt; Oberseite dunkelgrün, glänzend, zerstreut kraus behaart, verkahlend; Unterseite mattgrün bis blaugrün, kahl. Die Kätzchen sitzen an den Triebenden aufgereiht, kurz zylindrisch. Männliche Kätzchen mit kahlen Staubfäden, weibliche mit sehr lang gestieltem, dicht hellgrau behaartem Fruchtknoten, kurzem Griffel und gespreizten Narbenästen. STANDORT: Feuchte Waldlichtungen, Waldränder, Sumpfwiesen und in moorigen Zwergstrauchgesellschaften. VERBREITUNG: Von Skandinavien ostwärts bis zum nördlichen Ural, Sibirien und zur Mongolei. In Mitteleuropa von der Oder an ostwärts, isolierte Vorkommen in Süddeutschland. BLÜTEZEIT: April bis Mai.

Laggers Weide, Flaum-Weide
Salix laggeri

MERKMALE: Sparriger Strauch 1-3 m hoch. Die Äste sind kurzknotig, graubraun, die letztjährigen Triebe schwarz, matt, kurz grau behaart. Blätter an den Langtrieben schlank lanzettlich, 12 cm lang, mit größter Breit im vorderen Teil, kurz zugespitzt. Der Rand ist wellig, leicht gebuchtet oder gesägt, am Grunde keilförmig zusammengezogen. Die Blätter an den Kurztrieben sind verkehrt-eiförmig, vorne breit abgerundet mit kurzer Spitze, bis 7 cm lang; der Rand ist feindrüsig, fast ganzrandig. Männliche Kätzchen 15 mm lang, weibliche bis 25 mm, zylindrisch, dichtblütig, leicht gebogen. Der Fruchtknoten ist langgestielt und dicht behaart, das Tragblatt zweifarbig, vorderer Teil dunkelrot, Basis hell. Eine breite Nektardrüse. STANDORT: Endemisch in den Alpen, an feuchten Stellen und im Gehängeschutt; 1500-2100 m. VERBREITUNG: Zerstreut von den Hautes Alpes bis Südtiroler Dolomiten. BLÜTEZEIT: Juni.

Waldsteins Weide, Ost-Bäumchenweide
Salix waldsteiniana

MERKMALE: Kleiner Strauch, 50 cm bis knapp 1 m hoch, meist dichte Horste bildend, Blätter in Büscheln an den Zweigenden. Die Blätter der Kurztriebe sind elliptisch, ganzrandig und vorne meist abgerundet. An Langtrieben sind die Sommerblätter verkehrt-eiförmig, 3,5 bis 4 cm lang. Der Rand ist flach, unregelmäßig drüsig gesägt oder ganzrandig. Die Oberseite ist auffällig gelblich-grün und stark glänzend, die Unterseite hell bläulich-grau. Männliche Kätzchen mit kahlen Staubfäden; weibliche Kätzchen mit sehr kurz gestieltem, spindelförmigem, wollig behaartem Fruchtknoten, Griffel mittellang. Das Tragblatt ist zweifarbig, Basis hell, vorderer Teil braun, außen straff, hell behaart, Spitze lang bärtig. STANDORT: Subalpin bis alpin, auf kalkreichen Lehmböden. VERBREITUNG: Gebirgspflanze der Ostalpen: in der Schweiz. BLÜTEZEIT: Mai bis Juni.

Zweifarbige Weide
Salix bicolor

MERKMALE: Aufrechter 2 (bis 3) m hoch. Äste graubraun. Blätter verkehrt-eiförmig, bis 7 cm lang, Spitze oft zurückgebogen ganzrandig, meist mit kleinen Drüsen, beidseitig kahl; Oberseite sattgrün glänzend, Unterseite mit dichtem, bläulichem Wachsbelag. Kätzchen gestielt, seitenständig; männliche Kätzchen spitz eiförmig, Staubfäden an der Basis oft kurz zusammengewachsen und spärlich behaart; weibliche Kätzchen zylindrisch, bis 4 cm lang; Fruchtknoten kurz gestielt, ei-kegelförmig, dicht hell seidig behaart, Griffel länglich, Narbenäste oft umgebogen. Tragblatt zweifarbig, Basis hell, Spitze hellbraun, Außenseite weiß behaart, bärtig. Nektardrüse flach, gestutzt. STANDORT: Endemisch in Europas Berggebieten, seltener in den Alpen. Auf feuchten Hochstaudenfluren, auch auf Uferdämmen an Gebirgsflüssen. VERBREITUNG: Mittelgebirge: Pyrenäen, Plateau Central, Vogesen, Sudeten, Karpaten. In den Alpen noch wenig bekannt.

Winter-Linde
Tilia cordata

MERKMALE: Meist recht ansehnlicher, stattlicher, sommergrüner Laubbaum bis etwa 30 m Wuchshöhe oder gelegentlich auch darüber, mit hochgewölbter, oftmals jedoch etwas unregelmäßig gestalteter Krone. Rinde bei jungen Exemplaren auffallend glatt und grau, bei älteren Bäumen eher braungrau und in verschiedene flache, längs verlaufende Furchen und Leisten gegliedert. Äste steil aufrecht, nur bei alten Bäumen auch abwärts gebogen und zur Erde geneigt. Triebe zumindest auf der Oberseite bräunlich rot mit helleren Lentizellen, unbehaart oder fast kahl. Knospen mit nur zwei ungleich großen Knospenschuppen, eiförmig, glatt, glänzend rotbraun. Blätter wechselständig, im Umriß fast kreisrund erscheinend, mit sehr kurzer, schlanker, aber deutlich erkennbarer Spitze, am Grund herzförmig eingeschnitten und zuweilen etwas schief, aber niemals so stark asymmetrisch gestaltet wie ein Ulmenblatt, etwas breiter als lang und etwa 6 x 5 cm groß, am Rand regelmäßig gesägt, oberseits glänzend dunkelgrün, unterseits blaugrün und in Achseln der Blattnerven mit rostbraunen Haarbüscheln. Blattränder nach oben gebogen. Blüten zu 4-12 in hängenden Blütenständen oder allseitig abstehend. Kelch- und Kronblätter weißlich. Kapselfrucht kugelig, nur etwa 6 mm groß, kahl, ohne hervortretende Rippen. STANDORT: Ziemlich zerstreut in sommerwarmen Eichen-Hainbuchenwäldern auf frischen, meist tiefgründigen Böden. VERBREITUNG: In Europa weit verbreiteter Laubbaum, vorwiegend jedoch in der Mittelgebirgsregion, im nördlichen Tiefland von Natur aus seltener. Häufig als Straßen- oder Parkbaum angepflanzt. BLÜTEZEIT: Juni bis Juli. ALLGEMEINES: In Europa kommen von Natur aus nur drei reine Lindenarten vor, die jedoch alle miteinander gekreuzt werden können. Wegen dieser Neigung zur Bastardierung kann die eindeutige Bestimmung von Linden manchmal erschwert sein. Anhand der für die reinen Arten geschilderten Merkmale erkennt man aber auch Bastarde. Die beiden einheimischen Linden-Arten *Tilia platyphyllos* und *Tilia cordata* bilden im gemeinsamen Verbreitungsgebiet einen fruchtbaren Bastard aus, der als Holländische Linde (*Tilia* x *europaea*) bezeichnet wird. Diese Form übertrifft ihre Eltern meist an Wuchshöhe (bis 40 m) und Schönheit der Kronenentwicklung. Die meisten Merkmale stehen ziemlich genau in der Mitte zwischen den Elternarten. Am zuverlässigsten als Erkennungszeichen sind vielleicht die weißlich-bräunlichen Haarbüschel auf der Blattunterseite in den Achseln der Blattnerven und die leicht eiförmigen, bis 8 mm großen, undeutlich kantigen und behaarten Kapselfrüchte. Sehr häufig in Städten und großen Gärten angepflanzt. Die Krim-Linde (*Tilia* x *euchlora*) ist ein Bastard unbekannter Herkunft, der durch seine sehr großen, bis 15 cm langen, am Grund stark schief herzförmigen, oberseits glänzend dunkelgrünen Blätter gekennzeichnet ist. Dieser meist kleine Baum bis 15 m Höhe, immer mit überhängenden Zweigen, auch untere Äste meist stark hängend, wird häufig in Alleen und Parks gepflanzt. Die Krone kann stark gestutzt werden.

Sommer-Linde
Tilia platyphyllos

MERKMALE: Meist sehr stattlicher, sommergrüner, laubwerfender Baum bis etwa 35-40 m Wuchshöhe, mit großer, hochgewölbter, ziemlich dicht geschlossener Krone, die jedoch nicht sehr breit ausläuft, sondern eher schmal hochgezogen erscheint. Stamm meist gerade und bei älteren Exemplaren sehr dick. Äste überwiegend im unteren Kronenbereich abgehend, steil aufwärts gerichtet und strahlig abgehend, nur im unteren Teil auch zur Erde gewendet. Rinde dunkelgrau oder graubräunlich, mit feinen, längs verlaufenden Furchen und schmalen, netzig verzweigten Leisten, jedoch nicht grob oder tief skulpturiert. Triebe grünlich-rot, fast immer samtig behaart (Behaarung kann sich auf die Spitzenregion beschränken), nur selten völlig kahl. Knospen nur mit zwei sehr ungleich großen Knospenschuppen, länglich-oval, vorne abgerundet, rotbraun. Blätter wechselständig, herzförmig, fast ebenso lang wie breit und etwa 7-12 cm groß, vorne mit schlanker, langer Spitze, am Grund oft mit leicht schiefem Blattgrund, aber nicht so stark asymmetrisch wie etwa bei den Ulmen-Arten, kerbig gesägt, Zähne alle nach vorne weisend, oberseits matt dunkelgrün und fein behaart, unterseits heller grün und nur auf den größeren Blattnerven kurz samthaarig, in den Achseln der Blattnerven mit hellen, weißlichen Haarbüscheln. Blattränder sind abwärts gebogen. Blüten gelblich-weiß, ohne unfruchtbare Staubblätter, Griffel des Fruchtknotens unbehaart, zu 2-6 in einem hängenden, traubigen oder rispigen Blütenstand, dessen Achse etwa zur Hälfte mit einem großen, bleichgrünen oder gelblichgrünen Hochblatt (Tragblatt) von länglich-ovalem Umriß verwachsen ist. Kelchblätter der Blüten 5, gelblich-weiß; Kronblätter 5, sehr schmal, gelb. Kapselfrucht um 1 cm groß, länglich-kugelig mit 3-5 hervortretenden Kanten, behaart. STANDORT: Die Sommer-Linde kommt von Natur aus recht zerstreut in krautreichen Ulmen-Ahorn-Eschen-Schluchtenwäldern oder in Buchen-Linden-Bergwäldern auf sickerfrischen, nährstoff- und basenreichen, lockeren Böden vor. Ziemlich empfindlich gegen Luftverschmutzung mit Staub und Abgasen, daher als Dorflinde immer seltener werdend. VERBREITUNG: Wichtiger eruropäischer Waldbaum mit einigen geographischen Rassen, meist jedoch nur vereinzelt und selten im geschlossenen Verband. Wesentlich häufiger dagegen als Park- oder Straßenbaum angepflanzt. BLÜTEZEIT: Juni. ALLGEMEINES: Linden gehören zu den typischen mitteleuropäischen Gehölzen, die auch als Nutzholz immer noch sehr gefragt sind. Lindenholz ist sehr hell und weich. Es eignet sich daher besonders für Schnitzarbeiten oder für die Verwendung in der Modelltischlerei. Lindenbast ist ausgesprochen zäh und fest. Er wurde vor der Einführung von Kunststoffen gerne als Flecht- und Bindematerial verwendet. Blühende Linden sind als Bienenweide wertvoll. Lindenblütenhonig ist eine sehr geschätzte Spezialität. Lindenblüten gehören andererseits auch zu den bekanntesten Hausmitteln.

Silber-Linde
Tilia tomentosa

MERKMALE: Sommergrüner, laubwerfender Baum mit Wuchshöhen um 25-30 m. Krone sehr dicht, schon an vergleichsweise jungen Bäumen sehr schön regelmäßig kugelig gewölbt, bei älteren Exemplaren sehr tief ansetzend. Stamm gerade. Äste strahlig nach oben abgehend, nur wenig zur Seite oder zurückgebogen. Rinde bei jüngeren Bäumen grünlichgrau und ziemlich glatt, erst im Alter von einem feinen, aber sehr flachen Leisten- und Furchenmuster überzogen. Blätter wechselständig, von rundlichem Umriß, am Grund meist stärker schief herzförmig gestaltet und daher deutlich asymmetrisch erscheinend, vorne mit schlanker, verlängerter, aufgesetzter Spitze, am Rand gezähnt oder gesägt, auf der Oberseite dunkelgrün, auf der Unterseite dicht weißfilzig behaart. Blüten zu 6-9 in hängenden, rispig organisierten Trugdolden, bis über die Hälfte mit Tragblatt verwachsen. VERBREITUNG: Südosteuropa und in Kleinasien. BLÜTEZEIT: Juli.

Kleinblütige Tamariske

Tamarix parviflora

MERKMALE: Immergrüner, kahler oder nur leicht papillöser, 1-4 (-5) m hoher Strauch oder Baum mit tief rotbrauner bis purpurner Rinde. Äste rutenförmig, aufrecht, oft überhängend, dicht verästelt. Zweige aufrecht, grün. Laubblätter schuppenförmig, dicht schraubig angeordnet, sich teilweise dachziegelartig überdeckend, mehr oder weniger anliegend, sitzend, 2-4 mm lang und etwa 1 mm breit, schmal-eiförmig, bis lanzettlich, am oberen Ende spitz, an der Basis halb stengelumfassend, grau- bis blaugrün. Blüten vierzählig, etwa 3 mm im Durchmesser, weiß bis rosa, dichte, ährenförmige Trauben bildend. Die Frucht ist eine 4-5 mm lange, schmal kegelförmige, grünviolette, dreiklappige Kapsel. STANDORT: In Hecken, lichten Wäldern, an Flußufern und Wegrändern. Liebt feuchte, humöse Böden in warmen Lagen. Kommt von der Ebene bis in die Bergregion vor. VERBREITUNG: Südosteuropa.

Französische Tamariske

Tamarix gallica

MERKMALE: Immergrüner, mehr oder weniger papillöser, 2-4 (-10) m hoher Strauch oder Baum. Äste rutenförmig, bogig ausgebreitet, reich verästelt. Laubblätter schuppenförmig, dicht schraubig angeordnet, an jungen Zweigen sich dachziegelartig überdeckend, meist anliegend, sitzend einfach, 1-3 mm lang und 0,5-1 mm breit, schmal-eiförmig bis lanzettlich, am oberen Ende spitz, an der Basis scheidig bis stengelumfassend, kahl, grau- bis blaugrün. Blüten fünfzählig, 2-3 mm im Durchmesser, rosa bis weiß, zusammen häufig rispenförmige Gesamtblütenstände bildend. Frucht eine 3-4 mm lange, schmal kegelförmige, dreiklappige, hellrosa Kapsel. STANDORT: An Küsten, Flußufern und auf steinigen Hängen. Mit Vorliebe auf feuchten, salz- oder gipshaltigen Böden in sonnigen Lagen, von der Ebene bis in die Hügelregion. VERBREITUNG: Westliches Mittelmeergebiet. BLÜTEZEIT: Juni bis August.

Afrikanische Tamariske

Tamarix africana

MERKMALE: Kleiner Baum oder Strauch bis 5 m Höhe, mit langen, dünnen Ästen. Rinde braunrot bis dunkelpurpurn. Blätter wechselständig, anliegend, sehr klein, 1,5-4 mm lang, schuppig, am Ansatz stengelumfassend, recht durchscheinend häutig berandet. Blüten fünfzählig, sehr klein, weiß bis blaßrosa, in dichten, 3-6 cm langen, 5-8 mm breiten Ähren. Tragblätter dreieckig, länger als die 1,5 mm langen, freien Kelchblätter. Kronblätter frei, 2-3 mm lang, meist an der Frucht, einer eiförmigen Kapsel, bleibend. Samen lang schopfig behaart. STANDORT: Feuchte, salzhaltige Böden, Flußufer. VERBREITUNG: Westliches und zentrales Mittelmeergebiet, Kanaren. BLÜTEZEIT: März bis Juli. ALLGEMEINES: Im westlichen Mittelmeergebiet wachsen die ähnlichen Arten *Tamarix canariensis* und *Tamarix gallica* mit blaugrünen Blättern, lockeren Ähren und bis 2 mm langen, abfallenden Kronblättern.

Viermännige Tamariske

Tamarix tetrandra

MERKMALE: Immergrüner, kahler bis leicht papillöser 80-300 cm hoher Strauch oder Baum mit glatter, grünschwarzer Rinde. Äste rutenförmig, überhängend, dicht verzweigt, schwarz berindet. Laubblätter schuppenförmig, dicht schraubig angeordnet, sich teilweise dachziegelartig überdeckend, meist anliegend, sitzend, 2 bis 5 mm lang und 0,8-1,2 mm breit, schmal eiförmig bis lanzettlich, am oberen Ende spitz, an der Basis verschmälert, hellgrün. Blüten vierzählig, 3-4 mm im Durchmesser, weiß, seltener rosa, bilden zusammen lange, rispenartige Gesamtblütenstände. Frucht eine 5-6 mm lange, schmal kegelförmige, grünlich weiße, dreiklappige Kapsel. STANDORT: An Küsten, in Marschen und auf Steppen. Vorwiegend auf feuchten salz- oder gipshaltigen Böden in vollsonnigen Lagen. Von der Küste bis in die Gebirgsstufe aufsteigend. VERBREITUNG: Südosteuropa. Beliebter Zierstrauch in Parks und Gärten.

Deutscher Rispelstrauch
Myricaria germanica

MERKMALE: Immergrüner, kahler, heideartiger, 50-250 cm hoher Strauch mit aufrechten, rutenförmigen, rotbraun berindeten Ästen. Die Laubblätter sind schuppenförmig, mehr oder weniger wechselständig angeordnet und überdecken sich vor allem an jungen Trieben dachziegelartig. Sie sitzen, sind 2-5 mm lang und 0,8-1,1 mm breit, schmal eiförmig, am oberen Ende stumpf, an der Basis verbreitert, blaugrün, meist kahl, Blüten fünfzählig, weiß bis rötlich, endständigen Trauben angeordnet. Frucht eine 8-12 mm lange, schmal kegelförmige, grünlich violette, dreiklappige Kapsel. STANDORT: An Flußufern, auf Kies- und Schotterbänken, in Kiesgruben und an Wegrändern. In Höhen zwischen 1000 und 2000 m anzutreffen, häufig auch in die Ebene herabgeschwemmt. VERBREITUNG: Mitteleuropa, Finnland, Skandinavien, Kleinasien, Persien. BLÜTEZEIT: Mai bis August.

Sumpf-Porst
Ledum palustre

MERKMALE: Immergrüner, bis 1,5 m hoher, aufrechter oder aufsteigender, stark verzweigter und dicht beblätterter Strauch von stark aromatischem, fast betäubendem Geruch. Die jungen Triebe sind rostrot filzig behaart. Die Blätter sind im Winter herabgebogen, wechselständig angeordnet und kurzgestielt, ledrig, lineal bis elliptisch länglich, bis 5 mm lang und meist deutlich sichtbar, ganzrandig und mit eingerolltem Rand. Die kleinen, weißen oder rosa Blüten stehen in endständigen, aufrechten, reichblütigen Doldenrispen. STANDORT: Auf Hoch- und Übergangsmooren, Heiden und in moorigen Kiefernwäldern, von der Ebene bis ins Gebirge zu finden. VERBREITUNG: Nördliches und zentrales Europa, südlich bis Süddeutschland, nordöstliches Österreich und nördliche Ukraine. Fehlt in England, Irland, Frankreich, Belgien, Holland, Dänemark. Selten in Schottland. BLÜTEZEIT: Mai bis Juni.

Erdbeerbaum
Arbutus unedo

MERKMALE: Immergrüner, meist kleinerer Laubbaum mit Wuchshöhen bis etwa 10 m. Stamm meist stärker gekrümmt und fast immer schon in geringer Höhe stärker gegabelt. Blätter länglich-elliptisch, vorne zugespitzt, annähernd doppelt so lang wie breit, etwa 5-10 cm lang und bis 5 cm breit, ganzrandig oder sehr fein gezähnt, oberseits glänzend dunkelgrün, unterseits deutlich heller grün, auf beiden Seiten kahl oder nur am Grund sehr wenig behaart. Blüten maiglöckchenähnlich mit krugförmiger Krone von weißlicher, hell grünlicher oder sehr hell rötlicher Färbung, um 9 mm lang, meist behaart. Blüten zu mehreren in hängenden, etwa fingerlangen Rispen. Frucht eine bis 2 cm große, vielsamige Beere, annähernd kugelig, warzig-höckerig, anfangs gelblich, später kräftig rot. VERBREITUNG: Im Mittelmeergebiet in Trockengebüschen und in Macchien, entlang der Atlantikküste bis nach Irland. BLÜTEZEIT: Oktober bis Dezember.

Behaarte Alpenrose
Rhododendron hirsutum

MERKMALE: Immergrüner, bis 1 m hoher, aufrechter oder aufsteigender, buschiger Strauch, kurz reichverzweigt und dicht, gleichmäßig beblättert. Die kurzgestielten, lorbeerartigen, derb ledrigen Blätter sind wechselständig angeordnet, elliptisch, bis 3 cm lang, oberseits hellgrün glänzend, kahl, der Rand ist glatt oder nur wenig gekerbt, mit langen, borstigen Haaren gewimpert oder nur schwach eingerollt. Die leuchtend hellroten Blüten stehen zu 3-10 in kurzen, endständigen Doldentrauben. STANDORT: Kalkliebend, zerstreut, verbreitet, aber oft größere Bestände bildend, in offenen, lichten Wäldern und Gebüschen, Geröllhalden, an felsigen Abhängen, in trockenen Lagen und Kalkverwitterungsböden, meist oberhalb der Baumgrenze, in den Alpen von etwa 600-2500 m. VERBREITUNG: Zentral- und Ostalpen und Gebirge Nordwestjugoslawiens. BLÜTEZEIT: Mai bis Juli, auch noch bis September und später.

Rostblättrige Alpenrose
Rhododendron ferrugineum

MERKMALE: Immergrüner, reichverzweigter, graubraun berindeter, bis 1,2 m hoher Strauch. Die lederigen, kurzgestielten Blätter sind wechselständig angeordnet und besonders zu den Zweigenden hin gehäuft. Blattspreite bis 4 cm lang, elliptisch länglich, spitz zulaufend oder in einem Stachel endend, oberseits dunkelgrün glänzend und kahl, unterseits dicht rostrot schuppig mit hervortretendem Mittelnerv; die Schuppen liegen übereinander, sind in jungen Stadien gelblich und später rostbraun; Rand nicht gewimpert, eingerollt. Die tief rosa-roten Blüten stehen zu 6-10 in kurzen, endständigen Trauben. STANDORT: Auf sauren und Silikatböden, an Gebirgshängen, in lichten Wäldern oder im Gebübsch, an Urgestein. VERBREITUNG: In den Alpen, Pyrenäen, dem Apennin, dem Jura und den Gebirgen des westlichen Jugoslawien. BLÜTEZEIT: Mai bis Juli, je nach Höhenlage, manchmal auch zweimal blühend.

Lappland-Alpenrose
Rhododendron lapponicum

MERKMALE: Immergrüner, niederliegender, bis 50 cm hoher, reich verzweigter Zwergstrauch. Zweige dünn, wenig belaubt, an den Zweigenden dichter beblättert, die jungen Triebe dicht schuppig. Die kurzgestielten Blätter sind wechselständig angeordnet, lanzettlich, stumpf, bis 2 cm lang, oberseits spärlich beschuppt und mit vertieft liegenden Schuppen, unterseits dicht beschuppt mit übereinander liegenden, bräunlichen Schuppen, sonst kahl und mit eingerollten Rändern. Die purpurvioletten Blüten stehen zu 3-6 in endständigen Trauben, Blütenstiele bis 12 mm lang. Blütenkrone breit glockenförmig, etwa 8 mm lang und 15 mm Durchmesser, kahl. Die Frucht ist eine holzige Kapsel, im jungen Stadium noch schuppig. STANDORT: Kalkliebend, wächst auf trockenen Heiden, felsigen Hängen und auf kahlen, offenen Stellen. VERBREITUNG: Lappland, auf den Gebirgen Finnlands, Norwegens und Schwedens und in Nordamerika. BLÜTEZEIT: Juni, Juli.

Myrtenblättrige Alpenrose
Rhododendron myrtifolium

MERKMALE: Immergrüner, sehr dicht verzweigter Strauch, aufrecht und meist nicht höher als 50 cm werdend. Die kurzgestielten Blätter sind wechselständig angeordnet, bis 2 cm lang, verkehrt-lanzettlich mit stumpfer Spitze und fein gekerbtem Rand, oberseits kahl und unterseits oft grünlich. Die hellrosa Blüten stehen zu wenigen in endständigen Trauben; Blütenstiele behaart, Tragblätter häutig, abfallend. Kelch klein, fünfzählig, Kelchblätter verwachsen. Krone trichterförmig, außen nur spärlich beschuppt, innen kurz behaart. Kronsaum etwa so lang wie die Kronröhre. Die Frucht ist eine holzige Kapsel, im jungen Staaium noch schuppig, scheidewandspaltig, fünfklappig aufspringend mit zahlreichen, sehr kleinen Samen. STANDORT: Auf geschützten und felsigen Hängen, auch auf Kalk. VERBREITUNG: Östliche und südliche Karpaten, Gebirge Bulgariens und Mazedoniens. BLÜTEZEIT: Mai.

Zwerg-Alpenrose
Rhodothamnus chamaecistus

MERKMALE: Immergrüner, buschiger, bis 40 cm hoch werdender Zwergstrauch, reich und locker verzweigt. Zweige aufsteigend und drüsig behaart. Die dick lederigen Blätter fast sitzend und wechselständig angeordnet, bis 10 mm lang, elliptisch bis verkehrt-lanzettlich und spitz, ganzrandig oder schwach gesägt, kahl, aber weiß borstig gewimpert, oberseits dunkelgrün glänzend. Die hellrosa Blüten stehen zu 1-3 in den Blattachseln an den Enden der vorjährigen Triebe auf langen, drüsig behaarten Blütenstielen. Die Frucht ist eine kugelige, fünffächerige, fachspaltige Kapsel. Samen zahlreich, mit einer fest anliegenden Samenschale. STANDORT: Kalkliebende Pflanze, auf trockenen, felsigen Hängen, Geröllhalden, Felsspalten, Felsschutt, von etwa 500-2000 m Höhe. VERBREITUNG: Ostalpen: Österreich, Deutschland, Italien, Jugoslawien. BLÜTEZEIT: Mai bis Juli.

Pontische Alpenrose
Rhododendron luteum

MERKMALE: Sommergrüner, aufrechter, bis zu 4 m hoher, breiter, dicht verzweigter Strauch. Die kurzgestielten Blätter sind wechselständig angeordnet, bis 12 cm lang und 4 cm breit, länglich-lanzettlich, in einer Spitze endend, an der Basis keilförmig, am Rand gezähnelt und gewimpert, oberseits und an den Nerven unterseits kurz und borstig behaart, beiderseits leicht drüsig bereift, die jungen Blätter grau behaart. Blüten vor Erscheinen der Blätter öffnend, zu 7-12 in gedrängten, doldenähnlichen Trauben am Ende der blattlosen Sprosse. Die Frucht ist eine holzige, in jungem Stadium noch borstige Kapsel, scheidewandspaltig, fünfklappig aufspringend. Zahlreiche Samen. STANDORT: Als Unterwuchs in Wäldern, meist Nadelwäldern oder auf moorigen Böden. VERBREITUNG: Osteuropa und östliches Mitteleuropa, zerstreut und selten von Nordwestjugoslawien bis ins südliche Weißrußland. BLÜTEZEIT: Mai.

Ähren-Heide
Bruckenthalia spiculifolia

MERKMALE: Immergrüner, bis 15 cm hoher Zwergstrauch mit aufsteigenden, dünnen, sehr dicht beblätterten Zweigen, die jungen Triebe behaart. Blätter gehäuft, zu vier oder fünf in sehr unregelmäßigen Quirlen abstehend, bis 5 mm lang, linealisch-länglich, ganz fein kurz gewimpert, häufig mit einem dicken, drüsig bespitzten Haar endend; Ränder eingerollt. Blüten vierzählig, klein, hellrosa, in dichten, vielblütigen, kurzen walzenförmigen oder kugeligen, endständigen Trauben. Blütenstiele bis 3 mm lang, ohne Vorblätter. Kelch glockig verwachsen, 1,5 mm lang, rosa, die breit dreieckigen Zipfel etwas kürzer als die Röhre. Blütenkrone 3 mm lang, glockig, die eiförmigen Kronzipfel sind so lang wie die Kronröhre. Die Frucht ist eine kahle, fachspaltige Kapsel. STANDORT: In Wäldern und subalpinen Weiden, kalkfliehend. VERBREITUNG: Gebirge Rumäniens und der Balkanhalbinsel, südlich bis Nordgriechenland. BLÜTEZEIT: Juli, August.

Gemsheide
Loiseleuria procumbens

MERKMALE: Immergrüner, ausgedehnte Matten bildender Zwergstrauch, die niederliegenden Stämmchen sind bis 50 cm lang, oft wurzelnd, üppig verzweigt, die Zweige sehr dünn und dicht beblättert. Die derben Blätter sind sehr kurz gestielt, meist gegenständig angeordnet, bis zu 7 cm lang und 2 mm breit, länglich mit abgerundeter Spitze und deutlich eingerolltem Rand, unterseits bläulich-weiß mit hervortretender Mittelrippe. Die kleinen, 2-5 rosa Blüten stehen in endständigen Dolden auf vorjährigen Trieben. Die Frucht ist eine zwei- bis dreifächerige Kapsel. STANDORT: Auf Silikat oder Rohhumus wachsend, auf trockenem Geröll, felsigen Böden oder Torfmooren, in den Alpen von etwa 1500-3000 m. VERBREITUNG: In Nordeuropa, Skandinavien und Schottland sowie in Hochgebirgslagen Frankreichs, den Pyrenäen, Alpen und Karpaten, auch in Nordamerika und Kleinasien. BLÜTEZEIT: Juni, Juli.

Besen-Erika
Erica scoparia

MERKMALE: Aufrechter, schlanker, vielästiger Strauch, 1-6 m hoch. Junge Zweige bisweilen behaart. Blätter zu 3-4 quirlständig, nadelartig, mehr oder weniger glänzend, 4-6 mm lang, am Rand stark umgerollt, Unterseite bis auf eine Längsfurche zu zwei Dritteln verdeckt, kahl. Blüten unauffällig, bis zu drei davon in den Blattachseln, einen langen, endständigen Blütenstand bildend. Blütenstiele kahl, unterhalb der Mitte mit drei Blättchen. Vier kahle, 0,5-1,5 mm lange Kelchblätter. Krone gelblichgrün oder grünlich, bisweilen rot überlaufen, 1,5-3 mm lang, breit-glockig, mit vier langen, eiförmigen, geraden Zipfeln. Acht Staubblätter, Staubbeutel ohne Anhängsel, in der Krone eingeschlossen. Frucht vierklappige Kapsel, kahl. STANDORT: Kalkfreie, recht feuchte Orte, Macchien. VERBREITUNG: Westliches Mittelmeergebiet, östlich bis Italien. BLÜTEZEIT: April bis Juli.

Vielblütige Heide
Erica multiflora

MERKMALE: Immergrüner, vielästiger, bis 2,5 m hoher Strauch. Äste aufrecht, starr, jung etwas behaart. Blätter zu 4-5 quirlständig, nadelartig, 6-14 mm lang, dunkelgrün, am Rand stark umgerollt, Unterseite fast verdeckt. Blütenstände dicht, vielblütig, meist endständig und kürzer als 5 cm. Die Blütenstiele sind kahl, lang und sehr dünn, rötlich, unterhalb der Mitte mit drei Blättchen. Vier kahle, 1,5-2 mm lange, lanzettliche, rosa Kelchblätter. Die Krone ist leuchtend rosa, etwa 4-5 mm lang, schmal-glockig, mit vier geraden oder zurückgebogenen Zipfeln. Acht Staubblätter, weit aus der Krone herausragend, Staubbeutel ohne Anhängsel, 1,5 mm lang. Griffel und Narbe fädig. Kapsel kahl. STANDORT: Immergrüne, trockene Macchien und lichte Wälder, felsige Hügel, meist auf Kalk. VERBREITUNG: Westliches und zentrales Mittelmeergebiet, östlich bis Jugoslawien. BLÜTEZEIT: August bis Dezember.

Graue Heide
Erica cinerea

MERKMALE: Immergrüner, bis 75 cm hoher, reichverästelter Zwergstrauch von eher lockerem Wuchs und aufsteigenden Zweigen. Die Blätter sind sehr kurz gestielt, kahl und glänzend, aufrecht abstehend und zu dreien wirtelig angeordnet, gehäuft stehend, bis 5, selten 7 mm lang, linealisch, Ränder gezähnt und stark eingerollt. Die vierzähligen Blüten sind leuchtend rötlich purpurfarben, selten weiß oder hellrosa und stehen in vielblütigen, endständigen Trauben oder Dolden. Fruchtkapsel fast kugelig, glatt, kahl, mehrsamig. STANDORT: Kalkfliehend, auf Heiden, felsigem Grund, in lichten Wäldern und trockenen Mooren. VERBREITUNG: Im atlantischen Europa von Madeira, Portugal bis Südwestnorwegen; im mediterranen Europa von Südostfrankreich, Korsika bis Norditalien. In Deutschland nur im nordwestlichen Rheinland an wenigen Standorten. Außerdem im zentralfranzösischen Bergland. BLÜTEZEIT: Juni, Juli.

Baumheide
Ercia arborea

MERKMALE: Immergrüner, rotbraun berindeter, vielästiger Strauch oder kleiner Baum bis 4 m, selten auch bis 7 m Höhe. Zweige aufrecht, jung weiß wollig behaart. Blätter zu 3-4 quirlständig, nadelartig, 3-5 mm lang, 0,5 mm breit, am Rand fein gezähnelt, stark nach unten umgerollt, Unterseite fast verdeckt, mit einer weißen Linie, kahl. Blütenstände endständig, sehr reichblütig. Blütenstiele kahl, unterhalb der Mitte mit 2-3 Blättchen. Vier kahle, 1,5 mm lange, eiförmige, weiße Kelchblätter. Krone weiß, duftend, 2,5-4 mm lang, glockig, mit vier kurzen, spitzen, geraden Zipfeln. Acht Staubblätter, Staubbeutel dunkel-rotbraun, mit Anhängseln, in der Krone eingeschlossen. Frucht wie bei allen *Erica*-Arten eine vielsamige Kapsel, kahl. STANDORT: Immergrüne Macchien, saure Böden. VERBREITUNG: Gesamtes Mittelmeergebiet, Portugal, Kanaren. BLÜTEZEIT: Februar bis August.

Glocken-Heide
Erica tetralix

MERKMALE: Immergrüner, zierlicher, bis 70 cm hoher Zwergstrauch mit dünnen, aufsteigenden Stämmchen und wenigen halbaufrechten, dünnen Zweigen, die in der Jugend dicht bis zottig behaart sind. Die Blätter sind kurzgestielt, meist zu viert in Quirlen angeordnet, abstehend und unter den Blütenständen gehäuft, bis 6 mm lang, linealisch länglich bis lanzettlich, zumindest in jungen Stadien behaart. Ihre Ränder sind lang und oft auch drüsig gewimpert, mehr oder weniger eingerollt, doch nie die Unterseite völlig verdeckend. Die vierzähligen, hellrosa Blüten stehen in endständigen, fünf- bis fünfzehnblütigen Dolden. Blütenkrone krugförmig, bis 9 mm lang, mit vier kurzen, abstehenden oder eingerollten Zipfeln. STANDORT: Kalkfliehend, auf Torfmooren, feuchten Heiden und moorigen Kiefernwäldern. VERBREITUNG: Westliches und nördliches Europa. BLÜTEZEIT: Juli bis September.

Gipfelblütige Erika
Erica terminalis

MERKMALE: Aufrechter oder niederliegender, buschiger, 1-2,5 m hoher Strauch. Zweige abstehend, recht starr, graubraun, jung behaart. Blätter zu viert quirlständig, kurz gestielt, linealisch, 3-6 mm lang, jung behaart, am Rand umgerollt. Unterseite zum Teil sichtbar, weißlich und rinnig. Blüten zu 3-8 in endständigen Dolden. Blütenstiele behaart, oberhalb der Mitte mit drei Blättchen. Vier behaarte, eiförmige Kelchblätter, 2-3 mm lang. Krone leuchtend rosa, 5-7 mm lang, breit-glockig, mit vier zurückgebogenen, spitzen Zipfeln. Acht Staubblätter. Staubbeutel mit Anhängseln, in der Krone eingeschlossen. Griffel etwas herausragend; Narbe kopfig. Frucht eine vielsamige, eiförmige Kapsel, behaart. STANDORT: Schattige, feuchte Orte, Flußufer. VERBREITUNG: Westliches Mittelmeergebiet. Von Spanien bis östlich nach Korsika und Süditalien. BLÜTEZEIT: Juli bis September.

Schnee-Heide
Erica herbacea

MERKMALE: Immergrüner, kriechender, reichverzweigter Zwergstrauch, nicht höher als 25 cm. Zweige niederliegend, die blütentragenden Zweige steigen auf. Blätter meist zu vieren in Scheinquirlen angeordnet, kurzgestielt, kahl und glänzend, bis 8 mm lang, linealisch, mehr oder weniger abstehend, zugespitzt oder in einem Stachel endend, am Rand ganz fein gezähnt; Ränder eingerollt, die Blattunterseite völlig verdeckend und daher nadelartig aussehend. Die Blüten sind nickend, rosa, fleischfarben oder hellkarmin, selten weiß, in vielblütigen, endständigen, meist einseitswendigen Trauben. Die vierzählige Blütenkrone ist röhrenförmig, bis 6 mm lang. STANDORT: Lichte Kiefernwälder und felsige Orte, meist auf Kalk, sonnige Lagen bevorzugend. VERBREITUNG: Alpen und südliches Mitteleuropa, im Osten bis Österreich, zerstreut bis Mittelitalien und Mazedonien. BLÜTEZEIT: März bis Juni, in günstigen Lagen schon ab Dezember, Januar.

Moosheide
Phyllodoce caerulea

MERKMALE: Immergrüner, heideartig buschiger Zwergstrauch, dessen Stämmchen bis 35 cm lang werden, aufrecht oder am Grund wurzeln und dann aufsteigen und sich üppig verzweigen. Die fast sitzenden Blätter sind wechselständig angeordnet und dicht gedrängt stehend, lederig und grün glänzend, bis 12 mm lang, linealisch bis linealisch-länglich mit stumpfer Spitze, ihre Ränder stark eingerollt und gezähnt. Die nickenden Blüten in kurzen, unterhalb des Sproßendes stehenden Trauben angeordnet. Blütenkrone fünfzählig, lila bis purpurrosa und später sich bläulich verfärbend. STANDORT: Heidegrund in Gebirgslagen mit Ausnahme des äußersten Nordens. VERBREITUNG: In arktisch-alpinen Gebieten südlich bis Südnorwegen reichend, vereinzelt in Schottland und den Pyrenäen; England, Frankreich, Island, Schweden, Norwegen, Finnland und Nordrußland. BLÜTEZEIT: Mai, Juni.

Heidekraut, Besenheide
Calluna vulgaris

MERKMALE: Immergrüner, üppig und dicht verzweigter, fast kahler oder dicht grau behaarter kleiner Strauch, bis 80 cm, selten bis 150 cm hoch werdend. Stämmchen dünn, graubraun, aufrecht oder niederliegend, wurzelnd und aufstrebend. Die sehr kleinen Blätter sind gegenständig vierzeilig angeordnet, sitzend, anliegend, im Sommer dunkelgrün, im Winter braunrot gefärbt. Blattspreite bis 3,5 mm lang, länglich-lanzettlich, oberseits tief rinnig. An Kurztrieben der oberen Zweige stehen die dicht- und reichblütigen, fast einseitswendigen Blütentrauben. Blüten hellviolettrosa, selten weiß, kurz gestielt, nickend. STANDORT: Bevorzugt magere, nährstoffarme Böden, auf offenen Mooren und Heiden, in trockenen Wäldern, meist Kiefernwälder, auf sandigen Dünen. VERBREITUNG: Fast in ganz Europa mit Ausnahme größter Teile des Mittelmeergebietes. BLÜTEZEIT: Juli bis November.

Moosige Schuppenheide
Cassiope hypnoides

MERKMALE: Immergrüner, niederliegender, verzweigter, winziger Spalierstrauch, der moosähnliche, bis 15 cm hohe Polster bildet. Blätter klein, wechselständig, dicht dachziegelig stehend, sitzend, bis 4 mm lang, linealisch-länglich, spitz, nicht gefurcht, aufrecht abstehend oder locker anliegend, dunkelgrün, kahl und am Rand ganz kurz und fein gewimpert. Blüten fünfzählig, weiß, einzeln, blattachselständig und nickend am Ende der Zweige stehend. Blütenstiele dünn, rötlich, behaart, bis 10 mm lang, in Frucht etwas verlängert. Kelchblätter frei, kürzer als die Krone, 2 mm lang, karmesinrot, dreieckig mit häutigem Rand. Blütenkrone abfallend, bis 5 mm lang, breit glockig. STANDORT: An Wasserläufen, auf feuchten, moosigen Tundren, Felsritzen; gewöhnlich an lange bleibenden Schneeflecken. VERBREITUNG: Im arktischen Europa, in Island, im Gebirge Skandinaviens und in Finnland. BLÜTEZEIT: April, Mai.

Vierkantige Schuppenheide
Cassiope tetragona

MERKMALE: Immergrüner, bis 30 cm hoher Zwergstrauch. Zweige anfangs meist niederliegend und dann aufsteigend. Blätter klein, derb lederig, kreuzgegenständig in vier Reihen angeordnet, dicht dachziegelig anliegend, sitzend, bis 5 mm lang, länglich lanzettlich, stumpf, dreikantig: oberseits konkav, unterseits rund, doch in der Mitte tief gefurcht, behaart. Blüten fünfzählig, weiß und manchmal rosa getönt, nickend, einzeln, achselständig, lang, in Frucht bis etwa 25 mm verlängert. Kelchblätter frei, eiländlich, kürzer als die Blütenkrone, gelblich, häutig. Blütenkrone bis 8 mm lang, abfallend, glockig. Fruchtkapsel aufrecht, kugelig, etwa 4 mm groß, fachspaltig aufspringend. STANDORT: Auf trockenen, steinigen Heiden und Tundren, Kalk ertragend. VERBREITUNG: Im arktischen Europa besonders in den Gebirgen; Nordrußland, Spitzbergen, Finnland, Norwegen und Schweden. BLÜTEZEIT: April, Mai.

Irische Heide, Glanzheide
Daboecia cantabrica

MERKMALE: Immergrüner, zierlicher, etwas sparriger, heideartiger Zwergstrauch, die rotbraunen, drüsig behaarten Zweige niederliegend oder aufstrebend; freistehend, etwa 35 cm hoch. Blätter gestielt und dicht wechselständig angeordnet, in der Größe veränderlich, 9-14 mm lang, 3-7 mm breit, schmal-lanzettlich bis eiförmig-elliptisch, oberseits dunkelgrün und drüsig rauh, unterseits weißfilzig; die Ränder eingerollt, doch nicht die Unterseite verdeckend. Blüten vierzählig, nickend, rötlich purpurfarben, zu 3-9, selten mehr, blattachselständig, in lockeren, beblätterten Trauben am Ende der Jahrestriebe. Blütenkrone walzen- bis krugförmig mit kurzen, abstehenden Zipfeln. STANDORT: Auf Heiden und felsigem Grund, in lichten Wäldern der ozeanischen Gebiete, kalkfliehend. VERBREITUNG: Westeuropa, von Portugal bis Westirland. BLÜTEZEIT: Juli bis September.

Torfgränke
Chamaedaphne calyculata

MERKMALE: Immergrüner, bis 1 m hoher Strauch mit aufrechten, rutenförmigen Zweigen. Blätter lederig derb, wechselständig angeordnet und sehr kurz gestielt, bis 40 (59) mm lang und etwa 12 mm breit, elliptisch-länglich, Ränder ganz oder undeutlich gesägt und leicht eingerollt, oberseits dunkelgrün, unterseits rostig schuppig mit deutlich hervortretendem Mittelnerv, beiderseits, doch besonders unten mit rostbraunen Schildhaaren besetzt. Die fünfzähligen Blüten sind weiß, hängend und stehen einzeln in den Blattachseln am Ende der Zweige, eine einseitswendige, waagrechte oder geneigte, fünfzehn- bis zwanzigblütige Traube bildend. Blütenkrone walzenförmig-flockig, bis etwa ein Drittel gelappt, Lappen dreieckig, zurückgeschlagen. STANDORT: Auf Hochmooren und in feuchten Wäldern; selten. VERBREITUNG: Nordosteuropa. BLÜTEZEIT: März bis Juli, zuweilen noch einmal im Herbst.

Rosmarinheide, Torfmyrte
Andromeda polifolia

MERKMALE: Immergrüner, bis 40 cm hoher, wenig verzweigter Zwergstrauch mit einem weitkriechenden, wurzelnden, holzigen Sproß und dünnen, bogig aufstrebenden, grauberindeten, kahlen Zweigen. Die lederigen, kurzgestielten Blätter sind wechselständig angeordnet, bis 4 cm lang, linealisch bis länglich, spitz zulaufend oder stachelspitzig, ganzrandig, oberseits dunkelgrün glänzend, unterseits hell blaugrün bereift mit hervortretendem Mittelnerv, Ränder meist eingerollt. Die fünfzähligen Blüten sind hellrosa und später weiß verfärbt, etwas geneigt oder nickend, in meist zwei- bis siebenblütigen, kurzen, doldenähnlichen, endständigen Trauben. Blütenkrone kugelig krugförmig, bis 8 mm lang, mit kurzen, leicht eingewellten Zipfeln. STANDORT: Auf sauren, nassen Standorten. VERBREITUNG: Mittel- und Nordeuropa, nach Süden hin zerstreuter, bis in Norditalien, den östlichen Karpaten und dem südliche Mittelrußland verbreitet. BLÜTEZEIT: Mai, Juni.

Moorbeere, Rauschbeere
Vaccinium uliginosum

MERKMALE: Sommergrüner, bis 75 (100) cm hoher, üppig verzweigter Strauch mit einem weit am Boden kriechenden Sproß; die aufrechten Zweige sind rund, grauberindet und meist kahl. Blätter derb, gestielt, wechselständig angeordnet, etwa 25 mm lang und 12 mm breit, verkehrt-eiförmig, ganzrandig, stumpf oder leicht zugespitzt, kahl, bereift, oberseits mattgrün, unterseits blaugrün mit deutlich netziger Nervatur; sie verfärben sich im Herbst blaurot, ihre Ränder sind leicht umgebogen. Blüten vier- oder fünfzählig, weiß oder rötlich, hängend, zu 1-3 traubig angeordnet. Die Frucht ist eine Beere, etwa 10 mm groß, kugelig bis leicht elliptisch, vielsamig, blaubereift. STANDORT: Meist auf sauren Böden, in moorigen Wäldern und Gebüschen, Hochmooren und alpinen Zwergstrauchheiden, von der Ebene bis über 3000 m vorkommend. VERBREITUNG: Nord- und Mitteleuropa. BLÜTEZEIT: Mai bis Juli.

Preiselbeere
Vaccinium vitis-idaea

MERKMALE: Immergrüner, aufrechter, bis höchstens 30 cm hoher, spärlich verzweigter Zwergstrauch. Die Zweige aufrecht, aufstrebend oder gebogen. Blätter kurzgestielt, wechselständig und oft zweizeilig angeordnet, dick und derb lederig, elliptisch bis länglich oder verkehrt-eiförmig, an der Spitze stumpf oder leicht ausgerandet, ganzrandig, kahl, oberseits dunkelgrün, glänzend. Blüten vier- oder fünfzählig, weiß oder rötlich, in meist vielblütigen, gedrängten, endständigen und hängenden Trauben. Die kugeligen Beeren bis 10 mm groß, vielsamig, erst weiß, dann dunkelscharlachrot, eßbar und von herbem Geschmack. STANDORT: In sonnigen Lagen, auf trockenen, meist sauren Sand-, Heide- und Moorböden, in lichten Nadelwäldern, Zwischenmooren und Zwergstrauchheiden der höheren Lagen, bis etwa 3000 m. VERBREITUNG: Nord- und Mitteleuropa. BLÜTEZEIT: Mai bis Juli.

Heidelbeere, Blaubeere
Vaccinium myrtillus

MERKMALE: Sommergrüner, bis 35 (-60) cm hoher, üppig verzweigter, kleiner Strauch, mit kriechendem Sproß und aufrechten Zweigen, diese scharf dreikantig, grün und kahl. Blätter wechselständig angeordnet, sehr kurz gestielt, bis 3 cm lang, flach, eiförmig, zugespitzt und am Grund abgerundet, mit fein gesägtem Rand, kahl, hellgrün und im Herbst orange verfärbend. Blüten vier- oder fünfzählig, nickend, hellgrün und oft violettrosa überlaufen, einzeln oder zu zweien in den Blattachseln stehend. Blütenkrone bis 6 mm lang, kugelig krugförmig, vorne verengt, mit kurzen, stumpfen, eingerollten Zipfeln. Die Frucht ist eine kugelige, bis 10 mm große, vielsamige Beere. STANDORT: In lichten Nadelwäldern, selten in Laubwäldern, auf lockeren, feuchten, sauren Böden, in Hochmooren und in der alpinen Zwergstrauchregion, bis weit über 2500 m reichend. VERBREITUNG: In ganz Mittel- und Nordeuropa. BLÜTEZEIT: Mai, Juni.

Immergrüne Bärentraube
Arctostaphylos uva-ursi

MERKMALE: Immergrüner, niederliegender Spalierstrauch, ausgedehnte dichte Matten bildend. Blätter wechselständig angeordnet und sehr kurz gestielt, dick, derb, lederig, bis 30 mm lang und 12 mm breit, verkehrt-eiförmig bis verkehrt-lanzettlich-keilig, stumpf oder schwach ausgerandet, ganzrandig, meist behaart an Rand und Mittelrippe, oberseits dunkel glänzend, unterseits heller. Blüten fünfzählig, grünlich-weiß oder rötlich oder nur mit rötlichen Spitzen, in kurzen, endständigen, etwa zehnblütigen, hängenden Trauben. Blütenkrone ei- bis krugförmig, bis 6 mm lang, innen behaart, die kleinen Zipfel auswärts gekrümmt. Die Frucht ist eine scharlachrote,. kugelige, Beere. STANDORT: Auf Sand, Moor und Kalkboden, auf felsigem Grund. Gern in trockenen, geschützten Felsnischen, bis etwa 2500 m reichend. VERBREITUNG: In fast ganz Europa. BLÜTEZEIT: März bis Juli.

Alpen-Bärentraube
Arctostaphylos alpina

MERKMALE: Sommergrüner, kriechender, mattenbildender Spalierstrauch, dessen niederliegende Zweige nicht länger als 60 cm werden, mit kurzen, aufsteigenden Endtrieben. Blätter kurzgestielt, wechselständig angeordnet, bis etwa 5 cm lang und 1 cm breit, verkehrt-eiförmig, am Grund lang keilförmig verschmälert und lang gewimpert, spitzlich, am Rand scharf gesägt, beiderseits netznervig, oberseits leuchtend grün, unterseits graugrün; im Herbst verfärben sie sich leuchtend rot und bleiben bis zum Frühjahr stehen. Blüten fünfzählig, grünlich-weiß oder leicht rötlich, zu 2-5 in kleinen, aufrechten, endständigen Trauben. Die Frucht ist eine kugelige, saftige, erst rote und dann glänzend blauschwarze Beere. STANDORT: Auf Heiden und felsigem Grund, meist über 1500 m in den Alpen verbreitet. VERBREITUNG: In den Gebirgen Europas mit Ausnahme des äußersten Nordens. BLÜTEZEIT: Mai, Juni.

Kleinfrüchtige Moosbeere
Vaccinium oxycoccus

MERKMALE: Immergrüner, niederliegender Zwergstrauch mit weitkriechendem, bis 80 cm langen, dünnem, verholzendem Sproß und kurzen, zarten, aufstrebenden Blütentrieben. Blätter sehr kurz gestielt, wechselständig angeordnet, etwa bis 10 mm lang und 5 mm breit, eiförmig bis länglich, zugespitzt, fast kahl, oberseits dunkelgrün glänzend, unterseits blaugrün bereift; Ränder eingerollt. Blüten vierzählig, karminrosa, nickend, in wenigblütigen, endständigen Trauben. Blütenstiele mehrmals so lang wie die Blüte, sehr dünn, rötlich, behaart. Blütenkrone ausgebreitet, türkenbundähnlich, tief bis zum Grund gelappt. Frucht eine kugelige bis birnenförmige, etwa 10 mm große Beere, leuchtend rot. STANDORT: Nur in Torfmooren an den nasseren Stellen, in der Ebene und im Gebirge, in den Alpen bis 1300 m vorkommend. VERBREITUNG: Mittel- und Nordeuropa. BLÜTEZEIT: Mai bis Juli.

Schwarze Krähenbeere
Empetrum nigrum

MERKMALE: Immergrüner, heidekrautartiger Zwergstrauch, die jungen Triebe ganz fein drüsig behaart und bald verkahlend. Blätter in unregelmäßigen Quirlen zu 3-4 oder wechselständig angeordnet, lederig, bis 7 mm lang und 2 mm breit, linealisch-länglich bis schmal-elliptisch, die jungen drüsig, später kahl. Ränder nach unten gebogen und angenähert, so daß eine Längsfurche entsteht. Die Blüten sind zwittrig oder eingeschlechtig, meist drei-, selten zweizählig, zu 1-3 in den Blattachseln stehend. Kelch und Kronblätter etwa 1,5 mm lang, länglich, grünlich-rosa bis purpurfarben, frei. Die Frucht ist eine kleine, schwarze Steinfrucht, 5 mm im Durchmesser. STANDORT: Auf sauren Böden, in Heiden, Mooren, Nadelwäldern und Gebirgshängen. STANDORT: Nordeuropa und in Gebirgslagen südlich bis zu den Pyrenäen, Mittelitalien, Bulgarien und südlicher Ural. BLÜTEZEIT: Mai bis Juni.

Kleines Immergrün
Vinca minor

MERKMALE: Ausdauernder, immergrüner, am Grund verholzender, kahler Halbstrauch, Blütensprosse aufsteigend bis 20 cm hoch, nichtblühend niederliegend. Blätter deutlich lederig, gegenständig angeordnet, kurzgestielt, bis 4,5 cm lang und 2,5 cm breit, meist lanzettlich oder elliptisch, an den kriechenden Zweigen oft eiförmig, am Grund abgerundet oder keilförmig, oberseits glänzend mit hervortretender Nervatur, unterseits heller mit deutlichem Mittelnerv, am Rand nicht gewimpert. Die Blüten sind fünfzählig, meist blau, stehen einzeln, langgestielt in den oberen Blattachseln. STANDORT: Häufig am Rand von Gebüschen, Wäldern, Hecken, an Mauern und Felsen, in Weinbergen, von der Ebene bis in die montane Stufe. Häufig verwildert; auch eingebürgert. VERBREITUNG: Im südlichen und westlichen Mitteleuropa, östlich bis Litauen und zur Krim. BLÜTEZEIT: März bis Juni.

Mittleres Immergrün
Vinca difformis

MERKMALE: Immergrüner Halbstrauch mit kriechendem, an den Knoten wurzelndem Sproß, bis 2 m lang, mit niederliegenden, sterilen Seitenästen und aufsteigenden bis aufrechten, bis 50 cm hohen Blütensprossen. Blätter gegenständig, kurz gestielt, eiförmig, 2,5-7 cm lang, an den Rändern kahl. Blüten gestielt, einzeln in den oberen Blattachseln. Kelch bleibend, Kelchzipfel pfriemlich, 5-14 mm lang, kahl. Krone blaßviolett, 3-4,5 cm breit. Kronröhre bis 18 mm lang, trichterig, mit fünf flach ausgebreiteten, bis 16 mm langen, vorn schief abgeschnittenen Kronzipfeln. STANDORT: Schattige, feuchte Stellen, Hecken. VERBREITUNG: Westliches Mittelmeergebiet, östlich bis Italien. BLÜTEZEIT: Februar bis Mai. ALLGEMEINES: Im westlichen und zentralen Mittelmeergebiet findet man *Vinca major*, das seltene Große Immergrün. Die Blütenkrone ist blauviolett und 3-5 cm breit.

Großes Immergrün
Vinca major

MERKMALE: Ausdauernder, immergrüner Halbstrauch, mit einem am Boden kriechenden und an den Knoten wurzelnden Sproß; Zweige bis 1 m lang, am Grund erst aufsteigend, dann herabgebogen, niederliegend und kriechend, die Blütensprosse sind aufsteigend bis 30 m hoch. Blätter lederig, gegenständig angeordnet, gestielt, bis 9 cm lang und 6 cm breit, die unteren kleiner, meist eiförmig oder breit-eiförmig, selten lanzettlich, am Grund fast herzförmig, vorne verschmälert, am Rand gewimpert, deutlich fiedernervig. Blüten fünfzählig, hellblau oder blauviolett, selten weiß, langgestielt, einzeln in den oberen Blattachseln stehend. STANDORT: An schattigen Plätzen, in Wäldern, am Rand von Gebüschen und feuchten Hecken, an Bächen; kommt selten vor. VERBREITUNG: Westliches und Zentrales Mittelmeergebiet, häufig auch anderswo eingebürgert. BLÜTEZEIT: März, Mai, manchmal noch einmal im Herbst.

Keuschbaum
Vitex agnus-castus

MERKMALE: Sommergrüner, 2-4 m hoher Strauch mit hellbraunen, anfangs graufilzigen Zweigen. Laubblätter gegenständig, handförmig, fünf- bis siebenzählig geteilt; Teilblätter schmal-elliptisch bis lanzettlich, 5-10 cm lang und 0,5-1,5 cm breit, ganzrandig ober mit einigen groben Zähnen besetzt, auf der Oberseite kahl, unterseits graufilzig behaart. Blüten klein, hellviolett, seltener rosa oder weiß, in einer endständigen, dichten Ähre angeordnet, diese wiederum zu 10-18 cm langen Rispen vereinigt. Krone mit röhrenförmigen bis trichterartigem, verwachsenem Teil und einem schief fünfflappigen bis fast zweilippigen Saum. STANDORT: An Flußufern, in Bachbetten, an Hängen und Waldsäumen sowie an der Meeresküste. Häufig auf kalkhaltigen Unterlagen. VERBREITUNG: Mittelmeergebiet von Spanien über Italien und die Balkanländer bis zur Krim und Zentralasien. BLÜTEZEIT: Juli und August.

Gemeiner Oleander
Nerium oleander

MERKMALE: Aufrechter, buschiger, 2 bis 4 m hoher Strauch. Laubblätter meist in Quirlen zu drei oder vier angeordnet, seltener gegenständig, lederartig, lineal-lanzettlich, 6-15 cm lang, in den Stiel verschmälert, mit stark hervortretendem Mittelnerv, häufig mit umgerolltem Blattrand. Blüten leuchtend rot oder weiß, etwa 3 cm im Durchmesser, endständig zu Doldentrauben vereinigt. Krone tellerartig ausgebreitet, mit fünf nach rechts gedrehten, radförmig ausgebreiteten, schief abgeschnittenen Zipfeln, im Schlund mit fünf Schuppen, die eine kleine Nebenkrone bilden. STANDORT: Wild an felsigen Abhängen des Gardaseegebietes. Häufig im Mittelmeerraum angepflanzt und vielerorts verwildert. Sehr üppig in trockenen Flußbetten und auf Kiesböden. VERBREITUNG: Mittelmeergebiet. Von Nordafrika über das südliche Europa bis Israel, Kleinasien und Persien verbreitet. BLÜTEZEIT: Juni bis Oktober.

Griechische Baumschlinge
Periploca graeca

MERKMALE: Sommergrüner, aufrechter oder windender Strauch von 5-15 m Wuchshöhe. Laubblätter einfach, gegenständig angeordnet, kurz gestielt, 4-12 cm lang und 2-7 cm breit, eiförmig bis elliptisch oder auch lanzettlich, am oberen Ende spitz bis stumpf, ganzrandig bis spärlich behaart, oberseits glänzend, dunkelgrün, unterseits heller, bläulich-grün, leicht gewellt. Blüten fünfzählig, außen grünlich, innen schmutzig violett, 2-2,5 cm im Durchmesser, zu 8-15 in end- oder achselständigen Trugdolden angeordnet. Kronblätter nur an der Basis miteinander verwachsen, 8-14 mm lang und 2-3 mm breit, Zipfel zur Blütezeit radförmig ausgebreitet. STANDORT: In Auenwäldern, an Wasserläufen, an Waldrändern und in Gebüschen. Häufig in Macchien anzutreffen. Liebt nährstoffreiche, lockere Böden. VERBREITUNG: Östliches Mittelmeergebiet, bis zum Kaukasus. BLÜTEZEIT: Juli bis August.

Gemeiner Bocksdorn, Teufelszwirn
Lycium halimifolium

MERKMALE: Sommergrüner, kahler 1-3 m hoher Strauch mit rutenförmigen, anfangs aufrechten, später bogig überhängenden, hellbraunen und mitunter dornigen Zweigen. Laubblätter von unterschiedlicher Form, in der Regel schmal-elliptisch bis länglich-lanzettlich, etwa 2-10 cm lang und 0,5-3 cm breit, meist in der Mitte am breitesten, vorne zugespitzt, am Grund keilförmig verschmälert, mit 0,5-2 cm langem, graugrünem Blattstiel. Blüten lila-purpurn oder bräunlich, etwa 2 cm im Durchmesser, einzeln oder zu 2-5 in Blattachseln angeordnet, von angenehmem Duft. Kelch bis 4 mm lang, zweilippig mit kurzer, zweizähniger Oberlippe und dreizipfliger Unterlippe. Kronröhre mit engem Grund, deutlich trichterförmig, mit radförmig ausgebreitetem, fünflappigen Saum, die Lappen sind nur halb so lang wie die Röhren. Kronblätter mit dunkelvioletten Linien, die sich gegen den Kronschlund hinziehen. Staubblätter weit aus der Blüte herausragend, am Grund meist leicht bebärtet. Fruchtknoten zweifächrig, mit fadenförmigem Griffel und kopfiger Narbe. Frucht eine ellipsoide bis eiförmige, 2-2,5 cm lange, scharlachrote oder orangegelbe, vielsamige Beere. STANDORT: Häufig in Hecken, Gebüschen, an Mauern, Zäunen und an trockenen Hängen, mitunter auf Schuttplätzen. Liebt warme, nährstoffreiche, lockere Böden. Gern auf Sand. VERBREITUNG: Süd- und Mitteleuropa sowie Nordafrika. Von der Iberischen Halbinsel über den Balkan bis Westasien verbreitet. BLÜTEZEIT: Juni bis August. ALLGEMEINES: Der Strauch wurde wahrscheinlich nach der kleinasiatischen Landschaft Lycien benannt, wo der Bocksdorn nach Angaben von Dioskurides, einem griechischen Arzt aus dem 1. Jahrhundert n. Chr., sehr verbreitet war. Durch die langen, rutenförmigen Zweige, die zudem mit Dornen besetzt sind, kann sich der Bocksdorn im Astwerk anderer Sträucher festhalten (Spreizklimmer) und auch Kulturpflanzen schädigen. Der Bocksdorn wird mancherorts als Hecke oder auch zur Befestigung von Hängen angepflanzt. Futterpflanze des Totenkopfschwärmers.

Ölbaum, Olivenbaum
Olea europaea

MERKMALE: Immergrüner, außerordentlich langlebiger Laubbaum bis etwa 12-15 m Wuchshöhe. Stämme älterer Exemplare sehr knorrig und meist in sich gedreht, an der Basis sehr breit oder zusammengedrückt erscheinend. Eigentlicher Stamm sehr kurz, schon bald in mehrere sehr dicke, gedrehte und gewundene Äste gegabelt. Äste meist steil aufrecht, seltener auch flach ausgebreitet oder schräg abstehend. Größere Äste und Stamm besonders bei sehr alten Bäumen innen hohl und löcherig durchbrochen. Rinde an jüngeren Exemplaren oder an den dünneren Ästen und Zweigen hell silbriggrau und mit sehr feinem Furchenmuster. Triebe rundlich oder ein wenig kantig, mit feinen silbrigen Schuppen dicht besetzt. Blätter gegenständig, lanzettlich, an beiden Enden zugespitzt, ganzrandig, sitzend oder undeutlich gestielt, auf der Oberseite matt dunkelgrün bis graugrün, auf der Unterseite grauweiß oder bräunlich-weiß behaart, am Rand meist eingerollt. Blüten ein- oder zweigeschlechtig, sehr klein, mit vierzähnigem Kelch und vierteiliger, weiblicher, nur in der Mitte gelblicher Krone, angenehm duftend, zu mehreren in langen, achselständigen Rispen. Frucht eine ölig-fleischige Steinfrucht, 1-3 cm lang, anfangs grünlich, später eher schwärzlich, manchmal auch elfenbeinfarben. Steinkern sehr hart. Außenhaut zäh.

VERBREITUNG: Überall im Mittelmeerraum verbreitet und vielfach in Olivenhainen angepflanzt. BLÜTEZEIT: Juni bis August. ALLGEMEINES: Ölbäume wachsen sehr langsam. Nach der Faustregel, daß langsam wachsende Bäume auch sehr alt werden können, findet man Exemplare, deren Alter man auf mindestens 2000 Jahre schätzt. Der Ölbaum leitet sich ursprünglich von einer stärker bedornten Pflanze ab, die jedoch selten baumförmig wächst. In der Kulturform fehlen die Dornen. Er gehört zu den ältesten und langlebigsten Kulturpflanzen des Mittelmeerraums, und seine wirtschaftliche Bedeutung ist auch heute noch unbestritten. Aus seinen Früchten, den Oliven, preßt man das bekannte Öl. Aber auch die Früchte selbst finden in den verschiedenen Reifestadien vielfältige Verwendung. Die vollreifen, schwarzen Oliven erntet man erst im Spätherbst oder im Winter. Der ursprünglich aus Asien stammende Ölbaum ist heute fast weltweit in südlichen Breiten als Kulturpflanze oder als verwilderter Baum und Strauch bekannt. Man findet ihn außer in den Mittelmeerländern auch an der Ostküste Afrikas, in Mittel- und Südamerika, vorwiegend in Mexiko und Peru, wo er durch Antonio Ribero schon 1560 eingeführt wurde. Für den Mittelmeerraum kann man ihn jedoch schon wesentlich länger als eine der Charakterpflanzen bezeichnen, von der bereits das Alte Testament berichtet. So wurde die Ölfrucht den Juden im Gelobten Land verheißen, bildete einen bedeutenden Teil des Reichtums des Landes und galt neben dem Feigenbaum und Weinstock als Beweis und Ausdruck von Wohlstand und Glück. Die eingewanderten Juden fanden den Ölbaum in Palästina bereits vor, und David und Salomon trieben den Anbau voran. Das Öl benutzte man schon damals für die Zubereitung von Speisen, als Opfergabe und als Brennöl für Lampen.

Gemeine Esche
Fraxinus excelsior

MERKMALE: Sommergrüner Baum mit Wuchshöhen um 40 m. Krone junger Bäume sehr licht, mit ziemlich steil aufgerichteten Ästen, bei älteren Bäumen sehr hochgewölbt, dabei offen mit unregelmäßigem, rundlichen Umriß. Rinde an jungen Bäumen glatt, später zunehmend längs gefeldert und gefurcht oder mit einem schmalen Leistenwerk überspannt, graubraun. Blätter gegenständig, unpaarig gefiedert, 20-25 cm lang, mit 9 bis 13 Fiederblättchen, diese oval-länglich, vorne spitz, gezähnt, auf der Oberseite matt grün, unterseits heller und kahl. Blüten unscheinbar, ein- oder zweigeschlechtig, ein- oder zweihäusig. Flügelfrüchte um 3 cm lang, zur Reifezeit braun, vorne zugespitzt. STANDORT: In krautreichen Auen- oder Schluchtwäldern, meist auf sickerfrischem, nährstoffreichem Boden. VERBREITUNG: In ganz Europa, häufig als Park- oder Zierbaum angepflanzt. BLÜTEZEIT: April.

Manna-Esche, Blüten-Esche, Blumen-Esche
Fraxinus ornus

MERKMALE: Sommergrüner, laubwerfender Baum bis etwa 20-25 m Wuchshöhe, mit lockerer, ziemlich lichter, rundlich gewölbter Krone. Rinde dunkelgrau oder fast schwärzlich-grau, sehr glatt, ohne deutliches Furchen- und Leistenmuster. Äste überwiegend strahlig abgehend, gebogen und gedreht. Blätter gegenständig, unpaarig gefiedert, etwa 15-20 cm lang, von länglich-ovalem Umriß, Fiederblättchen meist zu 7, allenfalls länglich, vorne zugespitzt, deutlich gestielt, gezähnt bis unregelmäßig gesägt. Blüten mit vier weißlichen, bis etwa 6 mm langen Kronblättern. Blüten zahlreich in hängenden, sehr dichten, endständigen, etwa 10 cm langen und ebenso breiten Rispen. Früchte mit sehr schmalen, länglichen, etwa 2 cm langen Flügeln. VERBREITUNG: Stammt ursprünglich aus dem östlichen Mittelmeergebiet und wird im Süden als Zier- oder Straßenbaum angepflanzt. BLÜTEZEIT: Mai.

Ginko/Japanische Lärche

Strand-Kiefer

Mehlbeere

Blattgestalten - Thema mit vielen Variationen

Flächige Laubblätter gibt es in einer kaum beherrschbaren Formenvielfalt. Es sind wohl mindestens so viele verschiedene Typen, wie es Pflanzenarten auf der Erde gibt, wobei viele Pflanzen im Laufe ihrer Entwicklung auch noch unterschiedliche Blattgestalten (Keimblätter - Jugendblätter - Folgeblätter) tragen.
Im Unterschied zu den vielgestaltigen Laubblättern sehen die schlanken Nadelblätter auf den ersten Blick verhältnismäßig einheitlich, wenn nicht sogar eintönig aus. Der Eindruck täuscht jedoch. Trotz ihrer vielleicht typenarm erscheinenden Gestalt zeigen die Nadelblätter einen ungleich komplizierteren inneren Aufbau. Bei einem Laubblatt folgen auf die abdichtende Außenhaut (=Epidermis) immer nur zwei unterschiedlich kompakte Grüngewebe.

Riesen-Tanne

Tulpenbaum

Riesen-Lebensbaum

Schwarz-Pappel

Flatter-Ulme

Rot-Buche

Baum-Hasel

Scharlach-Eiche

Wegen deren unterschiedlicher Farbdichte sehen normale Laubblätter von der Oberseite immer dunkler grün aus als von der Unterseite. Behaarung auf der Blattunterseite wie bei der Mehlbeere verstärkt diesen Eindruck. Nadelblätter besitzen dagegen immer mehrere Gewebesorten. Schon ihre Außenhaut ist mehrschichtig. Ferner kommen darin auch lange Faserkomplexe und oft auch Harzkanäle mit wohlriechender Füllung vor. Anstelle der stark verzweigten Blattnervatur, wie sie etwa die Blätter von Rot-Buche oder Scharlach-Eiche durchzieht, führt ein Nadelblatt immer nur ein einzelnes, unverzweigtes Leitbündel. Auch die schuppig gestalteten Blätter etwa des Riesen-Lebensbaumes entsprechen diesem Grundmuster. Eine bemerkenswerte Ausnahme unter der nacktsamigen Verwandtschaft der Nadelbäume ist der seltsame Gingko - seine Laubblätter tragen als einzige gabelig verzweigte Blattnerven. Bei vielen Laubgehölzern sind die Blätter bemerkenswert gleichmäßig und vor allem symmetrisch aufgebaut, so etwa beim Tulpenbaum oder bei der Schwarz-Pappel. Die Blätter der Ulmen fallen dagegen durch ihre starke Asymmetrie auf - eine Blatthälfte ist hier immer deutlich größer als ihr Gegenüber. Beim Katsurabaum bilden Blattspreite und Blattstiel ungefähr einen rechten Winkel. Neben einfachen, ungeteilten Blättern kommen nur bei Laubgehölzen auch viele Typen zusammengesetzter Blätter vor, so etwa bei der Roßkastanie, bei der Blasenesche oder - besonders verwirrend - im vielgliedrigen Laub der Mimosen. Bei der Roßkastanie spricht man von handförmiger Teilung, bei Blasenesche oder Mimose von Blattfiederung. Außergewöhnlich vielseitig ist auch die Ausgestaltung des Blattrandes. Ganzrandige Blätter sind relativ selten. Häufig sind sie gesägt oder gekerbt, manchmal auch sehr tief lappig geteilt. Trotz der schier unbegrenzten Variationsmöglichkeiten der Blattgestalten ist die Blattform eine wichtige Bestimmungshilfe.

Roßkastanie

Katsurabaum

Blasenesche

Mimose

Breitblättrige Steinlinde
Phillyrea latifolia

MERKMALE: Kleinerer, immergrüner Baum mit Wuchshöhen um 7-10 m, meist jedoch wesentlich darunter bleibend oder auch einfach nur strauchförmig entwickelt. Krone sehr stark buschig verzweigt, ziemlich dicht und von rundlich-kugeligem Aussehen. Stamm sehr kurz, meist schon dicht über dem Boden stärker verzweigt. Blätter fast gegenständig, ungeteilt, entweder länglich-oval und am Rand scharf gezähnt oder länglich-lanzettlich und angenähert ganzrandig bis flach wellig, etwa 3-7 cm lang und 1-3 cm breit, auf der Oberseite dunkelgrün bis fast schwärzlich und glänzend, auf der Unterseite heller grün und matt. Blüten sehr klein, in vielen, achselständigen, dichtgedrängten Büscheln. VERBREITUNG: Überall in den immergrünen Gehölzbeständen der Mittelmeerländer vorkommender Baum oder Strauch. Auch an der portugiesischen Atlantikküste stellenweise verbreitet. BLÜTEZEIT: Juni.

Strauch-Jasmin
Jasminum fruticans

MERKMALE: Kleiner, immergrüner oder wintergrüner, 1-2 m hoher, etwas sparriger, kahler Strauch mit scharfkantigen, viereckigen, rutenförmigen, grünen Zweigen. Laubblätter wechselständig, dreizählig, seltener mit nur einem oder zwei Blättchen, diese 1-2 cm lang, länglich-elliptisch bis spatelförmig, vorne meist stumpf oder ausgerandet, ledrig glänzend, auf beiden Seiten kahl. Blüten gelb, 1-1,5 cm lang, fast geruchlos, zu 2-5 in armblütigen Trugdolden an kurzen Seitensprossen stehend. Kelchblätter teilweise fein gewimpert, mit länglichen Zipfeln, diese nur ein Viertel der Kronröhrenlänge erreichend. Krone mit langer Röhre, und etwa gleich langen, freien Teilen, diese radförmig ausgebreitet, und bis 3 cm im Durchmesser. Frucht kugelig, 7-9 mm lang, schwarz, mit fleischiger Fruchtwand. STANDORT: Häufig als Unterwuchs in Mischwäldern, in Hecken, Gebüschen, an sonnigen Abhängen sowie an Felsen. In Mitteleuropa gern als Zierstrauch angepflanzt. In den wärmeren, südlichen Gebieten (Wallis, Tessin, Südtirol) bisweilen verwildert und eingebürgert. VERBREITUNG: Mittelmeergebiet. Von der Iberischen Halbinsel über Südfrankreich, den Südalpenraum, Italien und die Balkanhalbinsel bis Kleinasien, Persien und Nordafrika. BLÜTEZEIT: Mai bis Jui. ALLGEMEINES: Der Strauch-Jasmin unterscheidet sich von den anderen bei uns vorkommenden Arten dieser Gattung durch seine wechselständigen Blätter und die schwach duftenden Blüten. Der Echte Jasmin wurde erst im 16. Jahrhundert nach Europa gebracht. Zur Gewinnung des Duftstoffes wird eine großblütige Varietät dieser Art in Südfrankreich feldmäßig angebaut und für die Parfümherstellung genutzt. Häufig findet man in den Gärten den rotblühenden Chinesischen Jasmin (*Jasminum beesianum*) oder den Primel-Jasmin (*Jasminum primulinum*). Sehr verbreitet ist auch der Winter-Jasmin (*Jasminum nudiflorum*), dessen hellgelbe Blüten schon im Januar erscheinen.

Schmalblättrige Steinlinde
Phillyrea angustifolia

MERKMALE: Immergrüner, dicht belaubter, sparrig ästiger Strauch von 1,5 bis 3 m Wuchshöhe mit langen, rutenartigen, hellgrauen oder gelblichen, glatten Zweigen. Laubblätter gegenständig, lineal-lanzettlich, bis 6 cm lang und 0,5-1 cm breit, ungeteilt, ledrig-derb, ganzrandig oder spärlich gezähnt, stachelspitz, am Grund keilförmig, beiderseits glänzend. Blüten grünlich-weiß oder schwefelgelb, duftend, in kurzen, in den Blattachseln stehenden Ähren oder Trauben angeordnet. STANDORT: An sonnigen Hängen, an Felsen, in Gebüschen sowie in lichten Wäldern. Mit Vorliebe auf kalkhaltigen, trockenen Böden. VERBREITUNG: Westliches Mittelmeergebiet. Die Ostgrenze verläuft von Algerien über die Adrialänder bis zum nördlichen Teil der Balkanhalbinsel. Die Nordgrenze wird in Südtirol (Etschtal) und in den Gebieten der Südschweiz (Tessin) erreicht. BLÜTEZEIT: Mai und Juni.

Glanz-Liguster
Ligustrum lucidum

MERKMALE: Immergrüner Baum mit Wuchshöhen um 10-15 m, mit halbkugeliger oder länglich-ovaler, ziemlich dichter, schattenwerfender Krone, oft auch nur strauchförmig entwickelt und dann stark buschig verzweigt. Äste auf kurzem, geradem Stamm, strahlig abgehend und überwiegend steil aufrecht, ziemlich regelmäßig verzweigt. Blätter alle gegenständig, lanzettlich-länglich, an beiden Enden zugespitzt, sehr kurzgestielt oder fast sitzend, etwa 7-12 cm lang und um 1-2 cm breit, auf der Oberseite stark glänzend und dunkelgrün; auf beiden Seiten gehen von der kräftig entwickelten Mittelrippe etwa 6-8 gerade oder leicht bogig verlaufende Seitennerven ab. Blüten zwittrig, mit cremeweißer oder elfenbeinfarbener, vierzipfeliger Krone, diese am Grund röhrig; Kronzipfel trichterartig oder radförmig ausgebreitet, etwa so lang wie die Kronröhre selbst. Blüten zahlreich in einer verlängerten, endständigen, etwa 10-20 cm langen und am Grund ebenso breiten Rispe, stark duftend. Beerenfrucht mehrsamig, oval, zur Reifezeit schwärzlich; giftig. VERBREITUNG: Ursprünglich Südostasien und wird im Mittelmeergebiet als dekorativer Zier- und Straßenbaum angepflanzt. BLÜTEZEIT: August bis Oktober.

Gewöhnlicher Liguster, Rainweide
Ligustrum vulgare

MERKMALE: Dichter, buschiger, langsamwüchsiger, bis 3 (5) m hoher Strauch. Blätter gegenständig oder zu dreien quirlig angeordnet und kurzgestielt, dünn, bis 6 cm lang und 2 cm breit, lanzettlich, ganzrandig, kahl. Die kleinen Blüten sind vierzählig, grünlich-weiß oder weiß und duftend und stehen in kleinen, aufrechten, Rispen. Frucht eine fast kugelige oder eiförmige Beere, glänzend schwarz. STANDORT: An Waldrändern und in Gebüschen, an sonnigen Hängen, auf nahrhaften, kalkhaltigen Böden. VERBREITUNG: Süd-, West- und Mitteleuropa. BLÜTEZEIT: Mai bis Juli.

Gewöhnlicher Flieder, Garten-Flieder
Syringa vulgaris

MERKMALE: Sommergrüner, langsamwüchsiger, bis 10 m hoher Strauch oder kleiner Baum. Die Zweige sind rutenförmig, die jungen rundlich glatt, olivgrün berindet und anfangs kurz drüsig behaart; an älteren Zweigen und Stämmen ist die Rinde graubraun, rauh, später längsrissig und dünn abblätternd. Die Knospen sind eiförmig, ungleich groß, mit olivgrünen, braungesäumten, rundlichen Schuppen. Die Blätter sind gegenständig angeordnet und etwa 3 cm lang gestielt, eiförmig, in der Regel deutlich länger als breit, am Grunde herzförmig oder breit keilförmig, kahl, die Spitze lang herausgezogen, ganzrandig, oberseits lebhaft grün, unterseits etwas blasser. Die lilafarbenen, wohlriechenden, vierzähligen Blüten stehen in reichblütigen, dichten, bis 20 cm langen Rispen. Blütenkrone mit zylinderischer, schlanker, bis 12 mm langer Röhre, Zipfel abstehend oder etwas zurückgebogen, eiförmig, abgerundet. Die Frucht ist eine lang-eiförmige und vorne zugespitzte, etwa 10 mm lange, holzige, braun glänzende Kapsel. STANDORT: In Gebüschen, Laubwäldern und Hecken, an steinigen Hängen. VERBREITUNG: Südosteuropa, vom nördlichen Mittelrumänien bis Mittelalbanien und Nordostgriechenland. Häufig als Zierpflanze kultiviert und in Mittel- und Westeuropa eingebürgert. BLÜTEZEIT: April, Mai, Juni.

Brandkraut
Phlomis fruticosa

MERKMALE: Weißfilziger, bis 1,3 m hoher Strauch von sparrigem Wuchs. Blätter gegenständig angeordnet. Untere Blätter lederig, gestielt, bis 9 cm lang, elliptisch-lanzettlich oder lanzettlich-eiförmig, am Grund abgestutzt oder keilförmig, ganzrandig oder leicht gekerbt, oberseits kurz sternhaarig filzig. Blattstiele bis 4 cm lang. Tragblätter sitzend oder gestielt, meist lanzettlich, stumpf. Die gelben, fünfzähligen Blüten stehen in wenig- bis vielblütigen (14-36) dichten Scheinquirlen. Kelch röhrig, bis 19 mm lang, wollig sternhaarig, die Zähne etwa 3,5 mm lang, pfriemförmig und nicht gewimpert. Blütenkrone zweilippig, Oberlippe helmförmig ausgerandet, Unterlippe dreilappig, abstehend ausgebreitet. Nüßchen dreieckig, kahl oder behaart. STANDORT: Meist auf trockenem, felsigem Grund. VERBREITUNG: Mittelmeergebiet, bis Sardinien. BLÜTEZEIT: Juni, Juli.

Berg-Gamander
Teucrium montanum

MERKMALE: Niederliegender, 5-35 cm hoher Spalierstrauch. Laubblätter linealisch-lanzettlich, 1-2 cm lang und 2-4 mm breit, ganzrandig, vorne etwas zugespitzt, am Rand leicht eingerollt, oberseits graugrün, kahl und glatt, unterseits weißfilzig. Blüten gelblichweiß, 10-15 mm lang, in ein- bis dreiblütigen, halbkugeligen, dichten, endständigen Köpfen angeordnet. Kronblätter kahl mit einer den Kelch überragenden Röhre, vorne mit stark verbreiterter, herabgeschlagener Unterlippe; deren Mittellappen sind ungeteilt, aber leicht gezähnelt, viel größer als die gleichfalls herabgeschlagenen Seitenlappen. STANDORT: An trockenen Felsen, auf ruhendem Kalkschutt, auf Flußanschwemmungen, in offenen Weiden und Heiden. Meist in der Hügel- und Bergstufe zu finden. Im Wallis bis 2200 m. Mit Vorliebe an Südhängen. VERBREITUNG: Südeuropäische Gebirge. BLÜTEZEIT: Juni bis August.

Strauch-Gamander
Teucrium fruticans

MERKMALE: Immergrüner, dornenloser, aufrechter bis halbliegender Strauch von 1-2,5 m Wuchshöhe. Laubblätter einfach, gegenständig angeordnet, kurz gestielt, 15-50 mm lang und 5-20 mm breit, lanzettlich bis eiförmig, am oberen Ende spitz bis stumpf, ganzrandig, ledrig, auf der Oberseite matt, dunkelgrün, auf der Unterseite dicht weiß-filzig. Blüten blaßblau bis tief violett, einzeln oder zu zweit in beblätterten, aufrechten, lockeren Trauben angeordnet. Kronröhre sehr kurz; Oberlippe im Vergleich zur Unterlippe sehr viel kleiner, dadurch Krone scheinbar einlippig; Unterlippe. STANDORT: Auf trockenen Felsmatten, bewaldeten Hügeln, Weiden und an der Küste; häufig in Macchien und Garigues. VERBREITUNG: Westliches Mittelmeergebiet. Von Portugal und Marokko ostwärts bis Malta, Sizilien und den küstennahen Bereichen Jugoslawiens beheimatet. BLÜTEZEIT: Dezember bis Mai.

Echter Lavendel
Lavandula angustifolia

MERKMALE: Graufilzig behaarter, aromatischer, 1-2 m hoher Strauch, mit aufsteigenden oder aufrechten und stark verästelten Zweigen oder mit steif-aufrechten, unverzweigten oder Kurztriebe tragenden Zweigen. Die Blätter sind gegenständig angeordnet, bis etwa 40 (-50) mm lang, lanzettlich, länglich oder linealisch, an beiden Enden verschmälert, stumpf, ganzrandig und am Rand mehr oder weniger eingerollt, die jungen Blätter beiderseitig graufilzig, später vergrünend. Die blaulila, lavendelfarbenen Blüten sind fünfzählig und stehend in sechs- bis zehnblütigen Scheinquirlen, die zu einem bis 8 cm langen, ährigen Blütenstand vereinigt sind. Blütenkrone schwach zweilippig, mit bis zu 12 mm lang vorragender Röhren, Oberlippe aus zwei, Unterlippe aus drei rundlichen, gleich großen Zipfeln gebildet. STANDORT: Trockene, sonnige Hänge. VERBREITUNG: Mittelmeergebiet. In Kultur als Zier- und Nutzpflanze weit verbreitet. BLÜTEZEIT: Juni, Juli bis August.

Gemeiner Rosmarin
Rosmarinus officinalis

MERKMALE: Immergrüner, aromatisch riechender, bis 2 m hoher Strauch mit aufrechten, aufsteigenden oder selten niederliegenden, grauberindeten Zweigen. Blätter lederig, kreuzweise gegenständig, sitzend, bis 40 mm lang und 3,5 mm breit, linealisch mit eingerollten Rändern, oberseits kräftig grün und schwach runzelig, unterseits weiß filzig behaart. Blüten hellblau-violett, selten weiß oder rosa, fünfzählig, zweilippig, in wenigblütigen Scheinquirlen zu kurzen, achselständigen Trauben vereint. Blütenkrone bis 12 mm lang mit hervorragender Röhre, Oberlippe zweispaltig und stark zurückgebogen, Unterlippe dreispaltig, mit einem großen, herabgeschlagenen, schneckenförmigen Mittellappen. STANDORT: Trockenes Gebüsch, typischer Bestandteil der Macchien. VERBREITUNG: Im Mittelmeergebiet bis Portugal und Nordwestspanien. BLÜTEZEIT: Januar, März, April, vereinzelt das ganze Jahr über.

Ysop
Hyssopus officinalis

MERKMALE: Scharf aromatisch riechende, bis 60 cm hohe Staude oder Zwergstrauch mit aufrechten, selten niederliegenden, verzweigten, mattbraunen Ästen. Blätter gegenständig, an Kurztrieben scheinbar quirlig angeordnet, sitzend oder fast sitzend, bis 50 mm lang und 10 mm breit, linealisch, lanzettlich oder länglich, stumpf oder kurz zugespitzt, ganzrandig, kahl bis zottig behaart. Die fünfzähligen, leuchtend blauen oder violetten, selten weißen oder rosa Blüten, zu 4-15 in einseitswendigen Scheinquirlen zu endständigen, ährigen Blütenständen vereinigt. Blütenkrone bis 12 mm lang, trichterförmig, zweilippig, Oberlippe aufrecht und ausgerandet, Unterlippe lang abstehend, dreilippig mit großen ausgerandeten Mittellappen. STANDORT: Trockene Hänge, Felsenheiden, bevorzugt kalkhaltige Böden, häufig kultiviert. VERBREITUNG: Süd-, Mittel- und Osteuropa. BLÜTEZEIT: Juli, August bis Oktober.

Echter Salbei
Salvia officinalis

MERKMALE: Stark duftender, am Grund verholzter, bis 60 cm hoher Halbstrauch. Blätter zum Teil wintergrün, derb, gegenständig angeordnet, gestielt, länglich, am Grund verschmälert, ganzrandig oder fein gekerbt, runzelig, oberseits grünlich und anfangs dicht behaart, unterseits dicht weiß filzig. Blüten fünfzählig, violettblau, rosa oder weiß, zu einem endständigen, ährigen Blütenstand vereint. Blütenkrone bis 35 mm lang, mit gerader, allmählich sich verbreiternder und innen mit einem Haarring versehener Röhre, Oberlippe zweilappig, fast gerade, Unterlippe dreilappig, der mittlere Lappen größer, rundlich, ausgerandet. STANDORT: An steinigen Hängen, an Wegrändern, auf trockenem Grasland, an Kalkhängen, häufig kultiviert. VERBREITUNG: Nord- und Zentralspanien, Südfrankreich und westlicher Teil der Balkanhalbinsel, in Teilen Süd- und Südmitteleuropas eingebürgert. BLÜTEZEIT: Juni, Juli.

Gewöhnlicher Trompetenbaum
Catalpa bignonioides

MERKMALE: Sommergrüner, laubwerfender Baum mit Wuchshöhen um 15-20 m, mit lichter Krone. Rinde an jüngeren und älteren Bäumen bräunlich oder grau-bräunlich, anfangs glatt, dann zunehmend abschuppend. Blätter gegenständig oder in Dreierwirteln, meist sehr groß, etwa 10-20 cm lang und fast ebenso breit, im Umriß breit-oval bis herzförmig, am Grund eingeschnitten, vorne kurz zugespitzt, ganzrandig oder mit 1-2 sehr kleinen, kaum auffallenden Seitenlappen, meist kräftig hellgrün, auf der Oberseite matt, auf der Unterseite dicht weichhaarig. Blüten etwa 3-5 cm breit, mit fünfteiliger, ausgebreiteter, ausgefranster Krone, innen mit rötlichen Saftmalen. Blüten zu mehreren in großen, bis 20 cm langen, meist aufrechten Rispen. Früchte lange, etwa 30 x 2 cm messende, rundliche Kapseln. VERBREITUNG: Ursprünglich nur im südöstlichen Nordamerika beheimatet, jedoch als Ziergehölz angepflanzt. BLÜTEZEIT: Juni bis August.

Paulownie, Blauglockenbaum
Paulownia tomentosa

MERKMALE: Sommergrüner, laubwerfender Laubbaum bis etwa 20 m Wuchshöhe, meist jedoch etwas darunter bleibend, mit breiter, hochgewölbter, ziemlich lichter Krone. Rinde auch an älteren Exemplaren ziemlich glatt und grau bis bräunlich-grau. Blätter gedrängt an den Spitzen der vorjährigen Triebe, gegenständig, sehr groß, etwa 15-30 cm lang und fast ebenso breit, im Umriß breit-oval, am Grund herzförmig eingeschnitten, vorne zugespitzt, ganzrandig; auf der Oberseite matt dunkelgrün oder frischgrün und samtig kurzhaarig, auf der Unterseite dicht graufilzig. Blüten in aufrechten, rispig verzweigten Blütenständen. Einzelblüten sehr groß, fingerhutförmig und glockig, außen blaßviolett-bläulich, innen mit gelblichen Streifen. VERBREITUNG: Ursprünglich nur in Südwestasien. In den wärmeren Regionen Europas Park- und Zierbaum angepflanzt. BLÜTEZEIT: Mai.

Moosglöckchen, Erdglöckchen
Linnaea borealis

MERKMALE: Zierlich zarter, bis 15 cm hoher Zwergstrauch mit kriechendem, holzigem, fast fädlichem Stengel und zahlreichen, aufrechten, fein behaarten Blütensprossen. Blätter kurzgestielt und gegenständig angeordnet, derb lederig, rundlich bis breit eiförmig, breit zugespitzt, vordere Hälfte leicht kerbig gesägt, oberseits dunkelgrün, unterseits bläulich-grün. Die nickenden Blüten stehen einzeln oder zu zweien auf den langen, aufrechten Blütensprossen. Die Blütenkrone ist weißlich-rosa oder auch ganz weiß, innen mit dunklen, länglichen Saftmalen gezeichnet, bis 1 cm lang, trichterig-glockig, leicht schief fünflappig. Die Frucht ist eine einsamige, trockene Schließfrucht. STANDORT: Sehr zerstreut in moosigen Nadelwäldern und Zwergstrauchbeständen, bis 2000 m reichend. VERBREITUNG: Nordeuropa, Zentralalpen, Sudetenland, Karpaten, Kaukasus, Ural. BLÜTEZEIT: Juli bis Ende August.

Garten-Geißblatt, Jelängerjelieber
Lonicera caprifolium

MERKMALE: Holziger Schlingstrauch, bis 4 (10) m hoch kletternd, mit rechtswindenden Stengeln. Blätter gegenständig angeordnet, sitzend oder kurzgestielt, bis 10 cm lang und 5 cm breit, elliptisch bis breit elliptisch, stumpf, ganzrandig, oberseits dunkelgrün, unterseits bläulich-grün. Die oberen Blätter an den Zweigenden sind am Grund paarweise miteinander verbunden, die obersten hingegen sind zu einem elliptischen oder kreisrunden, vom Stengel durchwachsenen Doppelblatt verbunden. Die großen, fünfzähligen Blüten sind gelblichweiß, oft rötlich überlaufen, sitzen in Quirlen zu sechs unmittelbar auf dem obersten, verwachsenen, runden Blattpaar, zuweilen auch noch auf den 1-2 nächstfolgenden Blättern. Blütenkrone zweilippig, Oberlippe vier-, Unterlippe einlappig. Beeren orangerot oder dunkelrot. STANDORT: In Hecken und Gebüschen, an Waldrändern. VERBREITUNG: Ost-, Zentral- und Mitteleuropa. BLÜTEZEIT: Mai bis Juli.

Gemeine Heckenkirsche
Lonicera xylosteum

MERKMALE: Aufrechter, üppig verzweigter, bis 3 m hoher Strauch. Blätter weich, gegenständig angeordnet, gestielt, bis 7 cm lang und 5 cm breit, breit elliptisch-eiförmig bis fast kreisrund, spitz zulaufend, am Grund leicht abgerundet oder verschmälert, ganzrandig und gewimpert, oberseits dunkelgraugrün und zerstreut behaart. Blüten fünfzählig, gelblich-weiß, paarweise auf gemeinsamen Stielen in den Blattachseln. Blütenkrone zweilippig, bis 12 mm lang, Röhre behaart, etwa so lang wie der Kronsaum oder kürzer. Beeren leuchtend hellrot und glasartig glänzend, sehr selten weiß oder gelb. STANDORT: Gerne auf trockenen, kräftigen und auch kalkhaltigen Waldböden, Hecken und Gebüschen, bis ca. 1600 m ansteigend. VERBREITUNG: Verbreitet in Europa mit Ausnahme des äußersten Nordens, des äußersten Südens und der Inseln. BLÜTEZEIT: Mai, Juni.

Schwarze Heckenkirsche
Lonicera nigra

MERKMALE: Aufrechter, bis 2 m hoher Strauch. Die Blätter sind gegenständig angeordnet, kurzgestielt, weich, bis 7 cm lang und 3 cm breit, schmal elliptisch bis länglich verkehrt-eiförmig, mehr oder weniger spitz, am Grund kurz veschmälert, oberseits glänzend grün, unterseits blaugrün und kahl oder an den Nerven flaumig behaart. Die hellrosa Blüten sind fünfzählig und zweilippig, paarweise auf einem langen gemeinsamen Stiel in den Blattachseln stehend. Blütenkrone bis 1 cm lang, Kronröhre deutlich höckerig, innen und außen behaart, etwa so lang oder länger als der Kronsaum. Die doppelkugeligen, oft ungleichen Beeren sind recht groß, bis etwa 1 cm, schwarz und bläulich bereift. STANDORT: In Gebirgswäldern und an buschigen Stellen, auf frischen, feuchten oder steinigen Böden, nicht sehr häufig, bis etwa 1600 m. VERBREITUNG: In den Gebirgen Süd- und Mitteleuropas. BLÜTEZEIT: April bis Juli.

Pyrenäen-Heckenkirsche
Lonicera pyrenaica

MERKMALE: Aufrechter, bis 1 m hoher, kahler Strauch, Zweige mit festem Kern. Die Blätter sind gegenständig angeordnet und alle frei, das heißt, auch die obersten sind nicht verwachsen, etwas lederig, bis 4 cm lang und 2 cm breit, schmal verkehrt-eiförmig bis verkehrt-lanzettlich, spitz zulaufend oder stachelspitzig, am Grund herablaufend, kahl, unterseits bläulichgrün und netzaderig. Die fünfzähligen Blüten sind weiß oder gelblich, oft rötlich getönt und stehen paarweise in den Blattachseln auf einem gemeinsamen Stiel, der etwa 2 cm lang ist. Der Kelch ist fünfzipfelig. Blütenkrone bis 20 mm lang, trichterig-glockig und fast regelmäßig. Röhre nur schwach höckerig, kahl und deutlich länger als der Kronraum. Die fünf Staubblätter sind gleich lang. Die Beeren sind frei, rundlich, rot. STANDORT: Auf Kalkfelsen. VERBREITUNG: In den Pyrenäen und den Gebirgen im nordöstlichen Spanien und auf den Balearischen Inseln. BLÜTEZEIT: Juni, Juli.

Alpen-Heckenkirsche
Lonicera alpigena

MERKMALE: Aufrechter, bis 2 (3) m hoher, meist kahler Strauch. Blätter gegenständig angeordnet, kurzgestielt, groß, bis 11 cm lang und 5,5 cm breit, länglich verkehrt-eiförmig bis elliptisch, zugespitzt bis lang stachelspitzig, am Grund abgerundet oder verschmälert, kahl, ganzrandig und in jungen Stadien gewimpert, oberseits dunkelgrün, unterseits glänzend heller grün. Die Blüten sind fünfzählig, zweilippig, gelblich oder grünlich-gelb, rötlich-braun getönt und stehen paarweise in den Blattachseln auf einem gemeinsamen Blütenstiel. Blütenkrone bis 2 cm lang, fast trichterförmig, mit stark höckeriger Blütenröhre, diese kürzer als der Kronsaum, innen zottig behaart. Beeren kugelig bis eiförmig, glänzend, leuchtend rot, giftig! STANDORT: Gerne auf Kalkböden wachsend, bis etwa 2300 m ansteigend. VERBREITUNG: Gebirge Süd- und Südmitteleuropas. Fehlt im Schwarzwald. BLÜTEZEIT: Mai bis Juli.

Blaue Heckenkirsche
Lonicera coerulea

MERKMALE: Aufrechter, bis 2 m hoher Strauch, kahl oder mehr oder weniger behaart. Blätter gegenständig angeordnet, gestielt, bis 7 cm lang und 3 cm breit, meist elliptisch, manchmal verkehrt-eiförmig, eiförmig oder länglich, spitzlich oder spitz, ganzrandig, unterseits bläulich-grün, anfangs leicht behaart, später kahl. Die Blüten sind fünfzählig, gelblich-weiß und paarweise, nickend in den Blattachseln stehend. Blütenkrone bis 16 mm lang, trichterförmig, mit höckeriger, innen und außen behaarter Röhre, kaum zweilippig. Die Frucht ist eine von den fleischigen Vorblättern umgebene Doppelbeere, saftig, schwarzblau bereift und wohlschmeckend. STANDORT: In gebirgigen Gegenden, in feuchten, humusreichen Wäldern, an felsig buschigen Stellen, auf steinigen Kalkböden, etwa zwischen 800-2000 m. VERBREITUNG: Nordosteuropa, von den Pyrenäen bis Bulgarien. BLÜTEZEIT: Mai bis Juli.

Wald-Heckenkirsche
Lonicera periclymenum

MERKMALE: Lianenartiger, bis 5 oder sogar 10 m hoch kletternder, holziger Strauch mit rechtswindenden Stengeln, kahl, spärlich oder drüsig behaart. Blätter gegenständig angeordnet, kurzgestielt oder sitzend, alle frei, das heißt, nicht paarweise miteinander verwachsen wie beim Garten-Geißblatt, bis 9 cm lang und 5 cm breit, länglich bis elliptisch, stumpf oder spitz, am Rand manchmal buchtig gezähnt, oberseits dunkelgrün, unterseits bläulich bereift; nur die jungen Blätter sind leicht behaart. Blüten fünfzählig, groß und wohlriechend, gelblich-weiß bis gelb und oft purpurrot überlaufen, zu mehreren in endständigen Köpfchen. Blütenstiele bis 4, maximal 9 cm lang, drüsig behaart. Kelchzipfel bis zur Fruchtreife bleibend, drüsig behaart. Blütenkrone zweilippig, mit schmaler, leicht höckeriger, drüsig behaarter, bis 24 mm langer Röhre; Oberlippe vierlappig, Unterlippe einlappig. Die fünf Staubblätter sind ungleich lang und weit aus der Blüte herausragend. Fruchtknoten unterständig, der fadenförmige Griffel überragt die Staubblätter. Beeren wenigsamig, rundlich, mit bleibenden Kelchzipfeln, dunkelrot und saftig. STANDORT: An Waldrändern, Gebüschen und buschigen Abhängen, an Zäunen und Hecken, in lichten Wäldern. VERBREITUNG: Im westlichen, mittleren und südlichen Europa, nordöstlich bis Südschweden reichend. BLÜTEZEIT: Mai, Juni, selten bis September. ALLGEMEINES: Systematisch werden bei dieser Art zwei Unterarten unterschieden: ssp. *periclymenum* mit meist sitzendem obersten Blattpaar, vorkommend in dem Verbreitungsgebiet der Art mit Ausnahme Südspaniens und Portugals. Als zweite Unterart wird ssp. *hispanica* unterschieden, die in Mittel- und Südspanien sowie Südportugal zu finden und deren oberstes Blattpaar gestielt ist. Als Ziersträucher sind die Vertreter der Gattung *Lonicera* vielfältig verwendbar; sie sind unkompliziert, da sie keinerlei Bodenansprüche stellen und viel Schatten vertragen. Zur Fassadenbegrünung in Städten verwendet.

Windendes Geißblatt
Lonicera implexa

MERKMALE: Immergrüner, kahler, blaugrüner, 50-200 cm hoher Strauch mit windenden Ästen. Blätter gegenständig, spatelig, 3,5-4,5 cm lang, kurz gestielt, basal geöhrt, oberseits dunkelgrün, unterseits blaugrün. Die oberen ungestielt und zunehmend mit ihren Basen verwachsen. Blütenstand zusammengezogen, zwei- bis sechsblütig, oft direkt mit den obersten, völlig verwachsenen, 1,5 cm breiten, 4 cm langen Blättern aufsitzend. Blütenkrone weißlich rosa mit innen behaarter Röhre, bis 2,5 cm lang. Kronzipfel bis 11 mm lang, vier bilden die Oberlippe, einer die Unterlippe. Fünf Staubblätter aus der Kronröhre herausragend, so lang wie der Griffel. Kelch ein kurzer, fünfzipfliger Ring. Fruchtknoten unterständig, wird zu einer roten, bis 6 mm breiten Beere. STANDORT: Macchien, Hecken. VERBREITUNG: Im gesamten Mittelmeergebiet weit verbreitet und häufig. BLÜTEZEIT: Mai und Juni.

Gewöhnlicher Schneeball
Viburnum opulus

MERKMALE: Aufrechter, raschwüchsiger bis 4 oder 5 m hoher, großer Strauch oder kleiner Baum. Die Blätter sind gegenständig angeordnet, langgestielt, ahornähnlich, breit eiförmig, drei- bis fünflappig, am Grund abgerundet oder leicht herzförmig, am Rand unregelmäßig gezähnt, oberseits glatt, kahl, hellgrün, unterseits graugrün, flaumig behaart. Blüten in lockeren, endständigen Trugdolden. Randblüten strahlend, größer, flach, bis 25 mm breit, mit fünf ungleichen Lappen, unfruchtbar; innere Blüten kleiner, zwittrig, kurz glockig, manchmal rötlichweiß. Die Frucht ist eine kugelige, bis 10 mm große Steinfrucht, glänzend rot. STANDORT: Meist auf feuchten, humus- und kalkreichen Böden, auch in schattigen Lagen, in Gebüschen, Auwäldern, Ufern und feuchten Wiesen, von der Ebene bis in die Alpentäler. VERBREITUNG: Fast ganz Europa mit Ausnahme des äußersten Nordens. BLÜTEZEIT: Mai bis Juli.

Wolliger Schneeball
Viburnum lantana

MERKMALE: Aufrechter, buschiger, bis 4 m hoher, raschwüchsiger Strauch. Blätter gegenständig angeordnet, kurzgestielt, weich und dicklich, sich rauh anfühlend, eiförmig oder oval, stumpf, am Grund abgerundet oder herzförmig, am Rand scharf gekerbt gesägt, oberseits runzelig, dunkelgrün, unterseits graufilzig, wie auch der Blattstiel. Die kleinen Blüten sind weiß, fünfzählig und stehen in dichten, gewölbten, endständigen Trugdolden. Die Frucht ist eine einsamige, aufrechte Steinfrucht, eiförmig und etwas abgeflacht, vom Kelchrand gekrönt, anfangs rot, dann schwarz glänzend. Stein fast flach. STANDORT: Bevorzugt auf Kalkböden und in sonnigen Lagen, in den Alpen bis etwa 1400 m. VERBREITUNG: Hauptsächlich im Mittelmeergebiet und in wärmebegünstigten Gebieten Mitteleuropas, auch in England, auf der Balkanhalbinsel und in Südrußland. BLÜTEZEIT: April bis Juni.

Roter Trauben-Holunder
Sambucus racemosa

MERKMALE: Mittelgroßer bis großer, 3 (-5) m hoher Strauch. Der Stamm ist dunkelbraun berindet, die Zweige sind dick hellbraun-grau berindet, mit deutlichen Rindenporen. Die Blätter sind gestielt, gegenständig angeordnet, unpaarig gefiedert mit 1-3 Paaren von Fiederblättchen, das Endblättchen ist nicht größer. Blattfiedern kurz gestielt, länglich oder lanzettlich, zugespitzt und am Rand grobgesägt, oberseits dunkelgrün, unterseits bläulich-grün. Die sehr kleinen Blüten sind fünfzählig, grünlich-gelb, stehen in aufrechten, dichten, behaarten, eiförmigen Trugdolden. Blütenkrone radförmig, bis 4 mm breit, kurzlebig. Die dichtstehenden Steinfrüchte sind kugelig, bis 5 mm groß, leuchtend korallenrot. STANDORT: Meist in sonnigen Lagen und auf lockeren, lehmig-sandigen Böden. Alpen bis 1400 m. VERBREITUNG: In Mittel- und Südeuropa. BLÜTEZEIT: März bis Mai.

Schwarzer Holunder
Sambucus nigra

MERKMALE: Großer, bis 7 m hoher Strauch oder Baum mit dichtbelaubter Krone. Die Blätter sind gegenständig angeordnet und unpaarig gefiedert, mit meist 2-3 Paaren von Fiederblättchen und einem größeren Endblättchen. Fiedern fast sitzend, elliptisch oder länglich, zugespitzt und unregelmäßig gesägt und spärlich behaart, oberseits dunkelgrün, unterseits heller. Die kleinen Blüten sind fünfzählig, weiß bis gelblich-weiß, in dichtblütigen, endständigen flachen, schirmförmigen Trugdolden. Fruchtstand mit purpurvioletten Stielen überhängend. Frucht eine dreisamige, kugelige, bis 6 mm große Steinfrucht, schwarzviolett mit blutrotem Saft. STANDORT: Verbreitet in Auwäldern, an Ufern, Zäunen und Waldrändern, mit Vorliebe auf stickstoffreichen Böden, bis in die Alpentäler (etwa 1200 m). VERBREITUNG: Fast ganz Europa, mit Ausnahme des äußersten Nordens. BLÜTEZEIT: Mai bis Juli.

Stechender Mäusedorn
Ruscus aculeatus

MERKMALE: Immergrüner, bis 1 m hoher Halbstrauch mit einer unterirdischen Grundachse und starren, aufrechten, holzigen und verzweigten Sprossen. Die eigentlichen Laubblätter sind klein, braunhäutig, schuppenartig, dreieckig bis lanzettlich. Aus ihren Blattachseln entwickeln sich blattartige Sprosse oder Phyllokladien, in zwei Zeilen wechselständig angeordnet. Sie sind lederig starr, bis 2,5 cm lang, eiförmig länglich, scharf stachelspitzig und deutlich nervig. Auf der Oberseite der Phyllokladien, etwa in der Mitte, stehen die kleinen, kurzgestielten Blüten einzeln oder in wenigblütigen Büscheln in den Achseln kleiner, derber, grünhäutiger und stachelspitziger Hochblätter. Blüten eingeschlechtig, zweihäusig, bis 2 mm breit. Die sechs Blütenhüllblätter sind frei und stehen in zwei Kreisen, die inneren sind viel kleiner. Die Blütenfarbe variiert, von grünlichweiß, lichtgrün, bis mehr oder weniger dunkelpurpurn überlaufend. Die drei Staubblätter sind zu einer kurzen Röhre vereinigt und immer dunkel gefärbt. Die weiblichen Blüten haben einen rundlichen, einfächerigen Fruchtknoten mit einem sehr kurzen Griffel und einer dicken, kopfigen Narbe. Die Frucht ist eine ein- bis zweisamige, korallenrote, glänzende Beere. Samen kugelig. Häufig drehen sich die Phyllokladien seitlich oder nach untem, so daß es aussieht, als säßen die Beeren auf der Unterseite. STANDORT: An trockenen, sonnigen und warmen Hängen, in Gebüschen und Wäldern, vereinzelt bis 1000 m ansteigend. VERBREITUNG: Im Mittelmeergebiet und auf den Kanarischen Inseln. In Westfrankreich, Belgien und England eingebürgert. BLÜTEZEIT: März, April. ALLGEMEINES: Die Gattung *Ruscus* ist dem Spargel nahestehend und besteht nur aus zwei oder drei Arten, die im Mittelmeergebiet und Makronesien beheimatet sind. Der Name Mäusedorn kommt daher, daß seine stechenden Zweige, über Speisen ausgelegt, die Mäuse fernhalten sollten.

Cordyline, Keulen-Lilie
Cordyline australis

MERKMALE: Immergrüner Baum mit Wuchshöhen um 10 m. Im typischen Fall mit einfachem, aufrechtem, drehrundem Stamm oder schon kurz über der Erde gabelig geteilt und dann mehrstämmig erscheinend. Blätter am oberen Ende des Stammes schopfig gedrängt, etwa 30-80 cm lang, ungeteilt, einfach, linealisch bis schmal-lanzettlich, im Durchschnitt etwa 5 cm breit, vorne spitz zulaufend und mit scharfer Spitze ausgestattet. Ziemlich steif und hart, dunkelgrün bis frischgrün, anfangs aufrecht und strahlig ausgebreitet, später zurückgeschlagen, hängen dann als breite Manschette abgestorbener Blätter am Stamm herab. Blüten sehr zahlreich in großen, rispig organisierten Blütenständen auf bis 1 m erreichenden Blütenstandschaft. VERBREITUNG: Auf der Südhalbkugel in Neuseeland beheimatet. In Südeuropa vielfach angepflanzt und zum Teil eingebürgert. BLÜTEZEIT: März bis Juni.

Kanarische Dattelpalme
Phoenix canariensis

MERKMALE: Immergrüner Laubbaum bis etwa 20 m Wuchshöhe, meist jedoch wesentlich niedriger. Reste der Blätter (Blattbasen) bilden um den zylindrischen Stamm eine dicke, dichte Außenlage, durch die die Rinde verdeckt wird. Blätter um 5 m lang, am oberen Ende des Stamms schopfig gedrängt, recht zahlreich. Blätter gefiedert, im Umriß lanzettlich, vorne schwertförmig zugespitzt, ziemlich fest und starr. Einzelne Fiederblättchen je Blattseite etwa 80-100. Verhältnismäßig kurz, ganzrandig, dunkelgrün, jedoch nicht glänzend. Blüten eingeschlechtig und auf verschiedene Individuen verteilt. Blütenstände sehr reich verzweigt, erscheinen an langen, bis 2 m großen, gebogenen Schäften im Bereich der dichten Blattschöpfe. Früchte kugelig-länglich, gelb-bräunlich. VERBREITUNG: Dattelpalmen sind in den Tropen und Subtropen der Alten Welt verbreitet. Im Mittelmeerraum angepflanzt. BLÜTEZEIT: März bis April.

Chinesische Hanfpalme
Trachycarpus fortunei

MERKMALE: Immergrüner Baum mit hohem, schlankem Stamm, der Wuchshöhen um 15 m erreichen kann, meist aber darunter bleibt, besonders in Kultur. Stamm einfach und unverzweigt, meist ziemlich gerade, zylindrisch, besonders im oberen Drittel mit einem dichten, faserigen Netzwerk, sonst mit dreieckigen, aufwärts weisenden Basen abgestorbener, entfernter Blätter bedeckt. Rinde nicht erkennbar. Äste nicht vorhanden. Blätter schopfig gedrängt am oberen Stammende, fächerförmig mit kreis- oder halbkreisrunder Blattspreite auf sehr langem, etwa 50-100 cm lang werdendem Blattstiel. Spreite etwa 60 cm lang und bis 100 cm breit, tief vielstrahlig geteilt. Bis zu 25 Strahlen, die bis fast zur Basis getrennt sind, gehen vom oberen Ende des Blattstiels aus. Jedes Segment längs gefaltet, vorne zugespitzt, hellgrün. Blattstiele nur an den Rändern sehr fein gezähnt, jedoch nicht dornig bewehrt. Blüten eingeschlechtig, männliche und weibliche Blüten getrennt auf der gleichen Pflanze, sehr klein, gelblich, mit je drei kelch- und kronblattähnlichen Blütenhüllblättern, zahlreich in zwei- bis vierbogig aus dem Blattschopf heraushängenden, sehr großen Rispen von 30-60 cm Länge. Früchte kugelig, um 1 cm dick, Steinfrüchte, zur Reifezeit blauschwarz. VERBREITUNG: Typische ostasiatische Palme, in Südchina, Japan und Burma beheimatet, etwa seit der Mitte des vorigen Jahrhunderts auch in Europa stellenweise als Zierbaum angepflanzt. Besonders im Mittelmeergebiet mit schönen, hochgewachsenen Exemplaren vertreten. Sonst nur als relativ kleine, aber sehr häufig gezogene Kübelpflanze zu sehen, die 6 m Wuchshöhe im allgemeinen nicht überschreitet. BLÜTEZEIT: Mai bis Juni. ALLGEMEINES: Die Chinesische Hanfpalme ist eine der bekanntesten Erscheinungen aus der sehr artenreichen Familie der Palmengewächse und repräsentiert als solche den Typus einer Fächerpalme. Getrocknete und gebleichte Teile der Fächerblätter werden als Dekorationsmaterial in Gebinden verwendet.

Zwergpalme
Chamaerops humilis

MERKMALE: Immergrüner Laubbaum mit sehr kurzem, kaum entwickeltem Schaft oder mehreren, bereits am Boden verzweigten Stämmen und dann meist nicht wesentlich höher als 2 m. Blätter endständig schopfig gedrängt, fächerförmig. Blattspreite annähernd halbkreisförmig, oder kreisrund, etwa 50-90 cm Durchmesser, bis zum Grund in zahlreiche, sehr steife und feste, graugrüne bis bläulich-grüne Segmente geteilt, diese zu 12-18, weit auseinander gespreizt, vorne stachelspitzig. Blattstiel 60-100 cm lang, ziemlich schlank, am Grund jedoch scharf bedornt. Blüten eingeschlechtig, männliche und weibliche Blüten auf getrennten Individuen. Blüten sehr zahlreich in verzweigten, rispig organisierten Blütenständen, die achselständig im Bereich des Blattschopfs angelegt werden und daraus bogig hervorschauen. Früchte rötlich-gelb, kugelig bis länglich. VERBREITUNG: Im westlichen Mittelmeergebiet. BLÜTEZEIT: Juni bis August.

Register

Für Naturfreunde, die mehr wissen wollen
STEINBACHS BIOTOPFÜHRER
Leben und Überleben in der Natur
Feuchtgebiete
Feld und Flur
Siedlungsraum
Wald
Meere und Küsten
Gebirge und Tundra
STEINBACHS NATURFÜHRER
Säugetiere
Landvögel
Wasservögel
Lurche und Kriechtiere
Süßwasserfische
Meeresfische
Insekten
Schmetterlinge
Spinnen, Krebse, Tausendfüßer
Weichtiere
Einzeller und Wirbellose
Bäume
Strauchgehölze
Wildblumen Mitteleuropas
Orchideen
Alpenblumen
Pflanzen des Mittelmeerraums
Beeren, Wildgemüse, Heilkräuter
Gräser
Flechten, Moose, Farne
Pilze
Mineralien
Gesteine
Die Sterne
Versteinerungen
Leben in Bach und Teich
Lebensraum Küste
Erhältlich überall dort, wo es Bücher gibt.
Mosaik
Die neuen Seiten des Lebens